KB159184

와인 소믈리에

Wine Sommelier

| 이희수 지음 |

- 와인 소믈리에 자격시험 예상문제 수록
- 소믈리에 실기시험 예시 수록

21세기사

머리말

오늘날 국제적인 행사와 국제교류의 진전은 다양한 와인의 개방으로 이어지고, 이제 와인은 글로벌 시대에 국제적인 매너로 갖추어야 할 최고의 사교수단으로 필수적인 지식이 되고 있다. 이 책은 세계적인 주장문화를 이해하고 와인에 대한 기초적인 이론과 다양한 와인의 특성 그리고 세계의 유명 와인 생산국들의 다양하고도 복잡한 와인의 세계를 분석하고, 와인에 대한 다양한 실무를 구성하여 국제적 기준의 와인 전문가(소믈리에) 실무 습득에 도움을 줄 수 있도록 구성하였다.

본 교재의 특징과 구성을 소개하면 다음과 같다.

제1장에서는 음료의 총론으로서, 술의 역사와 음료의 개요 그리고 음료의 분류별 특성으로서 알코올성 음료와 비알코올성 음료를 분류하고, 술의 각 특징에 대해 상세히 다루었다.

제2장에서는 와인의 개요에 대해서 상세하게 설명하였다. 와인의 정의 및 역사, 포도 재배와 양조, 와인의 제조에 대해서 설명하였다.

제3장에서는 와인의 의학적 효능에 대해서 구체적으로 기술하였다. 여기에는 프렌치 패러독스(French Paradox), 와인의 효능, 웰빙 문화의 배경과 원인을 상세하게 다루었다.

제4장에서는 와인의 특성에 따라 분류한 내용으로서, 와인의 특성, 와인의 종류, 와인의 특성에 따른 분류, 와인 테이스팅의 3요소, 와인 디캔터에 대해 설명하였다.

제5장에서는 와인의 주요 포도품종에 대한 내용으로 대표적인 양조용 레드포도품종과 화이트 포도품종에 대해 설명하였다.

제6장에서는 와인의 품질을 결정하는 요소에 대한 내용으로서, 와인의 품질을 결정하는 요인과 기초와인 용어를 다루고, 와인 잔이 와인을 결정하는 요인에 대해 제시하였다.

제7장에서는 구세계 와인과 신세계 와인에 대한 내용으로서, 구세계 와인과 신

세계 와인의 차이점에 대해 설명하였다.

8장과 9장에서는 세계의 와인으로 국가별 와인의 특성과 주요산지, 포도품종, 10장에서는 와인 서비스 실무로 와인 보관 방법과 서비스, 디캔팅을 다루고, 11장에서는 와인과 음식에 대한 내용으로 와인과 음식의 선택 조건, 12장에서는 와인 테이스팅에 대한 내용으로 감각 기관에 대한 설명과 와인 테이스팅 실습으로 이루어졌다. 마지막 13장에서는 와인 소믈리에 시험 및 기출문제를 다루면서, 와인 소믈리에 자격증 취득을 위한 실제적인 학습 방향을 제시하였다.

2023년 7월

저자 씀

차례

제 7 장 구세계 와인과 신세계 와인 141

제 8 장 세계의 와인 I 153

제1장

음료 총론

CONTENTS

제1절 주류학 개론

1. 술의 역사

술은 인류 역사와 함께 시작되었다. 인류가 목축과 농경을 영위하기 이전인 수렵, 채취 시대에는 과실주가 있었을 것으로 추정된다. 과실이나 벌꿀과 같은 당분을 함유하는 액체에 공기 중의 효모가 들어가면 자연적으로 발효하여 알코올을 함유하는 액체가 된다. 원시시대의 술은 어느 나라를 막론하고 모두 그러한 형태의 술이었을 것이다. 그러나 가장 최초로 술을 빚은 생명체는 사람이 아닌 원숭이로 알려져 있다. 원숭이가 나뭇가지의 갈라진 틈이나 바위의 움푹 패인 곳에 저장해 둔 과실이 우연히 발효된 것을 인간이 먹어 보고 맛이 좋아 계속 만들어 먹었다. 이 술을 일명 원주(猿酒)라고 한다.

시대별로 주종의 변천을 살펴보면, 수렵, 채취 시대의 술은 과실주였고, 유목 시대에는 가축의 젖으로 젖술(乳酒)이 만들어졌다. 곡물을 원료로 하는 곡주는 농경시대에 들어와서야 탄생했다. 청주나 맥주와 같은 곡류 양조주는 정착 농경이 시작되어 녹말을 당화시키는 기법이 개발된 후에야 가능했다. 소주나 위스키와 같은 증류주는 가장 후대에 와서 제조된 술이다.

술의 원료는 그 나라의 주식과 밀접한 관계가 있다. 그러므로 술로 만들 수 없는 어패류나 해수(海獸)를 주식으로 하는 에스키모족들은 술이 없었다. 또한 원료가 있다고 하더라도 종교상 금주를 하는 나라의 양조 술은 매우 뒤떨어져 있었다. 음주의 관습도 종교와 밀접한 관련을 보인다. 일반적으로 종교에서는 술을 빚어 마시는 것이 의식(儀式)의 중심이 되는 경우가 많기 때문이다. 인도의 베다 시대에는 소마(soma)주를 빚어 신에게 바치는 의식이 있었고, 가톨릭에서는 포도주가 예수 피의 상징이라 하여 세례에 쓰이고 주교가 미사 중에 마신다. 원시인들은 발효를 증식(增殖)의 상징으로 받아들여 풍요와 연결시켰고, 여성의 생식 작용을 의미한다고 보았다. 중동 지역의 원시 종교는 술에다 물을 섞어 신에게 바치는 것을 의식의 중심으로 거행했다. 여기에서 물을 남성으로 상징하여 음양 화합의 뜻을 나타낸 것이다. 농경시대에 들어와 곡물로 만든 술이 탄생하면서 동서양에서 술은 농경신과 깊은 관계를 가지게 된다. 술의 원료가 되는 곡물은 그 땅의 주식이며 농경에 의해서 얻어지기 때문이다.

그리스 신화에서 디오니소스라고 불리는 로마 신화의 주신(酒神) 바쿠스는 제우스와 세멜레 사이에서 태어났으며 그 신앙은 트라키아 지방에서 그리스로 들어온 것으로 보인다. 바쿠스는 대지의 풍작을 관장하는 신으로 아시아에 이르는 넓은

지역을 여행하며 각지에 포도 재배와 양조법을 전파했다고 한다. 이집트 신화의 오시리스는 누이인 이시스와 결혼을 하고 이집트를 통치한 왕이었으나 동생에게 살해되어 사자(死者) 나라의 왕이 된다. 이 신은 농경의례와 결부되어 신앙의 대상이 되고 있는데 보리로 술을 빚는 법을 가르쳤다고 한다.

「구약성서」의 노아의 방주에 관한 이야기에서는 하느님이 노아에게 포도의 재배 방법과 포도주의 제조 방법을 전수했다고 한다. 중국에서는 하(夏)나라의 시조 우왕 때 의적(儀狄)이 처음 곡류로 술을 빚어 왕에게 헌상했다는 전설이 있다. 그 후 의적은 주신(酒神)으로 숭배되고 그의 이름은 술의 다른 명칭이 되었다. 또한 진(晉)나라의 강통(江統)은 「주고(酒誥)」라는 책에서, "술이 만들어지기 시작한 시기는 상황(上皇 : 천지개벽과 함께 태어난 사람) 때부터이고 제녀(帝女) 때 성숙 되었다."라고 적어 인류가 탄생하면서부터 술이 만들어졌음을 시사했다. 그러나 구체적으로 중국에서 처음 술을 빚기 시작한 시기는 지금으로부터 8,000년 전인 황하문명 때부터인 것으로 추정된다. 특히 이 시기의 유적지에서 발굴된 주기(酒器 : 술을 발효시킬 때 사용하거나 술을 담아두던 용기)가 당시 필요한 용기의 26%나 되었을 정도로 술은 이 시기에 일상생활에서 큰 비중을 차지하고 있었다.

그렇다면 우리나라 술은 어디서 비롯되었을까? 우리 문헌에 나타나는 술 이야기는 제왕운기에 처음으로 나타난다. '하백의 딸 유화가 해모수의 꾀에 속아 술에 만취된 후 해모수의 아이를 잉태하였는데 그가 주몽이라는 이야기'이다. 그러나 비록 우리 문헌에 술에 관한 기록이 드물지라도 술이 단순히 중국에서 전래 되었을 것이라고 생각해서는 안 된다. 이미 고조선 시기 이전부터 동아시아 대륙에 번성했던 우리 민족은 발효 문화를 장기로 하였으므로 술의 역사도 우리 민족의 역사와 함께 시작되었을 것이다. 따라서 우리나라 술의 기원은 중국으로부터 전래된 것이라기보다 화북과 산동지역의 동이족 술 문화가 중국과 한반도에 동시에 영향을 주었으리라고 본다. 술은 오랜 역사를 가신 음식이다. 우리나라에서도 주몽 신화에 처음 등장해 다양한 술이 개발되었다. 하지만 술의 주된 재료가 곡식이다 보니 식량이 부족할 때에는 법적으로 술을 금지하는 금주령이 생길 수밖에 없었다. 우리나라 전통 술은 일제 강점기를 지나며 거의 그 명맥이 끊어졌다. 1986년 아시안 게임과 1988년 서울 올림픽이 확정되면서 우리나라를 대표하는 술의 필요성을 느끼며 민속주가 발달하기 시작했다.

더 알아보기 술, 누군가에겐 생명의 물이고, 누군가에겐 악마의 피다!

인류의 역사와 함께한 술은 생명의 물이자 악마의 피라는 찬사와 저주를 한 몸에 받고 있다. 술은 잘 마시면 약이 되고 잘못 마시면 독이 된다. 극단적인 양면성을 철저하게 지닌 우리의 야누스(Janus) 술은 인간의 끈끈한 삶과 더불어 영원불멸의 뿌리를 내리며 목숨을 이어왔다. 술은 인간관계를 원활하게 맺을 수 있게 도와주기도 하고 모두의 비난을 받을 수 있는 행동도 하게끔 만드는 신기한 존재이다.

술의 신 바쿠스(Bacchus)는 바다의 신 넵튠(Neptune) 보다 더 많은 사람을 익사시켰으며, 오늘도 누군가는 혼술을 즐기고 누군가는 즐거워서, 기뻐서, 화나서, 슬퍼서, 외로워서, 피곤해서 술을 마시며, 주당들은 또 다른 핑계로 술을 마신다. "월요일은 원래 마시는 날이고, 화요일은 화끈하게 마시고, 수요일은 수시로 마시고, 목요일은 목에 찰 때까지 마시고, 금요일은 금방 마시고 또 마시고, 토요일은 토할 때까지 마시고, 일요일은 일찍부터 이집 저집 다니면서 마신다." 원래 이 말은 프랑스의 유명한 선술집 주인 마돈나가 한 얘기다.

마시고 돈 내고 나가라고 마돈나다. 흔히 사람들은 기쁜 일이든, 슬픈 일이든 그 나름의 이유를 붙여가며 술잔을 통해 누군가와 함께 기쁨을 더하거나, 슬픔을 나누기를 원한다. 술자리의 술은 즐겁게 마셔야 한다. 아무리 힘들어도 오늘은 가고 내일이 온다. 인간의 감정에 기쁨과 슬픔, 행복이 공존하는 것과 마찬가지로 즐거운 술잔 속에도 화가 있어 가끔 치명적인 상처를 남기기도 한다. 음주의 긍정적인 측면은 기분 전환용으로 소량의 음주를 한 경우 해방감, 편안함, 자유로움, 자신감을 증가시킬 수 있으나 반면에 지속적으로 과음을 할 경우 습관성과 중독성으로 인해 쉽게 통제가 안 되고 중독으로 발전하는 부정적인 측면도 있다. 그래서 술 속에 진리가 있고, 술자리엔 반드시 절제가 필요한 법이다. "첫 잔은 사람이 술을 마시고, 두 잔은 술이 술을 마시고, 석 잔은 술이 사람을 마신다." 인생을 현명하게 산다는 게 어려운 일인 것처럼 현명한 음주 습관도 똑같이 어려운 일이다.

술의 효용이란 술잔을 주고받을 때 여러 가지 다양한 정보가 전달되며, 초대면인 사람과도 의기투합할 수 있다는 것이다. 다만 술을 마시되 자신의 한계를 알며 자리를 분별하는 능력을 갖고 있어야 한다. 탈무드에 "술을 마시는 시간을 낭비하는 시간이라고 생각하지 말라. 그 시간에 당신의 마음은 쉬고 있다."라는 말처럼 술이 사람에게 끼치는 영향이 다른 것이 아니라 술을 다루는 사람에게 달려 있다는 것이다. 술에는 낭만이 깃들어야 한다. 사랑하는 사람과 함께하는 가벼운 칵테일 한잔, 감미로운 와인 한잔은 인생의 소소한 행복을 느끼게 하고 우리의 삶을 더 아름답게 한다.

2. 음료의 의미

우리나라에서 음료(beverage)라고 하면 주로 비알코올성 음료만을 뜻하고, 알코올성 음료는 술이라고 구분해서 생각하는 것이 일반적이다. 그러나 서양인들은 알코올성과 비알코올성으로 음료를 구분은 하지만 마시는 것이 통상 음료라고 한다. 인간은 신체상의 구성요건 가운데 약 70%가 물로 구성되어 있다. 인간의 생명은 물과 매우 밀접한 관계를 가지고 있기에 인간은 물을 이용하여 다양한 음료를 생산하기에 이르렀다. 즉 물은 곧 음료(beverage)이며, 음료는 알코올성 음료(alcoholic beverage = hard drink)와 비알코올성 음료(non alcoholic beverage = soft drink)로 분류된다. 일반적으로 알코올성 음료는 술을 의미하고, 비알코올성 음료는 청량음료, 영양음료, 기호음료를 나타낸다.

3. 음료의 분류

〈표 1-1〉 음료의 분류

음료 분류		음료 종류
음료(Beverage)	비알코올성 음료 (Non-Alcoholic drink)	청량음료(Soft drinks)
		영양음료(Nutrition drinks)
		기호음료(Liking drinks)
	알코올성 음료 (Alcoholic drink)	양조주(Fermented Liquor)
		증류주(Distilled Liquor)
		혼성주(Compounded Liquor)

3.1 비알코올성 음료의 구분

비알코올성 음료는 다시 청량음료, 영양음료, 기호음료로 구분되어 진다.

〈표 1-2〉 비알코올성 음료의 분류

비알코올성음료 (Non-Alcoholic Beverage)	청량음료 (Soft drinks)	탄산음료 (Carbonated)	콜라(Cola)
			토닉워터(Tonic Water)
			진저엘(Gingerale)
			소다수(Soda Water)
			카린스믹스(Collins mixer)
		무탄산음료 (Non-carbonated)	미네랄 워터(Mineral Water)
			비키 워터(Vicky Water)
			에비앙 워터(Evian Water)
			셀처 워터(Seltzer Water)
	영양음료 (Nutritiion drinks)	주스 (Juice)	과일 주스(Fruit Juice)
			야채 주스(Vegetable Juice)
		우유 (Milk)	살균 우유
			비살균 우유
	기호음료 (Liking drinks)	커피 (Coffee)	카페인 함유 커피
			무카페인 함유 커피
		차류 (Tea)	홍차(Tea)
			녹차(Green tea)
			인삼차(Ginseng tea)
			코코아(Cocoa)

3.2 알코올성 음료의 구분

알코올성 음료(Alcoholic Beverage)는 제조 방법에 따라 양조주(Fermented Liquor), 증류주(Distilled Liquor), 혼성주(Compounded Liquor) 등 세 가지로 구분된다.

〈표 1-3〉 알코올성 음료의 분류

<table>
<tr><td rowspan="15">酒類
(주류)</td><td rowspan="4">釀造酒
(양조주)</td><td rowspan="2">單醱酵式(단발효식)</td><td>Wine, Cider</td></tr>
<tr><td>Champagne</td></tr>
<tr><td rowspan="2">腹醱酵式(복발효식)</td><td>Beer</td></tr>
<tr><td>淸酒, 약주, 탁주 등</td></tr>
<tr><td rowspan="8">蒸溜酒
(증류주)</td><td rowspan="3">穀類原料(곡류원료)</td><td>소주, 고량주</td></tr>
<tr><td>Whisky</td></tr>
<tr><td>Vodka</td></tr>
<tr><td>糖蜜原料(당밀원료)</td><td>Rum
Tequila(용설란)</td></tr>
<tr><td rowspan="3">果實原料(과실원료)</td><td>Brandy(Cognac, Armagnac)</td></tr>
<tr><td>Calvados(사과)</td></tr>
<tr><td>Kirsch(체리)</td></tr>
<tr><td>香油添加(향유첨가)</td><td>Gin(두송향)</td></tr>
<tr><td rowspan="3">混成酒
(혼성주)</td><td>Liqueur</td><td></td></tr>
<tr><td>Bitters</td><td></td></tr>
<tr><td>合成淸酒</td><td>쌀을 발효하여 청주를 만드는 대신 포도당, 물엿, 조미료, 아미노산, 젓산 등을 알코올 용액에 녹여 청주와 유사한 풍미를 가지게 한 술</td></tr>
</table>

발효주는 단발효주와 복발효주로 나누어진다.

■ 단발효주

원료의 주성분이 당분으로서 효모만의 작용을 받아 만들어진 과실주, 미드(mead; 벌꿀 술) 등

■ 복발효주

원료의 주성분이 녹말이기 때문에 당분으로 분해시키는 당화 공정이 필요한 것

으로 단행복발효주와 병행복발효주로 나누어진다.

- 단행복발효주는 당화와 발효의 공정이 분명히 구분되는 것(맥주)
- 병행복발효주는 당화와 발효의 공정이 분명히 구별되지 않고 두 가지 작용이 병행해서 이루어지는 것(청주[정종], 탁주[막걸리], 약주 등)

3.3 음료의 분류별 특성

알코올성 음료는 원료, 제조과정, 발효, 증류 등의 제법과정에서 양조주와 증류주 그리고 혼성주로 구분된다. 우리나라 주세법에서 "주류"라 함은 주정(희석하여 음료로 할 수 있는 것을 말하며, 불순물이 포함되어 있어서 직접 음료로 할 수는 없으나 정제하면 음료로 할 수 있는 조주정을 포함한다)과 알코올분 1도 이상의 음료(용해하여 음료로 할 수 있는 분말상태의 것을 포함하돼, 약사법에 의한 의약품으로서 알코올분 6도 미만의 것을 제외한다)를 말한다.

결론적으로 우리나라에서는 주세법상 곡류의 전분과 과실의 당분 등을 발효시켜 만든 알코올 분 1% 이상을 함유하고 음용할 수 있는 음료를 총칭 하여 술이라 하고 있다. 여기서 "알코올 분"이라 함은 원 용량에 포함되어 있는 에틸알코올 섭씨 15도에서 0.7947의 비중을 가진 것을 말한다.

3.3.1 양조주(Fermented Liquor)

양조주(fermented liquor)는 가장 오래 전부터 인간이 즐겨 마신 술이다. 이것은 곡류(穀類)와 과실(果實) 등의 당분이 함유된 원료를 효모균(酵母菌)의 발효작용을 통해 얻어지는 주정(酒精)을 말한다. 즉 곡물이나 과일을 효모라는 미생물의 작용에 의해 발효(Ferment)한 술을 양조주(Brewed Liquor)라 한다. 이는 과실 중에 함유되어 있는 과당을 발효시키거나 곡물 중에 함유되어 있는 전분을 당화시켜 효모의 작용을 통해 1차 발효시켜 만든 알코올음료를 말한다. 대표적인 종류로는 와인(Wine)과 맥주(Beer)등을 들 수 있고, 이는 알코올 함량이 비교적 낮아 (3~20%) 일반인들이 부담 없이 즐기는 술이다. 맛이 부드럽고 영양 칼로리를 함유하고 있는 것이 특징이다. 대체로 알코올도수가 낮으며 일반적으로 칵테일을 하지 않는다. 보통 맥주가 3-8%, 와인은 8-14%밖에 되지 않는다.

와인(Wine)의 경우, 포도과즙을 용기에 넣고 발효가 일어나면 과즙의 당분은 알코올과 탄산가스로 변한다. 탄산가스는 공기 중으로 날아가고 알코올 액만 남게 된다. 이것이 포도주(Wine)이다. 와인은 어떤 포도품종을 사용했는지, 그 해 기후에 따른 생육조건, 제조방법에 따라 숙성 및 보관 기간이 달라진다. 영어로는 와인(Wine), 불어로는 뱅(Vin), 독일어로는 바인(Wein), 포르투갈어로 비뉴(Vinho), 이탈리아어 및 스페인어로 비노(Vino)라 한다. 생산국에서의 포도주에 대한 법적 정의는 "신선한 포도 또는 포도과즙의 발효제품"으로 되어 있고, 다른 과실제품은 이에서 제외시킨다. 다른 것을 첨가해서 가공한 포도주에 대한 정의는 여러 나라가 반드시 일치하지는 않으나 주세법에서 "과실주" 및 "감미 과실주"로 분류한다. 포도주의 역사는 인류의 역사와 함께 있었다고 하며, 그 발견은 유사 이전으로 거슬러 올라간다. 포도의 단맛은 포도당이고, 과피에는 천연 이스트(Yeast)가 생식하고 있으므로 포도를 터뜨려서 방치하면 자연히 발효하여 술이 된다. 따라서 인간이 아직 원시적인 생활을 하고 있던 시대에 이미 제조되었다고 추측할 수 있으며, 그 발상지는 포도의 원산지인 중앙아시아 근처가 될 것이다.

우리가 흔히 말하는 와인은 포도를 원재료로 하여 만들 발효주를 뜻하는데, 보다 자세히 살펴보면 넓은 의미의 와인과 좁은 의미의 와인으로 구분할 수 있다. 넓은 의미의 와인은 과일의 즙을 발효시켜 만든 발효주로, 포도를 비롯한 사과, 복숭아, 배, 복분자 등의 당분이 높은 과일을 사용하는데, 포도로 만든 포도주를 제외한 나머지 재료로 만들면 재료 명을 앞에 표기하여 사과 와인, 복숭아 와인, 배 와인, 복분자 와인이라 표기한다. 좁은 의미로 와인은 포도를 으깨서 나온 즙을 발효시켜 만든 술을 의미한다. 포도 껍질에 하얗게 묻어있는 천연 효모로 자연스럽게 발효가 되긴 하지만, 현대의 와인은 보다 원활한 발효를 위해 효모를 첨가하야 발효하기도 한다. 통상 마시는 750ml의 와인 한 병을 만들기 위해 1kg가 필요하다. 흔히 만날 수 있는 와인은 양조용 포도를 원 재료로 하여 와인을 만드는데, 대표적인 포도 품종으로는 샤르도네, 까베르네쇼비뇽, 피노누아, 멜로, 시라, 쇼비뇽블랑 등이 있다. 양조용 포도는 포도의 알이 작고 당도가 높아 자연적인 발효가 가능하다. 이 외에도 거봉, 캠벨 얼리, MBA등의 식용포도와 산머루, 콩코드 등을 재료로 하여 와인을 만들기도 하는데 양조용 포도에 비해 품질이 많이 떨어지는 것이 현실이다.

우리나라 곳곳에서는 적지 않는 양의 포도를 재배하고 있으나, 당분이 높아져 가는 여름에 비가 집중되어 양조용 포도를 재배하기에 적합하지 않다. 국산 와인은 이러한 사정으로 인해 국내에서 재배하기 쉬운 캠벨 얼리, MBA등의 식용포도와 산머루, 복분자, 감, 다래 등을 원재료로 와인을 만들고 있다.

와인의 역사가 상대적으로 짧기에 아직까지 아쉬운 점이 많이 남아있지만, 그 잠재성을 높다고 할 수 있다.

와인은 잘 익은 포도를 사용하여, 포도에서 나온 당분에 효모를 첨가하야 발효시킨 뒤 만든 것으로 제조 과정에서 물 등은 전혀 사용 하지 않는다. 와인은 알코올 함량이 7~13% 정도인데, 유기산과 무기질 등이 파괴되지 않은 채 포도에서 우러나와 그대로 간직 되어 있다. 와인의 원료인 포도는 기온, 강수량, 토질, 일조량 등의 포도나무가 자라는 환경적 요인인 떼루아 라는 자연적 조건에 크게 영향을 받으므로 와인 역시 그와 같은 자연요소를 반영하게 된다.

맥주(Beer)의 경우는 보리를 이용하여 맥아를 만들고, 이 맥아 중에 형성된 당화효소의 작용으로 곡류를 당화시킨 다음 알코올 발효를 시킨다.

양조주의 대표적인 종류는 포도주(wine), 사과주(cider), 맥주, 청주, 막걸리 등이 있다. 양조주는 알코올의 함유량이 비교적 낮은 3%~18%이다.

3.3.2 증류주(Distilled Liquor)

증류주(distilled liquor)는 곡물이나 과실 또는 당분을 포함한 원료를 발효시켜서 약한 주정분(양조주)를 만든 후, 그것을 다시 증류기에 의해 증류를 실시한 술이다. 이것은 효모나 당분의 함유량에 의해 대략 8%~14% 정도의 알코올이 함유된 양조주의 성분을 알코올이 더 강화될 수 있도록 주정을 증류시킨 것이다.

증류주는 본래 양조주를 증류한 고농도 알코올을 함유한 강한 술이다. 곡물로 만든 양조주를 증류하면 위스키, 진, 보드카 등이 되고, 와인을 증류하면 브랜디가 된다. 증류주는 중세 연금사들이 양조주를 끓여 보다가 발견한 술이어서 “Spirits” 라고도 부르게 되었다. 요즈음에 와서는 실제로 양조주를 증류하지 않고 주정의 단계를 거쳐 바로 증류주를 만든다. 양주에서의 증류주는 위스키와 브랜디가 대표이며 칵테일의 기주로 많이 쓰이는 진, 럼, 보드카 테킬라 등이 있다.

발효시켜 만든 양조주를 불로 가열하여 끓인 다음 그 기체의 증기를 증류기를 통하여 냉각장치를 통과시켜 얻은 무색투명의 맑은 액체의 술이다. 증류한 술은 대체로 알코올 도수가 높으며 숙성하지 않고 바로 병에 담는 무색의 증류주가 있으며 큰 통에 넣어 저장, 숙성하여 질이 좋게 한 증류주로 나눌 수 있다. 위스키, 브랜디, 진, 보드카, 럼, 테킬라 등의 세계 6대 증류주 외에 아쿠아 비트(Aquavit : 스칸다나비아 지방의 감자를 주원료로 만든 무색의 증류주) 소주, 고량주, 마오타이주 등이 여기에 속한다.

3.3.3 혼성주(Compounded Liquor)

혼성주는 증류주나 양조주에 인공 향료나 약초, 과즙 또는 초근목피(草根木皮) 등의 휘발성 향유를 첨가하고 설탕이나 꿀 등으로 감미롭게 만든 알코올음료로서 주로 식후에 많이 사용되며 미국, 영국에서는 코디얼(Cordial)이라고 하며 유럽에서는 리큐르(Liqueur)라고 한다.

리큐르라는 이름은 라틴어의 리쿼화세(Liqufaer : 녹이다)에서 나왔다고 한다. 과일이나 초 · 근 · 목 · 피 등의 약초 등을 녹인 약용의 액체이다. 리큐르는 처음부터 술로서 제조된 것이 아니라 약초를 와인에 녹여 물약을 만들어 병약자에게 주어 원기를 회복시켰다. 이것이 리큐르의 기원이며 리큐르의 발명은 고대 그리스 태생자인 히포크라테스라고 한다.

리큐르는 정제한 주정(증류수)을 베이스로 하고, 약초류 · 향초류 · 꽃 · 식물 · 과일 · 천연향료 등을 혼합하여 감미료 · 차색료 등을 첨가하여 만든 혼성주이다. 우리나라의 인삼주나 매실주 등도 리큐르의 일종이다. 특히 혼성주는 칵테일의 부재료로 가장 많이 사용되고 있는데, 이는 색깔과 향 그리고 맛 등이 독특하여 알코올 함유량이 다양하게 나타난다. 양조주는 식후주로 많이 사용되며, 소화 작용에 도움을 준다.

대표적인 혼성주의 종류로는 슬로우진(sloe gin), 크림 드 카카오(creme de cacao), 체리 브랜디(cherry brandy), 에프리콧 브랜디(apricot brandy), 드람부이(drambuie), 베네딕틴 디오엠(benedictine D.O.M), 비터(bitters), 갈리아

노(galliano), 깔루아(kahlua), 베일리스 아이리쉬 크림(Bailey's Irish Cream) 등이 있다.

3.3.4 비 알코올성 음료

비 알코올성 음료는 소프트 드링크(soft drink)라고 하는데, 이는 청량음료, 영양음료, 기호음료가 있다. 청량음료는 탄산음료와 무탄산 음료로 나누며 칵테일의 부재료로 많이 사용된다.

(1) 청량음료

① 탄산음료

탄산가스가 함유된 음료로서 청량감을 주면서도 미생물의 발육을 억제하고 향의 변화를 방지하는 특성이 있다. 탄산음료는 천연광천수로 된 것과 순수한 물에 탄산가스를 함유시킨 것 그리고 음료수에 천연 또는 인공의 감미료가 함유된 것이 있다. 탄산음료의 종류는 콜라(coke), 소다수(soda water), 토닉워터(tonic water), 세븐업(seven up), 진저엘(ginger ale), 카린스 믹스(collins mixer) 등이 있다.

■ 탄산음료의 종류

- 토닉워터(tonic water)
  레몬, 라임, 오렌지, 키니네 껍질 등으로 만든 즙에 당분을 첨가한 음료이다.
- 진저엘(ginger ale)
  생강을 주로 하고 레몬 · 고추 · 계피 · 클로브(정향:clove) 등의 향료를 섞어 캐러멜로 착색 시킨 것이다.
- 소다수(soda water)
  소다수의 성분은 수분과 이산화탄소만으로 이루어졌으므로 영양가는 없으나, 이산화탄소의 자극이 청량감을 주고, 동시에 위장을 자극하여 식욕을 돋우는 효과가 있다. 8~10 ℃ 정도로 냉각하는 것이 이산화탄소도 잘 용해되고 입에 맞는다. 그대로 마시기도 하고, 시럽이나 과즙 또는 칵테일 조주시 주정을 혼합해서 마시기도 한다.

- 카린스 믹스(collins mixer)

  레몬과 설탕이주원료이며, 첨가물로는 액상과당, 탄산가스, 구연산, 구연산 삼나트륨, 향료 등이 들어 있다. 카린스 믹스가 없을 경우에는 레몬주스 1/2 온스, 슈가 시럽 1티스푼 소다워터를 적당량 넣어 만들어 대용하면 된다.
- 콜라(cola)

  열대지방에서 많이 재배하는 콜라나무 열매에서 추출한 농축액의 쓴맛과 떫은맛을 제거 가공 처리한 즙을 당분과 캐러멜 색소, 산미료, 향료 등을 혼합한 후 탄산수를 주입한 것이다.
- 사이다(cider) / 세븐업(Seven-Up) - 청량음료

  구미에서의 사이다/시드르(cider)는 사과를 발효해서 제조한 일종의 과실주로서 알코올분이 1~6% 정도가 함유되어 있는 사과주를 말한다. 그러나 우리나라의 사이다는 주로 구연산, 주석산 그리고 라임과 레몬에서 추출한 과일 엣센스를 혼합한 시럽을 만들어 병에 소량 넣어 위에서 증류수를 채우고 끝으로 액화탄산가스를 주입하여 만든다.

■ 무 탄산음료의 종류

탄산가스가 없는 것으로서 무색(無色), 무미(無味), 무취(無臭)의 광천수(mineral water) 를 말한다. 광천수는 천연광천수와 인공광천수가 있으며, 인공광천수는 칼슘, 인, 마그네슘, 철 등의 무기질이 함유되어 인체(人體)에 무해한 성분을 가지고 있다. 세계 3대 무탄산 음료는 비시수(vichy water), 셀처수(seltzer water), 에비안수(evian water)가 있다.

② 영양음료

- 우유 : 칵테일에 사용되는 Light Cream.
- 주스류 : 오렌지 주스, 파인애플 주스, 토마토 주스, 크랜베리 주스(cranberry juice), 레몬주스(lemon Juice), 라임주스(lime Juice), 그레프릇 주스(grapefruit juice)

(3) 기호음료

① 커피

커피의 유래를 살펴보면, 7세기경 에티오피아 남서쪽 카파지역의 험준한 산골에 칼디라는 양치기 소년이 살고 있었다. 어느 날 그는 이상한 광경을 목격했다. 집으로 돌아가려고 염소들을 불러 모았는데 몇 마리가 갑자기 춤을 추듯 뛰고 달리는 것이었다. 이곳을 이탈한 염소들은 집으로 돌아와서도 잠들지 못하고 계속 흥분한 상태로 축사를 돌아다니기까지 했다. 이런 상황에 호기심이 강했던 칼디는 다음날 염소들이 머물렀던 곳으로 가서 염소들이 따먹었던 것으로 추정되는 빨간 열매를 먹어 보았는데, 갑자기 온몸에 힘이 넘치고 머리가 맑아지는 것을 느꼈다. 칼디는 근처 수도승에게 이 사실을 고백했고, 그 수도승은 여러 가지 실험을 거쳐 이 열매가 잠을 쫓는 효과가 있다는 것을 알아냈다. 그 후부터 커피는 에티오피아의 사원에서 밤 기도를 위한 음료로 이용되었다.

■ 체리의 구성

① 외피 ② 과육 ③ 깍지 ④ 실버스킨 ⑤ 원두

커피는 커피나무에 열리는 커피 열매(cherry berry)의 씨 부분이다. 이 씨를 우리는 원두(coffee bean)라 부르며, 원두는 다시 생두(green bean)와 볶은 원두(roasted bean)로 구분한다. 다시 말해 이 두 가지를 통틀어 커피 원두라 한다.

■ 커피 품종의 식물학적 분류

- 아라비카(Arabica) : 전 세계 커피 생산량의 70~75%를 차지하고 있다. 우리가 주로 알고 있는 원두커피가 아라비카 종이다.
- 로브스타(Robusta) : 주로 인스턴트커피의 원료로 사용되고 있다.
- 리베리카(Riberica) : 상업적인 가치가 없는 품종으로 일부지역에서만 아주 소량으로 생산된다.

■ 커피의 재배조건

주로 커피를 재배하고 있는 적도를 낀 남북의 양회귀신(북위 25도 ~ 남위 25도 사이의 지역) 안에 있는 열대와 아열대 지역은 커피를 재배하기에 매우 적합한 기후와 토양을 가지고 있기 때문에 '커피벨트(일명 커피존)'라고 부른다.

커피체리는 주로 이 지대의 약 60여개 개국에서 생산되고 있는데, 생산지별로 남미, 중미 및 서인도 제도, 아시아, 아프리카, 아라비아, 남태평양, 오세아니아 등으로 크게 분포되어 있다.

생산량은 브라질이 전체생산량의 약 30%로 1위이고, 2위는 콜롬비아로 10%인데, 중남미에서 전 세계 생산량의 약 60%를 차지하고 있다. 그 다음으로 아프리카와 아라비아가 약 30%이고, 나머지 약 10%를 아시아의 여러 나라가 점유하고 있다. 커피재배 조건으로 연 강수량이 1,500~ 2,000m 평균기온은 20℃ 전후이면서 온난기후여야 하는 등 품질의 우수한 커피콩을 재배하는 데는 여러 가지 조건이 필요하다.

■ 커피나무

커피나무 재배는 2년이 되었을 때 커피나무의 키는 약 1미터가 되고, 3-4년이 되면 키가 약 2미터까지 자라는데 보통 3년이 되면 가지치기(전지: pruning)를 하여 나무의 모양을 만들어주며, 이 시기에 뿌리에서 가지와 잎까지 호르몬이 전달되면 커피나무는 1단계의 성장과정이 다 끝나 꽃을 피울 준비가 되는 것이다.

- 첫번째 단계 : 씨를 발아시켜 성장시키는 과정으로 환경에 따라 다르지만 보통 4-7년이 걸린다.

- 두 번째 단계 : 생산의 단계로 보통 15-25년이 간다.
- 세 번째 단계 : 노쇠의 단계로 생물학적으로 수명을 다하여 죽는 단계이다

■ 커피의 수확

보통 커피의 수확은 7~10일 정도 간격을 두어 붉게 익은 체리만을 선별 수개월 동안 이어진다.

- 핸드피킹(Hand picking or 셀렉티브 픽킹; Selective Picking) : 익은 체리만을 골라 따는 방식으로 개화가 연중 내내 일어나는 지역에서 주로 이루어진다. 수세식 커피 생산 지역에서 이뤄진다.
- 스트리핑(Stripping) : 나무에 달려있는 모든 체리를 훑어 따내는 방식이다. 일단 따낸 후 키질을 해 처리시설로 운송하며 건조식 커피 생산 지역에서 주로 이뤄진다.
- 기계식 수확(Mechanical havesting) : 주로 브라질과 하와이에서 이뤄지며 전동형 브러쉬가 달린 기계가 나무를 통과하며 수확한다.

■ 커피 로스팅

커피를 볶는 가장 큰 이유는 첫째 커피의 맛과 향을 얻기 위함이다. 둘째 볶음으로써 커피의 색을 얻을 수 있다. 셋째 볶음으로써 커피의 추출이 쉬워진다.

■ 에스프레소(Espresso)

작은 잔에 담아 마시는 양이 적고 아주 진한 이탈리아 사람들이 즐겨 마시는 기계의 압력을 이용하여 짜낸 진액 커피를 말한다. 에스프레소는 빠르다는 의미로 즉석에서 빠르게 짜낸 커피를 의미한다. 미세하게 분쇄된 커피 6~7그램을 92~95도씨로 가열된 물 1온스에 9~10바의 압력을 인위적으로 가해 25~30초 이내에 추출하면 된다.

바리스타(Barista)는 바에서 전문적인 커피제품을 만드는 커피전문 조리사를 말하며, 에스레소 기계를 사용하는 것이 필수적이다.

■ 에스프레소의 생명 크레마(Crema)

에스프레소를 추출하는 요소 중에서 가장 중요시 되는 것이 크레마(Crema)라고 할 수 있다. 크레마는 영어로 말하면 크림이다. 크레마는 붉은 빛이 감도는 부드러운 갈색 거품형태로 두툼하게 잔 위에 담기게 된다. 얇은 막에 갇혀있는 작은 공기 방울로 이루어진 오랫동안 꺼지지 않는 거품 크레마는 에스프레소의 독특한 맛과 향을 품고 있다.

크레마는 추출할 때 순간적으로 커피를 불리고 압력으로 밀어내며 생기는 황금색이나 갈색의 크림을 말하는 것으로 입자들이 쉽게 침전되지 않고 커피위에 떠있는 상태라고 할 수 있다. 로스팅 당시에 생성되고 또한 포장되어 숙성되는 기간 동안에 생성되는 휘발성의 향들은 기름에 들러붙게 된다. 그리고 에스프레소가 만들어지고 나서야 이러한 성분들이 공기 중으로 방출되어 혀에 닿아 커피 미식가들의 즐거움이 되는 것이다.

② 차

차(茶: Tea)의 유래는 기원전 2737년부터 2697년까지 중국을 지배했던 신농씨 때 최초로 만들어졌다고 한다. 신농씨는 고대 중국의 전설상의 제왕 중 두 번째 인물로서 농사기법을 고안해내고 백성들에게 쟁기질을 처음으로 가르쳤으며 약효성분이 있는 허브를 발견한 것으로 유명하다. 전설에 따르면 신농씨는 마실 물을 끓이면서 야생 나뭇잎에서 얻은 가지들을 연료로 사용하였는데 한 줄기 바람이 불자 몇 장의 나뭇잎이 날아와 그의 주전자에 떨어졌다고 한다. 그 결과로 그는 미묘하고도 상쾌한 음료가 만들어진다는 것을 알게 되었다. 나중에 그의 다양한 허브의 의학적 이용에 대한 내용을 담은 “본초”라는 의학 논문이 발표되었는데 차 잎을 우려내서 마시면 “갈증이 해소되고, 졸음을 없애주며, 마음을 기쁘게 하고 활기차게 만들어준다”고 적고 있다.

옛날부터 경험적으로 전해져 온 차의 효능이 과학적으로 증명되고 있으며, 차의 깊은 맛은 생활의 여유와 삶의 맛을 더하게 해주며 좋은 사람을 만나게 해 주고 건강을 유지해 준다.

차나무의 어린잎이나 순을 따서 가공한 제품이나 음료 자체를 말하는 것으로 전세계 무의 분포지역은 북위 45°와 남위 30°사이, 원산지는 중국 동남부 혹은 인도

아삼지방, 주요재배지는 중국, 인도, 스리랑카, 일본, 아프리카, 소련, 남미 등의 순이며, 우리나라에서는 경남 화개, 전남 광주와 보성, 충남 청원, 경기 용인 등이다.

차나무의 연한 새싹을 따서 만든 차는 오랜 세월 동안 좋은 음료로 세계인의 사랑을 받아 왔다. 차가 갖고 있는 항암효과, 동맥경화, 고혈압 억제 등 다양한 효과들은 차를 더욱 현대인의 음료로 손꼽히게 한다.

차나무 잎으로 만든 차는 크게 네 종류로 분류한다. 만드는 방법에 따라 불발효차(녹차), 반발효차(중국의 오룡차, 쟈스민차), 완전 발효차(홍차), 후발효차(보이차)로 나눈다.

■ 차의 발효에 따른 분류

발효는 녹차 성분 중의 하나인 타닌이 산화효소와 결합하여 색상이 변하고 독특한 향기와 맛이 만들어지는 과정을 말한다. 발효법에 따라 차는 크게 불발효차와 발효차로 나뉘고, 차외에 다른 재료를 가미한 병차(찹쌀과 차를 찍은 차), 향편차(향이나 꽃잎등을 섞은 차), 현미차(현미를 혼합한 차)로도 구분된다.

■ 발효 정도와 색상에 따른 구분

적당한 온도와 습도에서 차잎 속에 들어 있는 타닌 성분이 산화효소의 작용에 의해 색상이 누런색이나 검은 자색으로 변하며 화학반응을 일으켜 독특한 향기와 맛이 만들어지는 과정에 따라 구분하며, '세계의 3대 차'라 하면 녹차, 우롱차, 홍차를 말한다.

- 불발효차 : 발효를 하지 않는 녹차(0%)
  녹차는 차잎을 채취해 바로 솥에서 덖거나 쪄서 발효가 일어나지 않도록 한 차로, 우리나라와 중국, 일본 등에서 생산되며 그 소비량은 진체 차 소비량의 10%정도에 불과하다.
- 반발효차 : 반만 발효하는 우롱차(10~65%)
- 발효차 : 완전발효(85%)를 하는 홍차
- 홍차는 잎을 시들게 한 뒤 잘 비벼서 충분히 산화시킨 것으로 세계적으로 가장 많이 생산되고 소비되어 전 세계 차 소비량의 85%를 차지한다.

■ 후발효차

보이차, 흑차, 육보차 등이 대표적인 이름이다. 중국의 운남성, 사천성, 광서성 등지에서 생산된다. 차를 만들어 완전히 건조되기 전에 곰팡이가 일어나도록 만든 차이다. 잎차로 보관하는 것보다 덩어리로 만든 고형차는 저장기간이 오래 될수록 고급차로 쳐준다.

보이차는 미생물에 의한 발효라는 독특한 제조과정과 그로 인한 향내 때문에 속칭 곰팡이 차라고도 한다. 보이차는 콜레스테롤을 낮추고 비만을 방지하며, 소화를 돕고 위를 따뜻하게 하며, 면연력 증강, 숙취해소, 갈증 해소와 다이어트에도 효과가 있음이 입증 되었다.

■ 차의 채엽시기에 따른 분류

첫물 차는 4월 중순부터 5월 초순까지 채엽 하는 것으로 맛과 향이 가장 뛰어나 고급품으로 여겨진다. 첫물 차도 청명(양력4월 5~6일경)과 곡우 사이에 따는 차는 '우전'으로 최상급으로 치나 지역에 따라 기후편차가 심하므로 채엽 일자에 너무 얽매일 필요는 없다. 너무 어리면 맛이 약하므로 1심 2엽에 채엽을 시작해 잎이 단단하게 굳어지기 전 5엽 정도에 마치는 것이 바람직하다. 잎의 단단해지는 시기 역시 시비, 영양상태, 기후에 따라 달라진다. 5월 중순부터 6월 하순까지 채엽, 여름철 무더운 날씨로 차의 떫은맛이 강해 품질이 다소 떨어지는 두물차와 8월 초순에서 중순 사이에 따는 차를 세물차, 9월 하순부터 10월 초순 사이에 따는 차는 섬유질이 많고 아미노산 함량이 적어 번차용이 네물차로 분류된다.

■ 제다법에 따라 구분

증제 차는 차잎을 100℃의 수증기로 30~40초 정도 찌면서 산화효소를 파괴시키고 녹색을 그대로 유지시킨 차이다. 고압 수증기를 가하여 순식간에 쪄서 만들기 때문에 바늘과 같은 침상형으로 차의 맛이 담백하고 신선하며 녹색이 강하다. 카테킨 성분이 가장 많이 함유되어 식중독 예방 및 항균작용과 냄새제거에 효과적이다. 반면 덖음 차는 어린 차싹을 채엽하여 손으로 비빈 다음 달궈진 가마솥에서 차잎을 덖어 만든 것으로 구수한 맛과 향을 지닌다. 수분이 전혀 없는 상태에서 고열로 처리하기 때문에 차의 모양은 곡형으로 고소한 맛과 독특한 향이 있다.

■ 차잎의 모양에 따른 분류

시구에도 언급되는 참새의 혀를 지칭한 작설차(雀舌茶), 매 발톱을 지칭한 응조차(鷹爪茶), 보리알을 닮은 맥과차(麥顆茶)가 있다. 또한 차잎을 딸 때 새순을 창(槍), 어린잎을 기(旗)라 하며 1창 1기, 1창 2기, 1창 3기라 부르기도 한다. 그리고 어린 잎차를 세작(細昨), 중간크기 잎차를 중작(中作), 큰 잎을 대작(大作)이라 하며 잎이 말리고 고드러진 것이나 잎이 눌려 납작한 모양을 낱잎차, 잘게 잘린 잎차를 싸락차라고 부른다.

■ 차잎을 따는 시기에 따른 분류

곡우(음력 4월 20일)전에 따서 만든 우전차(雨前茶), 입하(음력 5월 6일경)때 따서 만든 입하차(立下茶), 봉차, 첫물차, 두물차, 세물차 그리고 절기에 따라서는 여름차, 가을차로 나뉜다.

■ 다구의 명칭과 쓰임새

- 다관 : 차를 우려내는 주전자을 말한다.
- 찻잔 : 다관에서 우러난 차를 따라 마시는 잔이다.
- 숙우 : 다관에 물을 붓기 전에 적당한 온도로 식게 하는 그릇이다.
- 찻상, 다반 : 다기를 올려놓는 상과 소반을 가리킨다.
- 다포 : 찻상과 다반 위에 덮고 그 위에 다기를 올리는 수건이다.
- 차시 : 마른 차 잎을 다관에 일정량 떠 넣을 때 사용하는 숟가락이다.
- 차탁 : 잔 받침을 말한다.
- 개인다기 : 편리함을 위해 고안된 산, 거름망, 잔 뚜껑으로 구성된 다기를 말한다.
- 여행기 : 여행을 위해 부피를 줄인 작은 개인용, 다인용 다기를 말한다.
- 자완 : 주로 가루차를 마실 때 사용하는 막사발을 말한다.
- 다선 : 가루차를 저을 때 사용하는 거품기를 말한다.

더 알아보기 **술은 좋은 친구를 위하여, 차(茶)는 조용한 유덕자를 위하여!**

술은 마음을 열고 소통하고 술을 마실 때 취한 느낌이 좋아서 마시며, 차는 마음을 아름답고 따뜻하게 하고 분위기를 위해 존재한다. 1907년에 발견된 둔황문헌 가운데 진사가 쓴 다주론(茶酒論)에 보면 차와 술이 서로 잘났다고 논쟁을 했으나 결말이 나지 않아 물이 나와서 중재를 한다. 차가 말하기를 나는 귀족과 제왕의 문을 출입하면서 평생 귀한 대접을 받는 신분이라고 말한다. 그러자 술이 말하기를 군신이 화합하는 것은 나의 공로라고 말한다.

차가 다시 말하길 나는 부처님에게 공물로 쓰이지만, 너는 가정을 파괴하고 음욕을 돋우게 하는 악인이다. 술이 다시 말하길 차는 아무리 마셔도 노래가 나오지 않고 춤도 나오지 않는다. 차는 위병의 원인이 된다. 차와 술의 논쟁을 지켜보던 물이 마침내 개입하여 둘을 뜯어말린다. 다군 내가 없으면 너의 모습도 없다. 주군 내가 없으면 너의 모습도 없다. 쌀과 누룩만을 먹으면 바로 배가 아파지고, 찻잎을 그대로 먹으면 목을 해친다. 그러니 둘은 사이좋게 지내라. 물이 없으면 술도 없고 차도 없다는 말이다. 술과 차는 사람들과 어울리며 담소를 나눌 때나 또한 식간에 마시는 음료로 대표적인 기호식품이자, 똑같이 인간에게 있어 사랑받는 일상 식품이다. 술은 좋은 친구를 위하여 있고, 차는 조용한 유덕자를 위하여 있다. 차를 마시면 정신이 각성 되는 효과가 있지만, 술은 사람을 취하게 만든다. 동일한 음료이면서 이들의 차이점은 시공간에 따라 하늘과 땅처럼 가까울 수도 멀 수도 있다. 차는 그 본성이 차고, 머리를 맑게 해주고, 사람의 기운을 차분하게 가라앉히는 성질을 지니고 있어 따뜻하게 마시는 것이 좋다. 반대로 술은 양(陽)의 기운을 지니고 있기에 그 본성이 뜨겁고, 머리를 흐트러뜨리고, 사람의 기운을 상승시키게 하는 성질을 지니고 있어 차게 해서 마시는 것이 좋다.

술은 술대로, 차는 차대로 그 성질과 격조가 다르다. 차는 술과 음식의 독을 해독시켜 주고 사람의 정신을 맑게 하며 잠을 쫓아 준다. 술은 바쁜 일상에 쫓기며 살아가는 현대인에게 스트레스 해소와 피곤을 풀어주며 백약지장의 역할을 한다. 술과 차 모두가 사람들에게 정신적인 긴장을 풀어주는 묘약이 된다. 하지만 둘 다 과하면 사람을 헤친다. 적당히 즐길 줄 알 때 중도의 균형과 조화가 이루어지는 것이다. 적당한 음주는 대인관계와 정신건강에 이롭다. 가끔은 정다운 사람들과 술 한 잔으로 회포를 풀고, 차 한 잔으로 여유로운 시간을 가져보자. 인생은 짧다. 좋은 사람들과 평생을 웃으며 살아도 나중엔 후회되고 아쉬움이 남는다. 좋은 사람들을 많이 둔 사람이 진정한 부자다.

좋은 사람은 자신에게 있어서 큰 자산과도 같으며, 좋은 사람을 곁에 두기 위해서는 자신이 먼저 좋은 모습을 보여야 한다. 좋은 사람은 좋은 사람을 만나고 따뜻한 사람은 따뜻한 사람을 만난다. 인생은 그리 길지가 않다. 평범한 일상의 팍팍한 우리의 삶은 때때로 마음의 휴식이 필요하다. 귀한 삶의 시간들이 그냥 소홀히 지나쳐가지 않도록, 오늘은 누군가와 술 한 잔, 차 한 잔으로 여유로운 휴식의 시간을 가져보자. 여유를 모르는 사람은 배려하는 마음도 그만큼 적다. 남을 배려한다는 것은 참으로 아름다운 일이며, 가끔 여유는 일상의 활력소가 되고 즐겁고 행복한 삶을 가져다준다. 술잔은 내 마음속 거울이며 술잔 속에 진리가 있고, 찻잔 속에 인생의 의미가 담겨있다. 차를 한 모금 조용히 입안에 머금으면 쓰고, 달고, 시고, 짜고, 떫은 다섯 가지 맛이 어우러져 차 맛을 내듯 우리의 인생도 기쁘고, 즐겁고, 괴롭고, 아프고, 슬픈 일이 서로 얽혀 이어진다. 입이 쓰도록 슬퍼 곧 쓰러질듯 하다가도 잊어버리고 다시 시작하는 것이 사람 사는 모습이다. 이런 인생의 고비 고비를 넘겨 가며 사는 파노라마 같은 우리네 삶과 차의 다섯 가지 맛은 인생의 맛과 같다.

제2절 음료의 종류

1. 술의 개요

술의 기원에 관한 물음에 정확히 대답하기란 무척 어려운 일이다. 정확한 해답을 바라는 자체가 무리한 요구일지도 모른다. 그러나 세계 각국의 고대 문헌에는 술의 기원을 설명하는 신화가 많이 발견된다.

더 알아보기 신화속 술 이야기

그리스 신화에서 디오니소스라고 불리는 로마 신화의 주신(酒神) 바커스는 제우스와 세멜레 사이에서 태어났으며 그 신앙은 트라키아 지방에서 그리스로 들어온 것으로 보인다. 바커스는 대지의 풍작을 관장하는 신으로 아시아에 이르는 넓은 지역을 여행하며 각지에 포도재배와 양조법을 전파했다고 한다.

이집트 신화의 오시리스는 누이인 이시스와 결혼을 하고 이집트를 통치한 왕이었으나 동생에게 살해되어 사자(死者) 나라의 왕이 된다. 이 신은 농경의례와 결부되어 신앙의 대상이 되고 있는데 보리로 술을 빚는 법을 가르쳤다고 한다. 「구약성서」의 노아의 방주에 관한 이야기에서는 하느님이 노아에게 포도의 재배방법과 포도주의 제조방법을 전수했다고 한다.

이처럼 술의 시작은 많은 신화와 전설과 관련되어 있다. 실제로 이집트의 피라미드에서 나온 부장품 중에는 술병이 있고, 각종 분묘 벽화에는 포도를 재배하는 모습부터 수확하는 모습, 포도주 빚는 모습들이 그려져 있는 것을 볼 수 있다. 이러한 사실로 추측해 볼 때 인간이 언제부터 술을 빚기 시작했는지 정확히 알 수 없지만 술은 인류 역사와 함께 탄생했을 것으로 예상한다.

인류가 목축과 농경을 영위하기 이전인 수렵, 채취시대에는 과실주가 있었을 것으로 추정된다. 과실이나 벌꿀과 같은 당분을 함유하는 액체에 공기 중의 효모가 들어가면 자연적으로 발효하여 알코올을 함유하는 액체가 된다. 취기가 돌고 기분이 좋아지는 액체 제조법을 터득한 인간은 오늘날에 이르기까지 애음해오고 있으며, 원시시대의 술은 어느 나라를 막론하고 모두 그러한 형태의 술이었을 것이다.

유목 시대에는 가축의 젖으로 젖술(乳酒)이 만들어졌고, 곡물을 원료로 하는 곡주는 농경시대에 들어와서야 탄생했다. 청주나 맥주와 같은 곡류 양조주는 정착농경이 시작되어 녹말을 당화시키는 기법이 개발된 후에야 가능했다.

그러다 인간이 식물을 달여 그로부터 원액을 얻어내면서, 증류기술을 이용하여 순수 알코올을 농축한 소주나 위스키와 같은 증류주를 만들기 시작했다. 혼성주인 리큐르는 가장 후대에 와서 제조된 술이다.

1.1 술의 제조과정

술을 만든다고 하는 것은 효모(酵母)를 사용해서 알코올 발효를 하는 것이다. 즉 과실 중에 함유되어 있는 과당이나 곡류 중에 함유되어 있는 전분을 전분당화효소인 디아스타제(Diastase)를 당화시키고 여기에 발효를 하는데 필수적인 요소인 이스트(Yeast)를 작용시켜 알코올과 탄산가스를 만드는 원리이다.

(1) 과실류(Fruits)

과실류에 포함되어 있는 과당에 효모를 첨가하면 사람이 마실 수 있는 에틸알코올(Ethyl Alcohol)과 이산화탄소 그리고 물이 만들어진다. 여기서 이산화탄소는 공기 중에 산화되기 때문에 알코올성분을 포함한 액이 술로 만들어진다.

과실류의 과당 → 효모첨가 → 과실주 [포도주, 사과주, 배주] → 증류 → 저장, 숙성 → 브랜디(코냑) . 오드비

(2) 곡류(Grain)

곡류에 포함되어 있는 전분 그 자체는 직접적으로 발효가 안 되기 때문에 전분을 당분으로 분해시키는 당화과정을 거친 후에 효모를 첨가하면 발효가 되면서 알코올성분이 들어있는 술이 만들어진다.

곡류의 전분 → 전분당화 → 당분 → 효모첨가 → 곡주 [맥주, 청주, 탁주] → 증류 [진, 보드카, 소주, 아쿠아비트] → 저장, 숙성 → 위스키

1.2 칵테일 알코올 도수 계산법

$$\text{칵테일의 알코올 도수 계산법} = \frac{(\text{재료알코올 도수} \times \text{사용량}) + (\text{재료알코올도수} \times \text{사용량})}{\text{총 사용량}}$$

예 : 다음의 재료로 Sidecar를 만들 때 이 칵테일의 알코올 도수를 계산하면?

- 1oz Brandy (알코올도수 40%)
- 1/2 oz Cointreau (알코올 도수 40%)
- 1/2 oz Lemon Juice
- 얼음 녹는 양 10mL

정답 1. $\frac{(40\times30)+(40\times15)}{70}$ 2. $\frac{1800}{70}$ 3. $1800 \div 70 = 25.71\%$

Hint

- 혈중 알코올 농도 측정 공식은 = 음주량(mL) × 알코올 도수(%) / 833 × 체중(Kg)
- 에틸알코올 양 측정법 = 용량 × 도수(%) / 100

  예 : 소주병에 350mL, 25%라고 기재되어 있을 때 에틸알코올 양은?
  350 X 25 / 100 = 8750 /100 = 87.5mL

2. 양조주

2.1 맥주

(1) 맥주의 기원

언제부터 맥주가 만들어졌는지 살펴보려면 B.C 4200년경의 고대 바빌로니아로 거슬러 올라간다. 이때부터 여섯줄 보리를 재배하면서 맥주를 만들기 시작했다고 추측되는데, 이를 뒷받침하는 기록이 함무라비법전에 남아 있다. 그 뒤 보리 재배가 이집트로 전해져 이집트에서는 제4왕조기 때부터 제조하였다.

이집트인들은 죽은 자의 미라와 함께 10가지 고기와 5가지 새, 16가지 빵과 케이크, 11가지의 와인 그리고 4가지 맥주를 무덤에 넣어주었다고 한다.

이집트에 전해진 맥주 제조기술은 그리스, 로마를 거쳐 전 유럽으로 전해져 두줄 보리의 산지인 독일과 영국에서 더욱 발전하였다.

(2) 맥주의 어원

맥주는 보리를 발아시켜 당화하고 거기에 홉(hop)을 넣고 효모에 의해서 발효시킨 술이다. 이산화탄소가 함유되어 있기 때문에 거품이 이는 청량 알코올음료이다. 고대의 맥주는 단순히 빵을 발효시킨 간단한 것이었지만 8세기경부터 홉을 사용했고, 훨씬 이후에는 탄산가스를 넣어 맥주를 만들었다. 맥주의 성분은 수분이 88~92%를 점하고 있으며, 그 외에 주성분, 엑스분, 탄산가스, 총산 등이 함유되어 있다.

맥주를 뜻하는 비어(beer)의 어원은 마시다는 뜻을 가진 라틴어 비베레(bibere)나 곡물을 뜻하는 게르만어 베오레(bior)인 것으로 알려져 있다.

(3) 맥주의 특성

- 맥주는 온도와 습도에 따라 달라질 수 있다. 여름에는 5~8℃, 겨울에는 8~12℃, 봄, 가을에는 6~10℃, 생맥주는 3~4℃ 정도에서 가장 맛있게 느낄 수 있다.
- 맥주의 주원료는 대맥, 물, 호프이고, 발효에 반드시 필요한 것이 효모(yeast)이며. 그 특성은 다음과 같다.

(4) 맥주의 원료

- 대맥 : 대맥(大麥)은 두줄보리(이조대맥 : 줄기 주위에 두줄로 보리알이 열매를 맺음)라고도 하며 양조용 맥주보리라고도 부른다. 품종은 주로 골든멜론종을 많이 사용한다. 껍질이 얇고 담황색이며 발아율이 좋고 수분함유량이 10%내외로 잘 건조된 것이어야 한다. 전분함유량이 많고 단백질이 적은 것이 좋다. 그리고 대맥아의 전분을 보충하는 원료로서 옥수수, 쌀, 전분, 기타곡류 등이 사용되고 있다.
- 물 : 맥주의 품질을 좌우하는 것이 물이다. 물은 맥주성분의 90%를 차지하며 수질이 좋은 물로 PH가 5~6정도의 산성인 것이 좋다.
- 호프 : 호프(Hop)는 뽕나무과에 속한다. 이는 후물루스루풀루스(Humulus lupulus)라고 하는 쓴맛의 수정 안 되는 녹색의 암꽃으로 여름에 꽃을 따서 열풍 → 건조 → 압착 → 저장하여 꽃 전체를 사용한다. 이 호프꽃의 성분에는 방향유, 쓴맛의 탄닌 성분이 함유되어 있다. 그리고 호프는 제품의 단백혼탁

을 방지하고 맥주의 보존성을 높이는 역할도 하고 있다.

• 효모 : 효모는 맥주에 반드시 필요한데, 효모는 맥아즙 속의 당분을 분해하여 알코올과 탄산가스를 만드는 발효과정을 돕는다. 효모의 종류에 따라 하면발효맥주와 상면발효맥주로 나눈다. 하면발효는 발효의 끝 무렵에 효모가 가라앉고 저온에서 발효된다. 상면발효는 발효 중에 효모가 액체위로 떠오르고 비교적 고온에서 발효된다. 따라서 맥주를 양조할 때에는 어느 효모를 사용하느냐에 따라 맥주의 질이 달라지는데, 전 세계적으로 대부분의 맥주는 하면발효 효모를 사용한다.

발효에 의한 분류	색에 의한 분류	산지에 의한 분류
하면 발효 맥주	담색 맥주	체코(필스너 맥주), 독일, 미국, 아메리칸, 덴마크, 일본 등
	중간색 맥주	오스트리아(빈 맥주)
	농색 맥주	독일(뮌헨 맥주)
상면 발효 맥주	담색 맥주	영국(에일(Ale) 비어, 페일엘 비어)
	농색 맥주	영국(스타우트 : Stout), (포터 : Port)
	※ 특징: 발효온도가 10도~25도로 높아 색이 짙고 알코올 도수가 높다.	

(5) 맥주의 종류

■ 살균에 의한 분류

• 드래프트 비어(draft beer) : 여과시킨 원숙한 맥주를 곧바로 통에 넣은 것으로서 비살균된 생맥주라고 한다.

* 생맥주 저장 취급의 3대 원칙 : 적정온도, 적정압력, 선입선출

• 라거 비어(larger beer) : 생맥주는 보존성이 약하여 빨리 변질될 우려가 있지만, 라거 비어는 보존성을 유지하기 위하여 병에 넣어 60℃정도로 저온 살균한 맥주이다.

■ 원료 및 맛에 의한 분류

• 에일 비어(ale beer) : 도수가 높은 맥주로서 고온에서 발효시킨 것으로 호프 향이 강하다.

• 무알코올 비어(none alcoholic beer) : 도수가 없는 맥주

- 몰트 비어(malt beer) : 엿기름으로 발효한 맥주
- 루트 비어(root beer) : 샤르샤 나무뿌리로 만든 맥주
- 스타우트 비어(stout beer) : 담색맥주보다 더 검은 흙 색깔의 맥주
- 포터 비어(porter beer) : 맥아를 더 검게 볶아 당분이 카라멜화 되어 검은 맥주. 이것의 알코올 도수는 6%이며 맥아의 맛과 호프향이 강하다. 영국 런던의 화물 운수업자인 포터 들이 즐겨 마신 술에서 유래되었다.
- 드라이 비어(dry beer) : 도수는 5%이며, 단맛이 적어 담백한 맥주
- 보크 비어(bock beer) : 라거 비어보다 약간 독하고 감미를 느끼게 하는 진한 맥주

(6) 맥주의 서비스와 저장

- 맥주의 온도는 여름에는 6~8℃, 겨울에는 10~12℃가 적당하다.
- 맥주의 거품은 2~3cm 정도의 거품이 덮이도록 한다.
- 맥주잔은 사용 전 깨끗한 물로 행군 후 얼룩이 남지 않도록 타올로 닦은 후 사용한다.
- 맥주의 저장 : 호박색의 빛깔과 산뜻한 향기, 상쾌하고 청량감 있는 술 맛을 위하여 5~20℃의 실내온도에서 통풍이 잘 되고 직사광선을 피하는 지하실에 습기가 없는 건조한 장소의 어두운 곳이 적합하다. 또 운반할 때 혼탁현상을 방지하기 위해 충격도 피해야 한다.

키포인트

- **재고순환(Stock Rotation)** : 입고된 제품의 순서대로 선입선출(FIFO System)방법을 사용하여 맥주의 신선도를 유지해야 한다.
- **맥주의 원료** : 보리(barley-대맥), 물, 호프(hop:부패방지, 거품발생), 효모(yeast : 발효 및 탄산가스분해)
- **맥주의 제조 공정** : 맥아제조 → 당화 → 발효 → 저장

더 알아보기 성숙한 아가씨 꽃에 감춰진 맥주의 비밀

한잔의 맥주에서 발견되는 모든 감각에는 기원이 있고, 그 기원은 제조과정 중 양조사와 몰트 제조가가 내린 결정에서 비롯된다. 홉의 톡 쏘는 신선한 그린의 건강한 풀 향과 가벼운 견과의 풍미, 상쾌하게 여겨지는 쌉싸래한 맛의 시원한 맥주 한잔이 생각나는 계절이다.

맥주의 기본 재료는 맥아(Malt), 홉(Hop), 효모((yeast), 물(Water)이며, 맥주의 원료 중에서 홉은 맥주의 맛과 향에 직접 작용하는 가장 민감한 원료라고 할 수 있다. 맥주 역사에서 홉을 사용한 것은 맥주의 질을 한 단계 올려놓은 획기적인 사건이며, 홉은 맥아에서 나온 당을 기반으로 만든 액체를 효모로 발효시켜 알코올을 얻는 맥주라는 술에서 양념 역할을 하는 재료다.

어떤 종류의 홉을 사용하느냐에 따라서 맥주 맛이 천차만별로 달라진다.

홉(Hop)은 암수가 따로 있으며, 뽕나무과에 속하는 덩굴성 식물의 꽃으로 맥주에 사용하는 홉은 암그루의 성숙한 꽃을 따서 말린 것이다. 맥주의 은은한 향과 쓴맛은 순수함을 간직한 처녀의 맛이다. 바로 맥주에 사용하는 홉이 수정하기 전의 처녀 암꽃이기 때문이다. 그중에서도 최대한 성숙한 아가씨 꽃일수록 좋다. 그래서 적당한 시기가 되면 암꽃에 수꽃의 꽃가루가 붙지 않도록 비닐을 씌운다. 그야말로 담장 밖을 모르는 아가씨로 키우는 것이다. 만약 암수가 같은 장소에서 재배하면 암꽃이 수정되어, 향기나 중요한 성분이 감소되기 때문에 항상 암그루만 재배한다. 홉의 가장 중요한 조건은 처녀성이라 할 수 있다. 홉에는 여성 호르몬이 많아서 중세 때부터 여자들의 생리불순에 홉을 끓여 마셨다고 하며, 홉 밭에서 일을 하면 생리가 빨라진다고 한다. 맥주 왕국 독일의 아성에 도전하고 있는 나라 벨기에는 중세 수도원 맥주의 전통이 살아 있는 곳이다. 아직도 맥주를 빚는 일부 수도원에서는 생리때 여성의 몸에서 발하는 빛이 맥주를 발효시키는 효모에 좋지 않은 영향을 미친다며 여성의 견학을 금지하고 있다. 노르웨이에서는 결혼식에 앞서 결혼 주로서 사용할 맥주를 빚는데 이때 발효가 일어나지 않으면 불행한 결혼이 된다며 파혼을 하기도 한다.

지구상에서 가장 다채로운 음료인 맥주는 음식 그 자체와 다를 바 없으며 풍미, 아로마, 색, 질감 등 여러 요소들이 어우러져 많은 종류의 요리를 보완해준다. 소박한 수제 소시지이든, 아주 고귀한 명품 요리이든 거기에 딱 맞는 맥주가 있듯이, 친구는 우리를 좋은 방향으로 더 강하게, 행복할 수 있도록 이끌어 준다. 우리 역시 그들에게 그런 존재가 되어야 한다. 인생에서 남는 중요한 부분 중 하나가 소중한 벗들과의 우정이다. 가끔 만나는 친구와의 술값은 아깝지 않다. 무더위가 이어지고 덥고 끈적끈적한 날씨로 몸도 마음도 지치는 여름에는 우리의 목마름을 해소시켜줄 시원한 맥주 한 잔이 제격이다. 오늘은 시원한 맥주 한잔 원샷! 원샷은 들면 술잔, 내리면 빈 잔이다.

2.2 와인

(1) 와인의 정의

와인이란 포도를 으깨서 그대로 두면 포도껍질에 자생하며 묻어 있는 효모(yeast)에 의해, 발효가 일어나 얻어진 양조주를 가리킨다.(여기서 발효라 함은 포도즙의 당분이 효모작용으로 알코올과 탄산가스로 변하는 과정) 플라톤은 와인을 "신이 인간에게 준 최고의 선물"이라고 극찬했으며, 2천5백년전 의학의 아버지라고 불리는 히포크라테스도 "알맞은 시간에 적당한 양의 와인을 마시면 인류의 질병을 예방하고 건강을 유지할 수 있다"라고 말하였다. 아직도 누가 처음 와인을 마시기 시작했는지는 알려져 있지 않지만, 고대 페르시아와 이집트, 그리스, 즉 소아시아에서 처음 마시기 시작했으며, 유럽으로 전파되어 더욱 번성하여 열매를 맺기 시작 했다. 넓은 의미에서의 와인은 과실을 발효시켜 만든 알코올 함유 음료로 와인의 맛은 토질, 기온, 강수량, 일조시간 등 자연조건과 포도재배 방법 그리고 양조법에 따라 나라마다 지방마다 와인의 맛과 향이 서로 다르다. 와인의 어원을 살펴보면 라틴어의 비넘(Vinum), '포도나무로부터 만든 술'이라는 의미로서, 세계 여러 나라에서 와인을 뜻하는 말로는 이태리, 스페인에서는 비노(Vino), 독일의 바인(Wein), 프랑스의 뱅(Vin), 미국과 영국의 와인(Wine) 등으로 말한다. 와인(Wine)은 포도에 효모를 첨가하여 발효한 술이며, 와인은 어떤 포도품종을 사용했는지, 그 해 기후에 따른 생육조건, 제조방법에 따라 숙성 및 보관 기간이 달라진다. 일반적으로는 양질의 포도 원료로 발효한 발효주를 의미하며 우리나라 주세법에서 과실주의 일종으로 정의한다.

(2) 와인의 발전

와인의 역사는 인류 문명과 그 궤를 같이하며, 와인이 빚어졌다는 것은 원시 유목 생활에서 농경 문명사회로 옮아갔다는 것을 의미한다. 포도 묘목을 심어서 수확을 얻는 데에는 적어도 3~4년의 세월이 흘러야 하기에, 포도밭의 경작은 한곳에 머물면서 삶을 영위하는 농경사회에 접어들었음을 의미한다.

문헌상의 와인은 지금으로부터 약 7,000년~8,000년 전 소아시아의 코카서스(Caucasus) 남부지방에서 시작된다. 그 후 와인은 페니키아인에 의해 이집트, 그리스, 로마 등으로 퍼져나가면서 발전되어 갔다. BC 50년경 로마의 세력이 지금의 프랑스와 독일 영역에까지 미치면서 이곳에 대규모 포도단지가 형성 되었다. 4세기 초 콘스탄틴 황제의 기독교 공인 이후 와인이 교회의 미사에서 성찬용으로 중요하게 사용 되면서 포도 재배는 더욱 활성화 되었다. 수도원을 통해 포도 재배와 양조기술의 발전이 이루어졌으며 수도원 및 교단의 건립에 따라 유럽 전역까지 보급되기에 이르렀다. 유럽에서 발달한 와인은 16세기 이후에 주로 성직자들에 의해 세계 각처로 전파되었고, 오늘날 와인은 프랑스, 스페인, 이탈리아, 독일 등 유럽 전통 와인 생산국들과 미국, 오스트레일리아, 칠레, 남아고, 아르헨티나와 같은 신흥 와인 생산국 등 약 세계 50여 개국에서 연간 2억8천hl 가량이 생산되고 있으며 우리 국민들의 생활수준 향상과 식생활 문화가 서구화 되면서 국내에도 와인 소비자들이 점차적으로 늘어나고 있다.

(3) 와인의 특성

와인은 알코올 함유량이 8°~13°정도로서 첨가물 없이 포도만을 발효시켜 만든 알카리성 양조주이다. 특히 와인은 저장 방법이 매우 중요한데 첫째, 여과된 와인은 오크통에 담아 15℃정도의 지하 창고에 저장한다. 둘째, 저장기간은 레드와인은 2년 전후, 화이트 와인은 1~4년 정도가 알맞다. 셋째, 통속에서 장기 저장하면 와인의 색이 흐려지므로, 병에 옮겨 담아 10~15℃정도와 습도 60% 정도의 와인 저장 창고에서 1~10년 정도 숙성시킨다.

[와인의 일반적 특질]

■ 화이트와인(white table wine)

- 기초물질 : 산(acid)
- 알코올수준 : 평균 12~13%(알코올도수)
- 색상의 변화 : 푸르스름한 빛깔(초기숙성), 밀짚빛깔(숙성의 진행), 황금빛깔(숙성의 절정), 호박색(지나친 숙성)
- 향 : 기본적으로 신선한 과일향을 보인다.(사과, 배 등의 과실향)
- 맛 : 감미 그리고 신선한 맛을 보인다.
- 서빙 : 반드시 차게 해서 마신다.(6~11℃, 또는 8~12℃)
- 음식과의 매칭 : 생선, 갑각류

■ 레드와인(red table wine)

- 기초물질 : 떫은맛(탄닌)
- 알코올수준 : 평균 12~14%(알코올도수)
- 색상의 변화 : 보라빛깔(초기숙성), 체리빛깔(숙성의 진행), 오렌지빛깔(숙성의 절정), 벽돌색깔(지나친 숙성)
- 향 : 과실향 및 동물의 향(장미꽃, 딸기, 체리 향)
- 맛 : 떫은 맛, 그리고 복합적이고 유순한 맛을 보인다. 서빙: 상온(약 18~20℃)의 수준. 다만 지역에 따라서 레드와인의 서빙 온도를 2~4℃ 정도 낮춘다.
- 음식과의 매칭 : 붉은 빛깔의 육류 등

■ 발포성 와인(sparkling table wine)

와인을 기초 원료로 하여 2차적으로 밀폐된 용기(병)에 효모를 넣어 술의 앙금이 숙성, 비등(沸騰) 되도록 하여 얻은 와인을 일컬어 발포성 와인이라 한다. 프랑스 샹파뉴 지방에서 이러한 과정을 통해 얻은 와인을 샴페인이라고 부르며 그 외의 지방에서 동일한 방법으로 얻은 와인을 가리켜 크레망(cremant), 무쎄(mousseux) 등으로 부른다.

- 알코올수준 : 13%
- 빛깔 : 엷은 황금색, 붉은색, 핑크색
- 서빙 : 6~10℃가 적정
- 용도 : 식전주, 이벤트, 그리고 축하주로 쓰인다.

3. 증류주

3.1 위스키(Whisky)

위스키의 원형이 등장하는 것은 12세기 전후로 역사적 사건에 의해 조명되고 우연한 기회에 예기치 않는 방법에 의해 비약적인 기술발전을 가져왔다. 십자군 전쟁에 참여했던 카톨릭의 수사들은 아랍의 연금술사로부터 증류주의 비법을 전수받고 돌아왔다. 아랍의 연금술사들로부터 수사들에게로 전수된 알코올 증류비법은 순식간에 유럽 각지로 퍼져 나갔고, 서로 앞 다투어 자신들만의 비밀스러운 방법으로 증류를 해서 이 신비의 묘약이자 무병장수의 명약 혹은 염색한 약초의 방부제로 사용했다. 이후 이들에 의해서 증류주가 탄생하였는데 오늘날의 우리가 주로 마시는 위스키, 브랜디 등 고급증류주의 시초가 된다. 영국으로 전수된 증류기술은 맥주를 증류해 위스키로 발전하였고, 프랑스 등에 전래되어 브랜디로 발전하고 러시아 보드카, 럼, 진 등의 술로 발전하게 된다.

1172년 영국의 헨리 2세가 아일랜드를 정복했을 때 이미 아일랜드 사람들은 증류한 술을 마시고 있었다고 전해진다. 아일랜드 토속 증류주는 15세기경 스코틀랜드에 전해지고 스코틀랜드인들은 각 지방에서 만들어지는 맥주를 증류하여 지역적 특색이 있는 독한 증류주를 만들어 마셨다. 위스키의 역사를 살펴보면, 위스키는 12세기경 처음으로 아일랜드에서 보리를 발효하여 증류시킨 술이다. 그 후 스코틀랜드(Scotland)에 유입되어 품질개발과 함께 전 세계로 많이 알려지게 되었다.

위스키의 맛이 비약적으로 발전한 또 하나의 사건은 1707년 잉글랜드와 스코틀랜드의 합병으로 대영제국이 탄생한 후 정부가 재원을 확보하기 위해 술에다 높은 주세를 물리기 시작하였다. 이에 불만을 품은 증류업자들이 스코틀랜드의 산속에 숨어 밤에 몰래 증류하여 위스키를 밀제조 했다. 그 바람에 이들을 '달빛치기(Moon shiner)'라는 별명을 얻게 되었다. 이 밀조자들은 맥아의 건조를 위해 이탄(泥炭, peat)을 사용했는데 이 건조방법이 훈연취(熏煙臭)가 있는 맥아를 사용하여 스카치위스키를 만들게 된 시발이 되었다.

또한 증류한 술을 은폐하려고 쉐리주(sherry)의 빈 통에 담아 산속에 숨겨 두었는데 나중에 통을 열어 보았더니 증류 당시에는 무색이었던 술이 투명한 호박색에 짙은 향취가 풍기는 술로 변해 있었다. 이것이 바로 목통(오크통) 저장의 동기가 되었다. 밀조자 들이 궁여지책으로 강구한 수단들이 위스키의 주질 향상에 획기적인 기여를 하는데 일조한 것이다.

그 후 19세기 중반 유럽의 포도나무가 필록세라 기생충에 의해 전멸되었는데 그 여파로 당시 명성을 떨치는 브랜디(코냑)을 생산할 수 없게 되자 그 대체수요로 위스키는 전 유럽에 소비되었고, 비약적인 품질의 향상을 통한 세계적인 술로 발돋움하게 되었다.

한편 미국에서는 켄터키를 중심으로 아메리칸 위스키가 만들어지고 있으며 그 중에서도 버번(bourbon)은 세계적인 술로 성장했다. 또한 캐나다에서는 캐나디안(Canadian) 위스키로 독특한 발전을 이루었다. 위스키란 말은 라틴어의 아쿠아바이티(Aqua-Vitae ; 생명의 물)에서 유래되어 위스게 바하(Uisge-beatha) → Uis-baughusky → 위스키(Whiskey)로 된 것이다.

위스키는 51~66% 정도의 주원료를 사용하고, 그 외 다른 주류를 혼합하여 만든 위스키가 있다. 위스키의 주원료별 구분은 Malt Whisky[보리맥아(barley malt)를 주원료로 사용한 위스키], Rye Whisky[호밀(wheat)을 주원료로 사용한 위스키], Corn Whisky[옥수수(Corn)를 주원료로 사용한 위스키]가 있다. 이들의 알코올 함유량은 보통 40~43.4%(80 proof~86.8 proof)이다.

3.1.1 세계 4대 위스키

(1) 스카치위스키(Scotch Whisky)

스코틀랜드에서 생산된 위스키의 총칭이며, 위스키 생산량의 약 60%를 생산하고 있다. 원산지는 영국이며 원료는 보리 몰트(Malt) 60%와 기타 곡류 40%를 혼합하여 엿기름에 의해 당화, 발효시켜 스코틀랜드에서 단식증류기로 증류하여 최소한 3년간 오크통에 넣어 저장, 숙성시킨 것이다.

주요 특징은 다음과 같다.

- 알코올 함유량 : 보통 43~43.4%이다.
- 색 : 갈색(Brown)
- 스코틀랜드산 보리를 사용(대맥)
- 스코틀랜드산 피트(Peat) 탄을 태워서 엿기름으로 건조
- 오크 통 안에 쉐리 포도주가 스며들게 하여 위스키를 채 움
- 서늘하고 습도가 높은 창고에서 저장 숙성(18℃, 90% 습도)
- 스코틀랜드에서 3년 이상 저장
- 주요 상표로는 Johnnie walke, White Horse, White Lavel, Black & White, Haig & Haig, Chiavas Regal, Ballantine's, Bell's Special, Cutty Sark , Glenfiddich, Haig's Gold Lavel, J&B JET, King's Ran Son, Old Parr, Royal Salute, Vat 69 등이 있다.

(2) 아이리쉬 위스키(Irish Whisky)

아일랜드에서 생산된 위스키로서 원료는 맥아(Malt)의 디아스타아제(diastarse)로 곡류를 당화하여 발효시킨 것을 북아일랜드에서 증류하여 최저 3년간 저장 숙성시킨 것이다.

대맥과 곡류를 원료로 하여 그레인위스키로 구분하기도 하며, 그 특징은 다음과 같다.

- 포트 스틸(Post still ; 단식증류기)로 3회 증류하기 때문에 도수는 스카치위스

키보다 높다.
- Peat탄으로 엿기름을 건조한 것은 스카치위스키와 비슷하나 향을 배제한 것이 다르다.
- 저장은 아이론 통(Iron Cask)에 넣었다가 다시 오크통에서 7년 정도 저장 숙성시킨 것이다.
- 알코올 함유량은 보통 43~45%이다.
- 주요 상표는 John Jameson, Old Bushmill's, John Power이다.

(3) 아메리칸 위스키(American Whisky)

미국에서 생산된 위스키를 말한다. 1795년 제코브 비임(Jacob Beam)이 켄터키(Kentuky)주 버번(Bourbon)지방에서 옥수수를 기주로 하여 위스키를 제조하기 시작하였고, 여기서 생산된 것을 버번위스키로 분류하기도 한다.

주요 특징은 다음과 같다.

- 원료는 옥수수 51~66%(Corn Whisky)이상을 사용
  * 호밀 51~66%를 주재료로 한 것은 Rye Whisky이다.
- 호밀과 몰트를 더하여 당화시켜 증류해서 그을린 오크통에 저장 숙성
- 색상은 단풍잎 색(위스키보다 조금 붉은 빛)
- 버번위스키의 저장은 최저 5~6년을 오크(Oak) 통에서 저장, 숙성함
- 알코올 함유량은 보통 43~50%이다.
- 버번위스키의 주요 상표로는 Bourbon de Luxe, Wild Turkey, Old Grand Dad, I.W. Harper, Jim Beam, Jack Daniel, Seagram's Seven Crown 등이 있다.

Jack Daniel

미국을 대표하는 위스키이며 테네시 위스키로 불리 운다. 다른 버번위스키와 차이점은 테네시 고지에 산출되는 사탕단풍나무 숯으로 여과 후 숙성시킨다.

(4) 캐나디안 위스키(Canadian Whisky)

캐나다에서 생산된 위스키이다. 원산지는 캐나다의 온더리오호 주변에서 주로 생산하며, 원료는 호밀(Rye) 51~66%와 밀, 옥수수를 보리 엿기름으로 당화, 발효, 증류시켜 Oak 통에 숙성한다.

저장은 3~6년간 실시하며 알코올 함유량은 보통 43~44%이다.

캐나다 위스키의 주요 상표는 Canadian Club(C.C), Canadian Rye, Seagram's V.O, Crown Royal 등이 있다.

3.1.2 위스키 분류법

(1) 증류법에 의한 분류

- 포트 스틸 법(Pot Still)

단식증류기를 사용하여 증류한 위스키를 말한다. 이 방법은 원시적인 증류법으로 연속식에 비해 많은 시간이 걸리며 원가가 많이 들고 비능률적이나 향과 맛이 비교적 좋은 장점이 있다. 이는 고급 위스키나 브랜디 제조에 주로 사용된다(Scotch Whisky, Irish Whisky, Cognac Brandy가 이에 속한다).

- 파텐트 스틸 법(Patent Still)

1826년 로버트 스테인(Robert Stein)에 의해 발명되었으며, 연속적으로 연결된 증류기(일명 연속식 증류기)를 이용하여 만든 위스키이다. 이는 단시간에 대량적으로 증류시킬 수 있는 장점이 있으나, 원가가 저렴하여 가격이 저렴하다. 이것은 숙성을 하지 않는 무색투명의 증류주나 대중적인 위스키 제조에 주로 쓰인다(American Whisky(Bourbon Whisky), Canadian Whisky가 이에 속한다).

(2) 원료 및 제법에 의한 분류

- 블랜디드 위스키(Blended Whisky)

위스키는 저장 연수, 양조과정의 방법, 저장고의 환경과 위치, 저장통의 재질과 크기에 따라 숙성이 다를 수 있다. 여기에 위스키의 맛과 향을 혼합하는 것이 블랜디드 위스키이다. 오늘날 세계적으로 생산되는 위스키의 95%정도가 몰트 위스키와 그레인 위스키를 적당한 비율로 혼합한 블랜디드 위스키이다.

- 몰트 위스키(Malt Whisky)

보리로 만든 엿기름을 원료로 사용하여 만든 위스키로서 맥아(엿기름)를 건조시킬 때 피트탄(Peat)에 태워 단식증류기로 증류한 후 오크통에 최소한 3년 이상을 숙성시키는데, 피트향과 통의 향이 배인 독특한 맛의 위스키이다.

몰트(Malt) 위스키 제조과정

보리 → 침수 → 발아 → 건조(Peat) → Malt → 당화 → 효모첨가 → 발효 → 포트스틸(단식증류기)로 2회 증류 → 통에 넣음 → 저장숙성 → 싱글 몰트 → 그레인위스키 혼합 → 블랜디드 위스키

- 그레인위스키(Grain Whisky)

발아시키지 않은 보리와 호밀, 밀, 옥수수 등의 곡류에다 보리맥아(Malted Barley)를 15~20%정도 혼합하여 당화, 발효하여 현대식 증류기(연속식 증류기)로 증류한 고농도 알코올의 위스키다. 비교적 향이 덜하며 부드럽고 순한 맛이 특징이고 통 속에서 3~5년 숙성 시킨다.

그레인(Grain) 위스키 제조과정

옥수수, 몰트, 전분 → 증자 → 냉각 → 당화 → 효모첨가 → 발효 → 파텐트 스틸(연속식 증류기)로 2회 증류 → 통에 넣음 → 저장숙성 → 그레인 위스키 → 몰트 위스키와 혼합 → 블랜디드 위스키

3.2 브랜디

3.2.1 브랜디의 숙성과정

브랜디는 원래 과실의 발효액을 증류한 알코올이 강한 술이다. 브랜디는 폴란드어의 브란테바인(Brandewijn)이라는 말에서 유래되었고, 프랑스에서는 오-드-비(Eau-de-vie-de-vin)라고도 한다. 이는 생명의 물이라는 뜻이다(브랜디를 불에

태운 술, 생명의 물, 불사의 영주로 애칭하기도 한다).

브랜디의 제조과정은 포도주를 Pot still(단식 증류기)로 1차 증류시켜 알코올분 20~25% 정도를 얻게 한다. 그리고 이것을 다시 2~3회 증류시키면 알코올 50~75% 정도가 된다(양질의 브랜디는 3회 증류한 것이다). 이렇게 해서 얻은 브랜디를 Oak 참나무통에 넣고 저장 숙성시킨다. 브랜디는 숙성기간이 길수록 품질이 향상된다.

참나무통의 색과 나무에서 나오는 탄닌(Tanin)으로 인하여 독특한 향기와 색이 가미되어 아름다운 호박색(Amber Color)에 가까운 Brown색으로 술이 생성된다.

브랜디의 제조공정

① 양조작업(와인제조)
② 증류
③ 저장 : 증류한 브랜디를 열탕소독 한 White Oak Barrel(새로운 오크통)에 넣어 저장한다. 담기 전에 White Wine을 채워 유해한 색소나 이물질을 제거 하고난 후 다시 White wine을 쏟아내고 브랜디를 채운다. 저장기간은 최소 5년에서 최고 20년까지이나, 오래된 것은 50~70년 정도 되는 것도 있다.
④ 혼합

3.2.2 주요 생산지역

- 코냑(Cognac)은 프랑스 코냑(Cognac)지방에서만 생산되는 브랜디이다. (케프(Capus)에 의해 1935년 원산지 명칭 통제령의 법률이 제정되어 코냑의 이름은 그 지방 산출의 브랜디에만 허가됨)
- 세계 5대 코냑회사 : 헤네시(Hennessy), 레미마르땡(Remy Martin), 마르텔(Martell), 까뮈(Camus), 꾸르브와지에(Courvoisier)
- 세계적으로 가장 유명한 브랜디의 생산지역이다.

[세계 유명 코냑(Cognac) 종류]

(1) 레미마르땡(Remy Martin)

세계 시장 점유율이 높은 상표 중의 하나로 1724년 시작됐다. 이 회사의 루이13세는 최고의 질을 보장하는 그랑데 샴페인(Grande Champagne) 지역의 포도만을 사용하여 만들며, 수제품인 크리스탈 병마다 일련번호에다 진품 보증서가 첨부됐을 만큼 초특급 코냑이다. 진한 골드 색으로 포트, 호두, 자스민, 열내과일, 시가 박스의 복합적인 부케, 불꽃같이 강렬하면서도 창출한 맛을 느끼게 하는 이 제품은 세계 최고품 중의 하나이다.

(2) 까뮈(Camus)

1863년 까뮈 주도로 결성한 협동조합에서 제조한 것이 시초이다. 창사 100주년을 기념, 출시한 까뮈 나폴레옹이 1969년 나폴레옹 탄생 200주년과 맞물려 큰 인기를 얻으면서 브랜디 시장에서의 확고한 위치를 구축하기에 이르렀다.

(3) 헤네시(Hennessy)

아일랜드 출신인 리처드 헤네시가 1765년 창설한 회사로 4대손인 모리스 헤네시에 의해 급성장했다. 모리스 헤네시는 처음 코냑이란 명칭을 병에 새겨 넣고 별 마크로 숙성기간을 상표에 표시하기도 했는데, 오늘날 코냑 병에 등급을 표시하는 기호를 처음 사용하기 시작한 회사로 유명하다.

(4) 꾸르브와지에(Courvoisier)

파리의 와인 중개업자 꾸르브와지에가 1790년 제조사를 창설, 생산한 이후 나폴레옹과의 친분을 이용해 '나폴레옹 브랜디'라고 선전한 것으로 알려져 있다. 꾸르브와지에는 마르텔, 헤네시와 함께 현재의 코냑 업계의 3대 메이커의 하나로 꼽힌다.

(5) 마르텔(Martell)

1715년 장 마르텔이 설립했으며, 1977년 처음으로 나폴레옹 명칭을 사용한 코냑을 만들었다. 마르텔의 심벌마크는 황금제비다. 지금으로부터 300여 년 전 고대하던 브랜디가 오랜 숙성을 거쳐 처음으로 저장고로부터 나오던 날 어디선가 황금빛 제비가 코냑의 탄생을 축하하듯 날아다녔다고 한다. 이 후 마르텔의 탄생을 축하했다는 황금제비가 지금도 마르텔의 병에 그려져 있다.

헤네시가 해외에 중점을 두는 반면 마르텔은 국내에 치중해 프랑스 판매량에서는 단연 톱이다.

(6) 그 외의 유명 상품

① 오타드(Otard)

창업자 오타드는 스코틀랜드의 명문 출신이다. 1688년 명예혁명 때 제임스 2세를 따라서 프랑스에 이주해온 집안이다. 그리고 이 회사가 있는 샤또 드 코냑은 프랑스 르네상스의 왕 프랑소와 1세의 탄생지이기도 하다. 1795년 오타드가 설립한 이 회사의 코냑은 향기와 맛이 미묘하게 균형을 이루고 있다.

증류 후 1년 동안 리무진산의 떡갈나무 술통에 넣어 숙성시키기 때문에 나무향이 녹아 들어 오타드 특유의 톡 쏘는 독한 맛이 생긴다. 그래서 남성적인 코냑이라 한다.

그리고 비스뀌(Bisquit), 뽈리냑(Polignac), 끄르와제(Croizet), 하인)Hine), 라센(Larsen), 샤또 뽈레(Chateau Paulet) 등이 있다.

② 아르마냑(armagnac)

아르마냑은 코냑 다음으로 유명한 프랑스의 대표적 브랜디다. 아르마냑은 보르도 남서쪽에 자리한 지역으로 이곳 역시 포도재배의 황금지대라고 할 수 있다. 아르마냑에 관해 이야기하자면 달타냥(D'Artagnan)을 빼놓을 수 없다.

알렉상드르 뒤마의 소설 '삼총사'에 등장하는 달타냥이 활동했던 본거지로도 유명하다. 달타냥은 소설 삼총사의 주인공으로 나오는 실제 인물이며, 1615년 태양왕 루이 14세의 총애를 받은 아르마냑의 영주이기도한 가즈고뉴(Gascogne) 사람이다. 아르마냑(Armagnac)은 일명 '가즈고뉴'라고도 불린다. 오늘날 아르마냑 브랜디의 고급품에는 나폴레옹 코냑과 마찬가지로 레텔에 '달타냥'의 이름을 표기하고 있는데, 이것은 가즈고뉴 출신의 달타냥 후손들이 그의 이름을 기념하기 위한 것이다.

또 목이 길고 평탄한 도형의 병 모양도 아르마냑의 특징이라고 할 수 있다. 바스케즈(basquaise)라고 불리우 지는 이 병은 피레네 산기슭에 사는 바스크 인들의 식탁용 포도주 병의 모양을 본뜬 것이라 한다. 아르마냑 브랜디는 코냑보다 신선하고 남성적이며 살구 향에 가까운 고유의향을 지니고 있다. 코냑이 정교한 기술에 의해 다듬어진 술이라면 아르마냑은 힘에 의해 만들어진 야성적인 술이다. 같은 아르마냑 지방에서도 브랜디 생산지역은 다시 '바 사르마냑', '테나레즈', '오타르마냑' 등 3곳으로 나뉜다. 그 중에서도 바사르마냑 지역은 최고급 주를 생산하고 있다. 이 때문에 바사르마냑에서 생산되는 브랜디는 바사르마냑(BAS ARMANAC)이라고 자랑스럽게 표기하고 있으며, 다른 지역에서 생산되는 것은 그냥 아르마냑(ARMANAC)이라고만 표시한다. 아르마냑 브랜디도 코냑과 마찬가지로 숙성기간에 대한 관리를 국립 아르마냑 사무국에서 하고 있다. 코냑처럼 9, 10월에 증류를 시작해 이듬해 4월 공식적인 증류가 끝나면 콩트 0이 되고, 1년 단위로 숫자가 올라간다.

별 셋(★★★)은 콩트 2, V.S.O.P는 콩트 4, 오르다주와 나폴레옹 엑스트라는 콩트 5 이상이어야 한다.

아르마냑의 명품으로는 샤보(Chabot)를 꼽을 수 있다. 아르마냑에서 가장 이름이 알려진 브랜드로 수출량도 가장 많다. 회사 창립자인 샤보는 해군 제독이었는데 자신의 배에 실어놓은 와인이 오랜 항해 기간에 자주 변질돼 고심했다. 그러다가 증류한 독한 술은 항해 중에도 맛이 변하지 않는데다 통 속에서 오히려 점점 더 맛이 좋아진다는 사실을 알게 됐다. 그 뒤로 아르마냑 지방의 샤보가문 영지에서 생산되는 모든 와인을 증류하도록 시켰는데, 이것이 아르마냑 브랜디의 기원이다.

③ 저장 및 숙성도

브랜디는 저장 및 숙성 연수에 따라 라벨이나 네크 라벨(Neck Label)에 별(★)의 수 또는 기호나 문자로 표시된다. 그런데 브랜디의 등급표시는 각 제조회사마다 공통된 문자나 부호를 사용하는 것은 아니다. 따라서 코냑과 알마냑 지역의 브랜디

외에는 브랜디의 등급 규정이 없으므로 아무리 나폴레옹, X.O, 엑스트라와 같은 고급등급을 사용했다 하더라도 반드시 뛰어난 품질의 브랜드라고는 할 수 없다.

- O : Old(오래된)
- P : Pale(순수한)
- S : Superior(뛰어난)
- V : Very(매우)
- N : Napoleon(나폴레옹)
- X : Extra(각별히)

기호/문자	저장연수
★★★(별3개)	3~5년
★★★★★(별5개)	8~10년
V.O	12~15년
V.S.O	15~25년
V.S.O.P	25~30년
X.O	45년 이상
EXTRA	70년 이상

*1865년 헤네시의 등급발표

(7) 칼바도스와 그라빠

① 칼바도스(Calvados)

칼바도스는 독특한 사과의 방향(芳香)과 산미(酸味)를 지닌 증류주이다. 브랜디는 과일 양조주를 증류해 만든 술로 원료에 따라 포도 브랜디, 사과 브랜디, 체리 브랜디 등으로 나뉜다. 보통 우리들이 마시는 대부분의 브랜디는 포도가 원료이다. 사과 브랜디인 칼바도스는 섬세하고 부드러운 사과 향이 특징이다. 프랑스 노르망디지방의 칼바도스는 세계에서 가장 뛰어난 사과 브랜디의 본고장이다. 소설 개선문의 주인공 라비크와 조앙 마두가 사랑을 나누면서 마시는 술로 칼바도스가 등장하기도 한다.

② 그라빠(Grappa)

그라빠는 포도주를 만들고 난 찌꺼기를 원료로 만든 증류주로 법률에 의해 이탈리아에서 제조된 것만을 그라빠라고 칭할 수 있다. 따라서 그라빠는 이탈리아의 브랜디로 불리어진다. 그라빠를 마시는 글라스는 보통 '하프 튤립'이라 불리는 전통적인 글라스를 사용한다. 그라빠를 마시는 방법은 먼저 외부의 공기와 접촉을 시키고 시간을 조금 두고 호흡하도록 기다린다. 그리고 나서 15~20분에 걸처 향의 변화를 천천히 즐기고 입에 넣어 입안에서 굴리듯이 맛을 느낀다. 그라빠는 식후주로 많이 애용된다.

3.3 진(Gin)

진이란 주니퍼(Juniper)의 불어 주니에브르(Genievre)가 네덜란드로 전해져 제네바(Geneva)가 되었고, 이것이 영국으로 건너가 진(Gin)이 라 하였다. 진의 원산지는 네덜란드(Holland)이다. 진의 창시자는 네덜란드의 라이덴(Leiden)대학 교수인 프란시스쿠스-드-라-보에(Franciscus-de -le-boe)이다. 실비우스(Sylvius)의사로 1660년경 알코올에 두송자 열매를 담가 소독약으로 사용하면서부터 시작되었다. 진은 무색투명의 증류주로 보리, 밀, 옥수수 등과 당밀을 혼합 증류하여 만든 술이다. 이는 쥬니퍼 베리(Juniper berry)란 노간주 나무의 열매(두송자)를 착미시켜 소나무 향이 나도록 한 것이다.

진의 원료 및 제조는 곡류(호밀, 옥수수, 보리)를 혼합, 당화 → 발효 → 증류 + 두송자 열매(Juniper berry), 향료 식물 첨가 → 2차 증류 → 희석 → 입병한 것으로서, 알코올 함유량은 40~50% 정도이다.

진의 특성은 다음과 같다.

- 진은 저장하지 않아도 된다.
- 무색투명하다.
- 진은 마시고 난 후 뒤끝이 깨끗하다.
- 칵테일의 기주로 가장 많이 사용된다.

진의 종류로는 런던 드라이 진(London Dry Gin), 프레이버드 진(Flavored Gin), 네덜란드 진(Holland Gin, Geneva Gin), 올드 탐 진(Old Tom Gin), 플리머스 진(Plymouth Gin), 골든 진(Golden Gin), 미국 진(American Gin) 등이 있다.

3.4 보드카(Vodka)

보드카는 러시아어로 Voda Boa 즉, 생명의 물을 의미한 말에서 유래되었다. 12세기경 러시아(Russia)의 농민에 의해 창안된 증류주이다. 원료와 제조는 곡류(보리, 밀, 호밀, 옥수수)를 혼합하여 보드카를 만드는 국가도 있으며(미국), 러시아와 폴란드는 곡류대신 감자만 사용한다. 곡류와 감자류에 대맥 몰트를 가해서 당화, 발효시켜 연속 증류기로 증류해서, 자작나무 활성탄을 이용하여 여과조를 통해 목탄냄새를 제거하면 불순물이 없는 증류주가 된다.

원료 + 엿기름 → 당화 → 발효 → 증류 → 희석 → 활성탄 여과 → 정제 → 입병

보드카의 알코올 함유량은 연속식 증류기(Partent still)로 증류시켜 알코올분 85% 이상으로 하여 물로 희석하면 40~50% 정도가 된다.

보드카의 특징은 다음과 같다.

- 보드카는 저장하지 않는다.
- 무색, 무미, 무취이다
- 공정이 간단하고 원가가 저렴하여 비교적 가격이 싸다.
- 칵테일의 기주로 많이 사용된다.

보드카의 유명상표로는 최근 러시아에서 가장 인기 있는 [루스키 스탄다르트], 모스크바 창건자 이름을 딴 [유리 돌고루키], 러시아 실세 총리 블라디미르 푸틴의 이름을 딴 [푸틴카], [스타라야 모스크바], [프라즈드니치나야]와 스웨덴 보드카 [앱솔루트]가 등이 있다.

3.5 럼(Rum)

럼은 영어로 럼(Rum), 불어로 룸(Rhum, Rum), 스페인어로 론(Ron), 포르투갈어로 롬(Rum)이라 부른다. 럼의 기원은 영국의 식민지 비베이도즈 섬에 관한 고문서 기록에 의하면 1651년에 증류된 술이 생산되었는데, 이 술을 서인도 제도의 토착민들이 흥분과 소동의 뜻으로 럼불리온(Rumbullion)이라 부르면서 앞 단어 Rum이라 불렀다는데서 유래되었다. 또한 럼의 주원료가 되는 사탕수수를 라틴어로 샤카룸(Saccharum)이라 하면서 Rum이라 명명하였다고 한다. 럼은 푸에르토리코(Puerto rico), 멕시코(Mexico), 자마이카(Jamica), 도미니카(Dominica), 스페인(Spain), 쿠바(Cuba), 하와이(Hawaii), 하이티(Haiti)에서 많이 생산되고 있다. 럼의 원료 및 제조방법은 사탕수수(Sugar Cane)와 당밀(Molaasses)을 주원료로 소당을 만들고 단더(Dunder)를 첨가하여 발효를 돕고 럼 특유의 향을 내도록 했으며 이를 증류하여 저장 숙성 시킨 것이다. 럼을 저장하지 않고 바로 병입하여 출고한 것은 주로 칵테일용으로 많이 사용되나, 2년 이상 저장 숙성한 것은 맛과 향이 농후하여 스트레이트용으로 많이 이용된다.

럼의 알코올 함유량은 보통 40~80%이며, 색과 풍미에 따라 세 가지로 나눈다.

(1) 헤비 럼(Heavy Rum)

- 단식증류기로 증류하여 오크통에서 최소 4년 이상 저장 숙성
- 풍미가 높고 농후하며 색이 짙어 주로 스트레이트용으로 이용
- 헤비 럼은 자마이카 산이 유명
- 헤비 럼을 다아크 럼(Dark Rum)이라고도 함

(2) 미디움 럼(Midium Rum)

- 헤비 럼과 라이트 럼의 중간적인 색의 럼
- 도미니카에서 많이 생산
- 골든 럼(Golden Rum)이라고도 부름

(3) 라이트 럼(Light Rum)

- 당밀에 효모를 넣고 발효시켜 연속증류기로 증류한 것
- 세계적으로 가장 많이 애용
- 청량음료나 라임, 리큐르와도 잘 결합되는 술로서 칵테일용으로 많이 사용됨
- 쿠바의 럼이 가장 유명하며, 멕시코, 하이티, 산도밍고 등에서도 주로 생산됨

럼의 유명 상표에는 바카디 럼(Bacardi Rum, 쿠바), 마이어스 럼(Myers's Rum, 자메이카산), 론리코 럼(Ronrico Rum, 푸에르토리코), 하바나 클럽(Havana Club, 쿠바), 애플톤(Appleton), 올드 자메이카(Old Jamaica, 자메이카), 레몬하트(Lemon Hart), 발바도스(Barbados), 캡틴모건(Captain Morgan) 등이 있다.

3.6 테킬라(Tequila)

멕시코가 주요 생산국이며, 용설란(Mescal)이라는 잎줄기 선인장의 수액을 발효한 폴케(Pulque)를 다시 증류하여 얻어낸 술이다. 이는 강렬한 맛과 독특한 향을 풍기는데, 멕시코 올림픽(1968년)을 계기로 세계적인 술로 자랑하고 있다. 제조과정은 다음과 같으며, 알코올 함유량은 보통 40~52%정도 된다.

> **용설란**
>
> 원료(Agave) → 당화 → 발효 → 폴퀘(Pulque) → 2회 증류 → 저장숙성 → 활성탄으로 정제 → 입병

또한 테킬라는 색에 의한 분류로 두 가지가 있다.

(1) 화이트 데킬라(White Tequila)

- 실버 데킬라(Silver Tequila)라고도 함
- 단식증류기로 2회 증류하여 물로 알코올 도수를 조절하고 저장하지 않은 것
- 무색투명하여 칵테일용으로 많이 사용

(2) 골드 데킬라(Gold Tequila)

- 증류된 데킬라를 화이트 오크 통에 넣어서 2년 이상 저장 숙성시킨 술
- 술통의 색과 향이 어우러져 호박색의 원숙한 풍미가 있음
- 스트레이트용으로 많이 이용

테킬라(Tequila)라의 유명상표로는 호세 쿠에르보[Jose Cuervo], 사우자[Sauza], 엘 토로[El Toro], 페페 로페즈[Pepe Lopez], 마리아치[Mariachi], 올메카[Olmeca], 투 핑거스[Two Fingers], 에스페샬[Especial], 몬테알반[Monte Alban, Mezcal] 등이 있다.

더 알아보기 Tequila 마시는 법

멕시코 사람들은 레몬을 입속에서 짜 즙을 내고 소금을 조금 먹고 테킬라를 마시는데, 비싼 테킬라에는 선인장 벌레도 들어 있다.

첫잔을 마실 때는 살루드(salud, 건강을 위하여),
두 번째 잔은 디네로(dinero, 재복을 빌며),
세 번째 잔은 아모르(amor, 사랑을 위하여),
네 번째 잔은 티엠포(tiempo, 이제는 즐길 시간)를 외치며
건배하는 멕시코 사람들에게는 삶의 정열이 넘쳐흐른다.

[숙성에 따른 분류]

① 테킬라 아네호(Anejo)

테킬라 중 가장 고급이다. 호박색이며 스트레이트로 마신다. 정부의 인장이 새겨진 오크통에서 최소한 1년간 숙성되는데, 통의 크기는 350리터를 넘을 수 없다. 많은 전문가들이 테킬라는 4년에서 5년간 숙성되었을 때 최고의 맛을 낸다고 하지만, 최고급 테킬라 아네호 중에는 8년에서 10년간 숙성된 것도 있다.

② 테킬라 레뽀사도(Reposado)

오크통에서 3개월 이상, 2년 미만 숙성시킨다. 황색이다. 숙성을 거친 테킬라는 와인처럼 좀 더 복잡하고 부드러운 맛과 향을 낸다. 숙성기간이 길수록 색이 좀 더 진한 황금빛을 띄게 되고 오크 향을 더 많이 맡을 수 있다.

③ 호벤 아보카도(Joven abocado)

흔히 골드(Gold)라고 부른다. 블랑코와 같은 테킬라이지만, 숙성된 것처럼 보이기 위해 색소를 첨가하거나 맛을 첨가한 것이 다르다. 주로 카라멜을 넣거나 오크나무 향 에센스를 넣는데, 법으로 전체 무게의 1%를 넘지 못하게 되어 있다. 100% 아가베로 만들지 않았기 때문에 믹스토(mixto)라고 불리기도 한다. 멕시코의 법은 최소 51%의 아가베를 사용해야만 테킬라라는 이름을 붙일 수 있도록 정해놓았다. 100% 아가베로 만든 테킬라보다 맛과 향이 덜하지만, 저렴한 가격 때문에 수출용으로 크게 인기가 있다.

④ 테킬라 블랑코(Blanco)

무색이다. 숙성기간이 60일 미만으로 용설란을 발효시킨 후단식 증류기로 두 번 증류해 스테인리스 통에 단기간 저장하거나, 전혀 숙성되지 않은 채 직접 병에 담아지기도 한다. 거칠고 깨끗한 맛을 느낄 수 있다.

더 알아보기 프리미엄 테킬라

테킬라는 멕시코 산 용설란(Agave: 아가베)에서 나오는 수액을 발효시켜 만든 술로써 최소 51% 이상의 용설란 'Agave Azul Tequiliana Weber(아가베 아즐 데킬라나 위베)' 증류 액을 포함한 것을 말한다. 아가베 아즐 데킬라나 위베 100%면 '프리미엄 테킬라' 라고 부른다.

3.7 아쿠아비트(Aquavit)

원산지는 북유럽 스칸디나비아(노르웨이, 덴마크, 스웨덴) 지방의 특산주이며, 처음엔 곡물을 원료로 사용했으나 지금은 감자로 만들고 있다. 어원은 '생명의 물(Aqua Vite)'이라는 라틴어에서 온 말이다. 제조과정은 감자를 익힌 다음 맥아로 당화·발효시켜 연속식 증류기로 증류한 후 95%의 고농도 알코올을 얻은 다음 물로 희석, 회향초 씨(Caraway seed)라는 향료를 넣어 제조(주정도 : 40℃) 한다. 이술은 약 40%의 알코올 함량에 허브향이 배인 매우 상쾌하고 독한 술로써 축하하고 기념할 만한 날에는 빠지지 않고 등장하는 술이 바로 이 '아쿠아비트'이며 많이 마신 다음날에도 아주 깨끗하다. 아쿠아비트는 주로 무색, 투명한 색을 띈 것과, 옅은 노란색을 띈 것이 있다.

- 아쿠아비트(Aquavit)의 특징

① 무색·투명

② 우리나라의 소주와 같은 술

③ 회향초의 특유한 향기가 강한 술

④ 스웨덴에서 가장 많이 생산(스냅스, Snaps)

⑤ 마실 때는 얼음에 아주 차게 해서 스트레이트로 마신다.

⑥ 국가별 표기방법 : 덴마크(Akvavit), 노르웨이(Aquavit), 스웨덴(양쪽을 혼용하여 사용)

4. 혼성주

4.1 혼성주(Liqueur)의 기능과 특성

혼성주(Liqueur)의 리큐르는 라틴어의 리퀴화세(Liquefacer : 녹이다)에서 유래되었다. 이는 과일이나 초근목피 등의 약초를 녹인 약용의 액체이다.

리큐르의 발명은 그리스의 히포크라테스에 의해 발견되었다고 전해지는데, 처음부터 술의 의미로 제조된 것이 아니라 약초를 와인에 녹여 물약을 만들어 환자에게 치료를 목적으로 기력 회복용으로 사용된 것이 리큐르의 기원이다.

제조방법은 정제된 주정(증류주)을 베이스로 하고, 약초류 향초류 꽃 식물 과일 천연향료 등을 혼합하여 감미료 착색료 등을 첨가하여 만든 것이다.

혼성주의 기능과 용도는 다음과 같다.

- 아름다운 색채와 독특한 개성이 있다.
- 과일이나 약초의 혼합으로 향이 좋다.
- 피로회복이나 소화 작용에 도움을 주는 약용주이다.
- 칵테일의 부재료에 없어서는 안 된다.
- 칵테일의 색상 맛 향을 내는데 중요한 역할을 담당한다.

4.2 리큐르(liqueur)의 역사 및 제조법

(1) 리큐르의 역사

리큐르(liqueur)는 곡류나 과일을 발효시켜 증류시킨 증류주에 약초, 향초, 과일, 종자류 등 주로 식물성의 향미 성분과 색을 가한 다음 설탕이나 벌꿀 등을 첨가하여 만든 혼성주의 총칭으로서 아름다운 색채, 짙은 향기, 달콤한 맛을 가진 여성적인 술이다.

리큐르의 기원은 옛날 연금술사 들이 증류주에 식물 약재를 넣어 만든 술로, 전해오는 이야기로는 고대 그리스의 히포크라테스가 쇠약한 병자에게 힘을 주기 위하여 포도주에 약초를 넣어서 일종의 물약을 만들었는데 이것이 리큐르의 기원이라고 한다.

동서양을 막론하고 생명의 회복이나 불로장생(不老長生)의 영약을 얻기 위하여 꾸준히 노력해 온 결과 리큐르가 탄생하게 된 것이다. 리큐르라는 말은 '녹아든다'는 의미의 라틴어 리케파세레(liquerfacere)에서 유래한 프랑스어이다.

18세기 이후에는 의학의 진보에 따라 의학적인 효용을 술에서 구한다는 초기의 생각은 약화되고 과일이나 꽃의 향미를 주제로 아름다움을 추구하게 되어 상류사회 부인들의 옷 색과 어울리는 리큐르가 유행하였다. 이때부터 리큐르는 색채의 아름다움과 향미를 강조하여 여성의 술로 발전하여 오늘에 이르게 되었다.

오늘날 리큐르는 이탈리아와 프랑스를 비롯하여 세계 각국에서 다양하게 생산되고 있으며, 칵테일의 중요한 재료로 사용되고 있다. 국내의 각 가정에서 담그는 과일주 또는 약용주도 모두 이 리큐르의 범주에 속한다.

(2) 리큐르(liqueur)의 제조법

- 증류법(distillation)
  원료를 알코올 속에 담가 그 침출액을 열로 가해 증류시키는 방식이다. 이를 핫(Hot)방법이라고도 한다. 주원료는 항초류 감귤류의 마른껍질 등을 사용한다.
- 침출법(infusion)
  원료를 주정이나 당분에 첨가시켜 담가 그 침축액을 착색 여과한 방식이다. 이는 열을 사용하지 않기 때문에 콜드(cold)방식이라고도 한다.

- 엣센스법(essence)
  천연 혹은 합성 향료의 엣센스를 사용하여 이것에 감미와 색을 혼합하여 만든 가장 편리한 방법이다. 독일에서 많이 사용하고 있으며, 이 방법은 품질이 다소 좋지 못하지만, 시설비, 인건비 제조시간이 절약되는 이점이 있다.

현재 가장 많이 사용되는 방법이다.

- 여과법(percolation process) : 커피 만드는 방법과 비슷하게 허브, 약초 등을 기화된 증류주가 통과할 수 있도록 위치하고 향을 얻은 증류주를 액화해 당분을 가미한다.

제 2 장

와인의 개요

CONTENTS

제1절 와인의 개요

1. 와인의 정의 및 역사

(1) 와인의 정의

와인의 어원은 라틴어의 '비넘(vinum)으로 '포도나무'로부터 만든 술이라는 의미로서, 세계 여러 나라에서 와인을 뜻하는 말로는 이탈리아의 비노(Vino), 독일의 바인(Wein), 프랑스의 뱅(Vin), 미국과 영국의 와인(Wine) 등이 있다.

넓은 의미에서의 와인은 과실을 발효시켜 만든 알코올 함유 음료를 말하지만 일반적으로 신선한 천연 과일인 순수한 포도만을 원료로 발효시켜 만든 포도주를 의미하며 우리나라 주세법에서도 역시 과실주의 일종으로 정의하고 있다.

그리스의 철학자 플라톤(Platon)은 "와인은 신이 인간에게 내려준 최고의 선물이다"라고 말했으며, 프랑스의 미생물학자인 파스퇴르(Pasteur)는 "와인 한 병에는 세상의 그 어느 책보다도 더 많은 철학이 담겨 있다."라고 말했다.

이렇듯 와인은 다른 술과는 달리 제조과정에서 물이 전혀 첨가되지 않으면서도 알코올 함량이 적고, 유기산, 무기질 등이 파괴되지 않은 포도 성분이 그대로 살아 있는 술이다. 실제로 와인의 성분을 분석하면 수분 85%,알코올 9~13% 정도이고, 나머지는 당분, 비타민, 유기산, 각종 미네랄, 폴리페놀(동맥경화에 효능이 있는 카테킨)등으로 나뉘어 진다. 그러므로 와인의 맛은 그 와인의 원료인 포도가 자란 지역의 토질, 기온, 강수량, 일조시간 등 자연적인 조건과 인위적인 조건인 포도 재배방법 그리고 양조법에 따라 달라 지게 된다. 따라서 나라마다, 지방마다 와인의 맛과 향이 다른 것이다. 와인은 이와 같은 자연성, 순수성 때문에 기원전부터 인류에게 사랑받아 왔으며, 현대에 이르러서도 일상적인 식생활에서 음료로서 맛과 분위기를 돋우고 더 나아가 서구 문명의 중요한 부분을 차지하고 있다.

(2) 와인의 역사

와인의 역사는 지금으로부터 약 7000~8000년 전으로 거슬러 올라가는데, 처음에 누가 발명했는지는 아무도 모른다. 단지 자연 발생적이라고 추측하고 있을 뿐이다. 포도주는 그 맛을 떠나 '마법과 같은' 영향을 가지고 있고 심지어 신비한 특성까지 있다고 해서 종교적으로도 경건하게 다루어졌었다. 그리스의 신 디오니소스(Dionysos)와 로마의 신 바쿠스(Bacchus)는 최고 서열에 있는 술의 신 즉, 엄밀히 따지면 와인의 신들이었다. 기독교에서는 신성한 성찬식에 포도주를 사용했는데 물을 기적적으로 포도주로 변화시키고 그리스도의 피를 대신하여 포도주를 사용하였다.

고고학자들은 기원전 6000년경에 메소포타미아(현재의 이라크를 중심으로 시리아의 북동부, 이란의 남서부 지역)에서 처음으로 와인을 제조한 흔적을 발견하였다. 기원전 4000년경에는 나일(Nile)강 델타 지역에 포도를 생산하는 포도원이 있었다는 사실이 발견되었다. 기원전 3000년경부터 그리스 인은 포도를 재배하기 시작했으며 당시 그 과즙을 "꿀과 같이 달콤하다"라고 표현하였다고 전해진다.

그리스로부터 시작된 포도 재배는 지중해를 중심으로 퍼져 나갔으며 기원전 600년경에 프랑스로 전파되었다. 약 50종류의 포도 품종들이 암포라(Amphora : 손잡이가 있는 그리스의 항아리)에 보관되었거나 다른 나라로 운송되었다. 당시, 대부분은 꿀이나 향신료를 첨가하여 마셔버리는 경우가 많았다고 한다. 고대 항해문화는 지중해 연안을 따라 흘러가면서 포도나무와 와인을 양조하는 비법을 전파할 수 있었다. 로마제국은 프랑스를 포함한 전 유럽에 식민지를 만들 때마다 포도나무들을 전파하였다. 2세기에 암포라 대신 나무 배럴이 사용되기 시작하였고 지중해 연안에서부터 시작한 포도원은 프랑스 론 밸리, 부르고뉴, 루아르 밸리, 나중에는 보르도 지역까지 전파되었다.

19세기 후반, 프랑스에서 포도 질병이 발생하면서부터 대부분의 와인생산이 극도로 저조해졌다. 당시 퍼졌던 필록세라(Phylloxera : 포도나무 뿌리의 진드기)는 가장 큰 재앙으로 전 유럽의 포도밭을 황폐화시켰다. 이로 인해 포도를 구제하는 치료법이 개발되었으며 그 덕택에 포도주 양조법이 더욱 발달하게 되었다. 와인 양조가 가장 발전되어 있었던 프랑스는 필록세라의 출현을 계기로 와인생산 지역과 생산 과정을 관리하고 법령을 제정하였다. 와인의 품질 관리를 할 수 있게 되면서 원산지 명칭을 표기하는 아펠라시옹(Appellation) 방식과 품질 등급 체계를 구축할 수 있게 된 것이다.

이로 인해 프랑스 와인은 더욱 발전할 수 있었고 지금까지도 지구촌의 최고의 와인들을 이야기하라면 여전히 프랑스를 최고로 꼽을 만큼 와인 종주국으로서 제대로 자리매김을 하고 있다. 오늘날, 프랑스는 와인 생산체험담에 있어서도 좋은 선례가 될 뿐만 아니라 와인 품질의 기준을 프랑스에 맞추기까지 한다. 와인 양조 기술은 전통적인 유럽 와인 산지에서 신대륙으로 전파되었다.

미국, 호주, 칠레 등과 같은 국가에서는 가격은 저렴하면서도 훌륭한 품질의 와인을 만들기 시작했다. 이제 지구촌은 와인에 빠졌다는 말이 과언이 아닐 정도로 와인은 많은 사람들의 사랑을 받고 있는 것이다.

2. 포도 재배 환경(Terrior)

포도 재배는 와인생산이나 생으로 소비하기 위해 포도를 연구하고 재배하는 것을 말한다. 포도 재배에는 수확하는 날까지 포도를 재배하는 모든 농업 연구, 노력 및 행동이 포함된다. 와인을 만들기 위해서는 먼저 포도 재배가 우선되어야 하는데 모든 지구상에서 포도가 재배되는 것은 아니다. 포도가 자랄 수 있는 자연조건은 한정되어 있으며 주요 재배지역은 북위・남위 30~50도 사이로 이 지역을 와인 벨트라 부른다. 기후는 연평균기온 10~20℃(10~16℃가 적당), 일조시간 1,250~

1,500시간, 연간 강우량 500~800mm 정도가 적당하며, 토양은 배수가 잘되는 거친 토양이 좋다. 광범위한 와인벨트에서 포도 재배 자연환경(Terroir)은 포도의 맛, 향, 색 등 포도의 서로 다른 특성을 갖게 한다. 테루아르(Terroir)는 기온, 강수량, 일조량, 토양 성분 등 다양한 자연조건들로 이뤄져 있다. 자연 기후의 조그마한 차이가 포도의 특성이 되고 이것은 와인의 특성으로 이어지게 되며 세계 각지에서 생산된 와인의 맛을 다르게 하여 와인 다양성의 요인이 된다.

포도를 특성별로 구분해보면 크게 청포도와 적포도로 나누며 색이 연한 분홍색 포도도 지역 기후에 따라서 생산이 된다. 포도의 사용 용도적인 면에서 보면 포도는 식용포도 즉, 포도를 수확하여 신선한 상태로 먹는 포도와 양조용 포도 즉, 발효과정을 거쳐 와인을 만드는 포도로 구분된다.

세계적으로 와인을 만드는 양조용 포도의 종류는 200여종이 넘는다. 이처럼 다양한 양조용 포도는 테루아르에 의하여 서로 다른 지역에서 재배되며 해양성기후, 대륙성기후, 산악기후, 고원기후, 지중해기후 지대로 크게 구분된다. 해양성기후의 대표적인 와인산지는 프랑스 보르도(Bordeaux)를 들 수 있으며 대표적인 품종으로는 까베르네 쇼비뇽(Cabernet Sauvignon), 멜롯(Merlot), 까베르네 프랑

(Cabernet Franc)이 있다. 미국 캘리포니아나 칠레 수도인 산티아고를 중심으로 형성된 와인생산지가 이에 속한다.

대륙성 기후는 프랑스 부르고뉴(Bourgogne)가 대표적이며 삐노 누아(Pinot Noir)와 샤르도네이(Chardonnay)등이 대표적 포도 품종이다. 기후대가 차가운 대부분의 세계적 와인산지에서 이 품종을 주로 재배한다. 산악기후 지역은 프랑스 알프스(Alpes)와 론(Rhone)강 상류가 대표적이며 쉬라(Shyra), 비오니에(Viognier) 품종을 주로 재배한다. 쉬라 품종은 남호주에서 많이 재배되며 이곳에서는 쉬라즈(Shiraze)라 부르며 호주를 대표하는 레드와인 포도품종으로 자리 잡고 있다. 고원지대 기후는 사람에게도 혹독한 자연환경을 강요하지만 포도나무도 이런 자연환경을 이겨내며 강한 특성을 가진다. 프랑스 대표적 강들의 발원지인 중앙고원(Massif Central) 지대와 아르헨티나의 안데스산맥 고원에 위치한 멘도자(Medoza) 지역이 대표적 고원 와인 생산지이다. 지중해 기후는 전통적인 유럽의 와인생산지로 고대부터 와인을 생산 해온 이탈리아 스페인 북아프리카와 프랑스 남부 지역으로 광범위한 지역이다. 이 지역은 지역별 포도품종이 다양하고 그러나 슈(Grenache), 무르베드르(Mourvedre), 쌩소(Cinsault), 말바시아(Malvasia) 등 다양한 것이 특징이다.

(1) 테루아르(Terroir)

단위 포도밭의 특성을 결정짓는 제반 자연환경, 즉 토양, 지형, 기후 등의 제반 요소의 상호 작용을 말한다. 이런 이유로 각 포도밭은 다른 스타일의 와인을 만들 수 있고, 특히 프랑스에서는 테루아르를 중심으로 포도밭의 등급을 매긴다. 토양은 이를 구성하는 암석과 입자, 환경, 기후, 시간의 복잡적인 작용으로 이루어진 것이다. 와인의 품질은 일조량, 강우량, 풍속 및 풍향, 서리 등 기후인자의 영향을 받지만 여기에 토양과 지형, 위치 등이 좌우한다.

(2) 테루아르를 구성하는 기본 요소

- 기후 : 일조량, 온도 및 강수량 등
- 지형 : 고도, 경사, 방향 등
- 토양 : 토양의 물리적, 화학적 성질 등
- 관개 : 배수 및 인공 관수 등

(3) 기후 용어

- 대기후 : 지구상의 넓은 지역 또는 거대한 공간에 대하여 파악한 대기의 평균적 상태로서 열대, 온대, 한대, 건조기후 등으로 분류한다.
- 미기후 : 지구 표면의 아주 가까운 범위 내에 있는 기후로 식물기후라고도 한다. 보통 지면에서 1.5m 정도까지를 대상으로 한다. 지형이 식물, 토양 등의 영향을 강하게 받으며, 농작물의 생육과 밀접한 관계가 있다. 해당 포도밭 혹은 포도나무의 기후라고 할 수 있다.
- 기온 : 포도는 영하 20℃에서 영상 40℃까지의 온도에서 생육할 수 있지만, 연평균 기온 10~20℃(10~16℃ 최적)가 적합하다.
- 일조 : 햇볕은 광합성에 직접 영향을 끼치기 때문에 햇볕이 잘 드는 남동향이 좋다. 햇볕이 부족하면 당분 형성이 감소되며, 주석산보다는 사과산의 함량이 많아진다. 특히 색깔과 떫은맛에 영향을 주는 폴리페놀 성분, 즉 타닌이나 안토시아닌이 감소되며, 와인의 향을 부여하는 성분도 감소되어 풋내가 증가한다. 그러므로 포도 재배에서 그늘은 품질을 저하시키는 가장 큰 원인이 된다. 그러나 과다한 햇볕은 포도의 호흡이 증가시켜 당과 산을 소모 시키며, 수확 직전의 포도에 화상을 줄 우려가 있다.
- 바람 : 바람이란 기압의 변화로 일어나는 공기의 움직임으로, 포도는 비교적 바람에 강하며, 적당한 바람은 병충해 예방에 효과가 크다.
- 안개 : 안개는 공기속의 수증기가 엉겨서 작은 물방울이 뙤어 지표 가까이 연기처럼 끼는 자연현상으로 구름과 비슷하지만, 고도가 낮기 때문에 안개라고 하며, 관측지점에서 1km 이하의 것을 말한다. 포도 재배 지역에서 5월에 내리는 서리는 포도 재배에 치명적이다.
- 토양 : 토질, 관개, 배수를 묶어서 판단한다. 고급 포도밭은 토양이 그다지 비옥하지 않고 배수가 잘 되는 토양이다. 토양의 성질은 토양 모재(무슨 암석으로 되었는지?), 토양의 입도(점토, 모래, 자갈 중 어느 것인가?), 지층 구조(배수가 잘되고 뿌리가 깊이 뻗을 수 있는가?) 등으로 판단한다. 석회를 많이 함유하는 모래질 질흙(사질식토)에서는 품질 좋은 와인이 생산되며, 자갈땅은 배수가 양호하고, 열의 복사작용이 커서 포도나무재배에 이상적이다.

(4) 포도 재배 요약

합리적이고 확장 가능한 기반에서 포도 생산이 이루어진다면 장기적인 수입원이 될 수 있다. 그러나 생과일 또는 포도주 양조를 위한 포도나무 재배는 적어도 20년 동안 당신과 당신의 땅을 "묶어두는" 선택이다. 따라서 이 결정에는 광범위한 조사와 명확한 사업 계획이 필요하다. 우선, 많은 국가에서 포도나무 재배에 대한 면허 부여에 매우 엄격한 규정이 있음을 알아야 한다.

둘째로, 포도를 재배하려면 수년간의 밭 개발이 필요하기 때문에, 항상 자신의 토지(최소 4~5헥타르)를 갖는 것이 좋다. 평균적인 덩굴 식물은 심은 후 약 7-8년이 지나면 성숙하여 최대 수확량을 제공한다. 따라서 밭 임대를 고려하면, 고정 비용이 증가하며 지금부터 10년 후에 이 밭을 차지할 수 있다고는 아무도 장담할 수 없다.

간단히 말해서 포도나무는 매우 다양한 재배 기술을 요하는 다년생 식물이다. 일반적으로 포도주 양조 품종은 파종 후 약 7~8년이 지나면 숙성되어 좋은 수확량을 보인다. 반면에 현대의 테이블 포도 품종(포도의 생으로 소비하기 위한 것)은 심은 후 2년 만에 성숙기에 도달하여 최대 수확량을 얻을 수 있다.

포도나무의 좋은 성능은 약 15~17년 동안 지속되며, 그 후 대부분의 테이블 포도 재배 자들은 더 이상 만족스러운 수확량을 제공할 수 없기 때문에 작물을 쟁기질하고 정리한다.

대부분의 상업용 포도 재배 자는 접목된 식물에서 포도나무를 시작한다.

그러나 토양에 필록세라가 없는 일부 국가에서는 자가 식물을 선호할 수 있다. 오래된 포도원이 최근에 제거된 곳에 새 포도원을 심지 않는 것이 중요하다. 그곳의 토양은 고갈되고 감염되었을 가능성이 가장 높다. 다시 심을 수 있는 기간은 2~5년 이후가 될 수 있다. 품종 선택이 매우 중요하다. 각 포도 품종은 특정 기후와 토양 조건 및 재배 기술에서만 표현할 수 있는 고유한 품질 특성을 가지고 있다.

품종 선택은 포도를 재배할 때 제한적인 요소다. 대목과 접가지 품종은 일관성이 있어야 하며, 물론 기후에 가장 적합한 품종을 선택하는 것이 중요하다. 일반적으로 덩굴은 따뜻하고 건조한 여름과 (서리가 내리지 않는) 추운 겨울, 점토 함량이 25% 미만이고 자갈 함량이 적은 토양을 선호하지만, 이는 대목 품종에 따라 다르다. 충분한 양의 유기물도 필요하다. 여름 동안 높은 습도 수준은 아마도 곰팡이 감염이 증가 될 수 있다. 봄철 -3°C(27°F) 미만 또는 휴면기 -15°C(5°F) 미만의 온도는 나무, 어린 새싹 및 새싹을 손상시킨다. 또한 포도나무가 토양 유기물을 최대한 흡수하려면 토양 온도가 5°C(41°F) 이상이어야 한다. 최적의 pH 및 RH 수준은 품종에 따라 다르다. 일반적으로 최적의 pH 수준은 6.5에서 7.5 사이이다. 그러나 4.5 또는 8.5에 가까운 수준에서 잘 자라는 품종도 있다.

지자체에 신고 및 승인 단계를 완료하고 품종 선택을 모두 마쳤으면, 사전 계획 프로세스를 시작해야 한다. 포도나무 생산자는 그 당시 토지를 경작하고 이전 작물의 잔해를 제거한다. 그러나 경사지에서의 과도한 경운은 침식과 같은 불쾌한 결과를 초래할 수 있다. 극단적으로 기울어진 필드는 수평을 맞춰야 한다. 그렇지 않으면 물이 상위 레벨에서 흘러내려 더 낮은 레벨로 모여서 물에 잠기는 상태를 일으킬 가능성이 높다.

다음으로, 생산자는 관개 포도밭에 점적 관개 시스템을 설치한다. 이식할 준비가 되면 땅에 작은 구멍을 만들어 묘목을 심는다. 대부분의 농부들은 비료, 물방울 관개 및 잡초 관리를 적용한다. 이식 후에는 포도나무의 모양을 잡는 방법을 적용할 차례다. 포도 품종, 환경 및 토양 조건, 수확 기술, 물론 각 포도 재배자의 경험에 따라 선택할 수 있는 몇 가지 트레이닝 시스템이 있다. 생산자는 지지대와 가지치기를 사용하여 포도나무에 원하는 모양을 부여한다.

이 절차는 대부분의 경우 포도주 양조 품종의 경우 2~3년, 테이블 포도 품종의 경우 1-2년이 필요하다.

격자를 구현하고 모양을 만든 후에는 가지치기, 깍두기, 적엽, 포도 솎아내기가 포함된 연간 작업 일정을 시작한다. 일부 포도 재배자는 전체 재배 기간 동안 성장 중인 새싹의 대부분을 제거하여 식물이 더 적은 수의 고품질 과일에 자원을 투자하도록 권장한다. 물론 모든 포도 재배자들이 이 방법을 선호하는 것은 아니다.

질병 및 기타 부정적인 상황의 확산을 방지하기 위해 재배 기간 동안 거의 매일 작물을 모니터링 하는 것이 중요하다. 농부는 가위나 칼을 사용하여 수동으로 포도를 수확하거나 트랙터를 사용하여 기계적으로 포도를 수확할 수 있다. 그러나 테이블 포도(생과일)는 수동으로만 수확할 수 있다. 각 방법에는 장단점이 있다. 고품질의 낮은 수량의 와인을 생산하는 유럽의 전통적인 포도원은 수작업으로 수확한다.

포도 수확 시기는 일반화하기 어렵다. 그것은 기후 조건, 토양 특성 및 재배 기술과 함께 다양성의 조합이다. 작년에 수확한 것과 똑같은 날짜에 포도를 수확할 수 있는 경우는 거의 없다. 같은 농장, 같은 포도 품종이라도 포도 수확 시기는 다를 수 있다. 일반적으로 북반구에서는 대부분의 품종이 8월에서 11월에, 남반구에서는 3월에서 8월에 성숙한다고 말할 수 있다. 수확 후 포도 재배자는 건강한 포도와 병에 걸린 포도를 조심스럽게 분리하고, 조심스럽게 세척하고 식힌 후, 생으로 판매하거나 포도주 양조 절차를 시작한다. 수확하고 낙엽이 떨어진 후, 포도나무는 주기적으로 휴면기에 들어가기 시작한다.

수확량에 관해서는 일반적으로 테이블 포도 품종을 수확할 때, 와인 품종을 재배할 때보다 더 많은 수확량을 수확할 수 있다. 그러나 와인 품종 간에도 최종 수확량에는 상당한 차이가 있다. 모든 농부는 정보에 입각한 사실에 근거한 결정을 내리고 양과 질 사이에서 적절한 균형을 찾아야 한다. 일부 유럽 포도 생산자(소비뇽 또는 카베르네 품종)는 수확량이 많을수록 제품 품질이 급격히 떨어지기 때문에 헥타르당 6톤 이상의 포도를 수확하는 것을 원하지 않는다고 주장한다. 이 수확량은 다른 품종에 비해 믿을 수 없을 정도로 낮은 것처럼 보일지 모르지만, 프리미엄 가격에 제품을 판매할 수 있기 때문에 생산자를 재정적으로 지원하기에는 충분하다. 반면에 중간 품질과 낮은 품질의 와인 양조 품종은 헥타르당 20-40톤 또는 그 이상을 생산할 수 있지만, 높은 가격에 판매하기에는 어렵다. 테이블 포도 품종은 헥타르당 20-50톤의 수확량을 생산할 수 있다.

(5) 포도 재배를 위한 토양 요구 사항 및 준비

효과적인 토양 준비를 위한 첫 번째 단계는 토양 분석과 pH 분석이다. 토양 샘플은 매년 겨울 동안 수집된다. 많은 농부들이 밭의 4가지 다른 지점에서 토양을 수집하고 혼합하여 더 대표적인 샘플을 만든다. 다음 단계는 분석을 위해 샘플을 실험실로 보내는 것이다. 토양 분석을 통해 모든 영양소 결핍이 밝혀지면, 농부는 현지 면허를 소지한 농경학자의 지도하에 시정 조치를 취할 수 있다. 많은 경우에 헥타르당 8~10톤의 잘 썩은 거름을 추가하고 심기 몇 달 전에 잘 쟁기질하는 것이 좋다.

일반적으로 포도나무는 사용 가능한 여러 품종으로 인해 다양한 토양에서 번식한다. 포도나무는 가뭄에 특히 강하다. 일부 고품질 와인 생산자는 재배 기간 동안 비오는 날이 많다면 포도에 관개를 하지 않는 것을 선호한다.

최적의 재배 토양 조건으로 많은 농부들은 자갈이 적은 느슨하고 배수가 잘되는 토양을 제안한다. 이러한 토양 유형에서는 덩굴이 수직 및 수평으로 뿌리를 발달시키기 쉽다. 적절한 배수와 통기도 이러한 유형의 토양에서 잘 이루어진다. 일반적으로 잠재적인 포도 재배자는 점토 함량이 25%으로 높은 토양 사용을 피해야 한다. 탄산칼슘($CaCO_3$)과 유기물 함량이 충분하면 더 나은 결과를 얻을 수 있지만, 완전히 다른 요구 사항을 가진 품종도 있다. 대부분의 품종은 6.5~7.5 pH 수준에서 가장 잘 자란다. 특별한 취급 하에서 4.5에서 8.5까지의 pH 수준을 견딜 수 있는 품종도 있다. 염분 수준의 허용 오차는 다양성에 크게 좌우된다.

오늘날 기술은 화학 토양 분석과 GPS 및 GIS 시스템을 사용하여 토양 특성을 세밀하게 조사할 수 있는 기회를 제공한다. 고유한 기술 능력을 활용하여, 우리는 이제 현장 지형, 토양 구조 및 뿌리의 잠재적 깊이에 대한 자세한 보고서를 얻을 수 있다. 우리는 또한 탄산칼슘($CaCO_3$) 및 유기물 함량, 다량 및 미량의 영양소, pH 및 염도 수준, 모든 재배 기술에 관한 사실 기반 결정을 내리는 데 필요한 모든 정보에 관한 데이터를 수집할 수 있다.

기본적인 토양 준비는 쟁기질로 시작된다. 대부분의 생산자는 포도나무를 심기 몇 주 전에 이전 작물 잔류물과 잡초를 제거한다. 이 과정은 토양 통기와 배수를 개선하는 것을 목표로 한다. 동시에 쟁기는 토양에서 암석 및 기타 바람직하지 않은 물질을 제거한다. 그러나 쟁기질은 주로 경사진 들판에서 원치 않는 결과를 초래할 수도 있다. 우리가 그런 종류의 밭을 깊이 쟁기질하면 아마도 침식을 일으킬 것이다. 또한, 심한 쟁기질은 표면에 부적절한 심토 구성 요소를 가져올 수 있다. 포도나무의 토양 준비에서 중요한 단계는 경사진 밭을 메꾸는 것이다. 가파른 경사가 있는 들판에서 포도를 재배하면 아마도 높은 곳에서 물이 흘러 내려가고 낮은 곳으로 모이게 되어 물이 고이게 될 것이다. 일반적으로 경사가 심한 밭(20% 이상)의 경우 테라스를 형성하는 것이 좋다.

(6) 포도 재배와 관련된 용어와 개념

- 건포도 : 씨앗을 포함한 말린 포도.
- 시 미쉬 : 씨 없는 품종의 말린 포도.
- 적정 산도 : 포도산 주스와 와인의 총 산 함량을 산으로 표시한다. 와인의 가장 큰 비율은 타르타르산, 특정 비율의 하이드록시 숙신산 및 구연산 및 숙신산과 같은 빈약 한 양의 다른 산을 포함한다. 그것은 알칼리로 중화에서 적정에 의해 결정되고 와인의 관점에서 g/l로 측정됩니다. 산의 경우 최적 수준은 빨강의 경우 0,60~0.80, 백포도 품종의 경우 0,65~0,85에 가깝다. 설탕 함량의 지표와 함께 산도 지표가 최적에 가까울 때 수확해야 한다.
- 클론 : 한 식물의 식물성 번식으로 얻은 자손.
- 복잡한 지속 가능성 : 여러 가지 요인에 대한 다양한 포도 종류의 저항성 요인에 영향을 미친다. 북쪽에는 곰팡이, 요오드 및 서리에 대한 세 가지 주요 저항 요소가 있다. 곰팡이나 곰팡이에 대한 저항력이 증가한 품종을 구입할 때는 등급에 주의해야 한다.
- 서리 저항 : 포도 품종이 오랫동안 부정적인 온도를 견딜 수 있는 능력.
- 수풀의 짐(눈, 싹, 꽃이 핌, 클러스터) : 부시, 눈, 싹, 꽃이 핌, 클러스터의 수.
- 포도나무의 “우는 소리” : 연간 개발주기의 첫 번째 단계 인 활성 뿌리에서 오름차순 주스의 움직임. 잎이 피기 전에 발생한다.
- 테이블 등급 : 신선한 소비를 위해 재배된 포도 품종, 장기 보관을 위한 북마크 및 건포도 (건포도, 건포도) 얻기.
- 기술 등급 : 와인 및 주스 가공을 위해 재배된 포도 품종.
- 유니버설 등급 : 먹기에 적합한 포도 품종. 와인, 주스 만들기.
- 주부 : 포도 절단, 식물 번식에 사용되는 다양한 길이의 연례 촬영 섹션.

3. 와인의 제조

와인 제조과정은 포도 수확(Harvest) → 찧는 단계(Crush) → 발효 단계(fermentation) → 압착 단계(press) → 숙성 단계(Aging) → 여과 단계(filtration) → 병입 단계(Bottling)로 나누어진다.

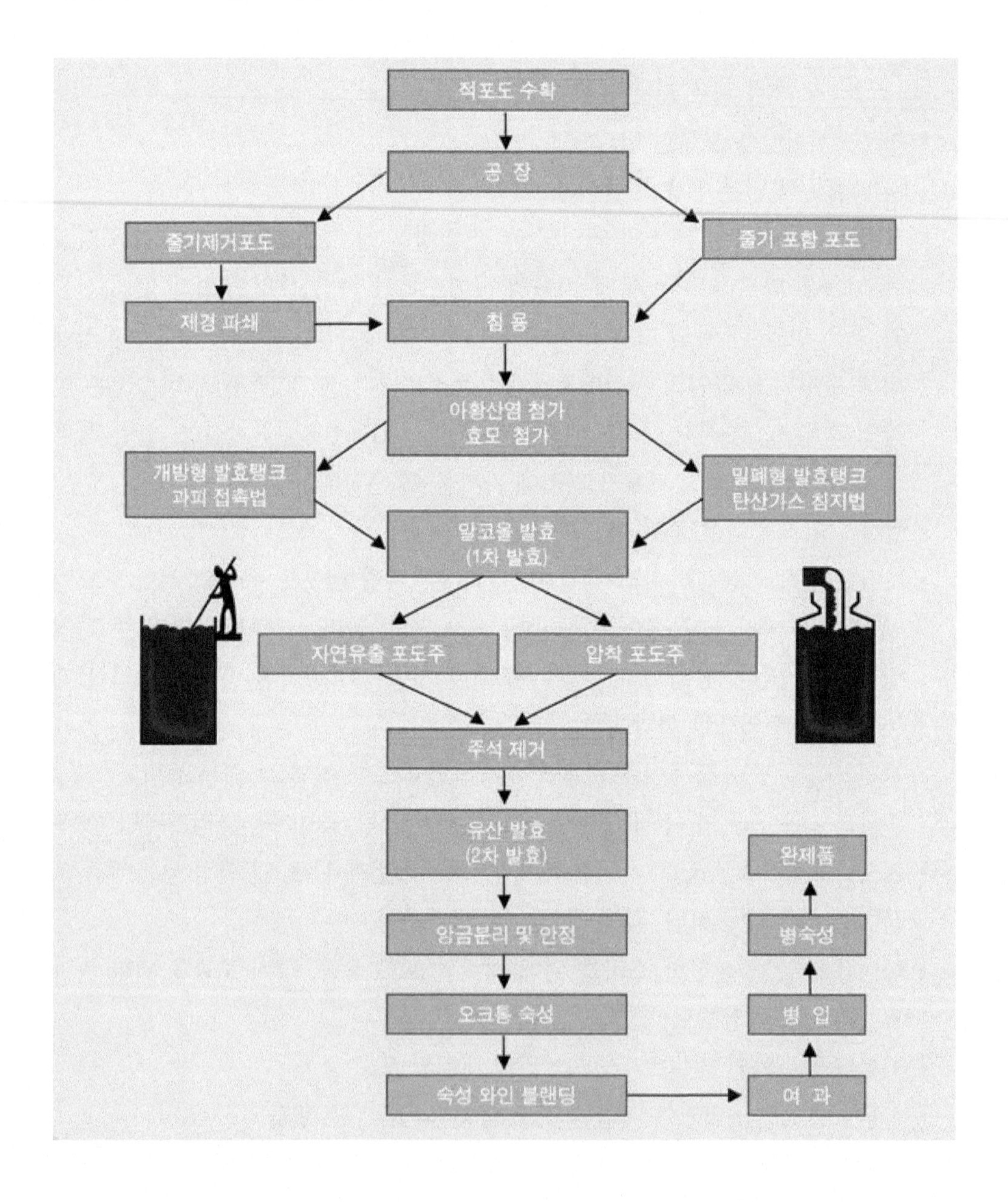

포도로부터 생성된 즙과 천연조건이 와인을 만들게 한다. 포도 열매 속에 꼭 필요한 두 가지 성분 즉, 이스트(Yeast)와 당분(Sugar)이 있기 때문이다. 그러나 와인 제조에 있어 천연조건만 중요한 요소는 아니다. 와인을 와인답게 하는 것은 역시 인간의 솜씨이기 때문이다. 언제 수확할 것인가를 결정하는 것에서부터 시작하여, 여러 섬세한 단계들을 거치며 하나하나 세심한 배려와 선택을 통해 비로소 가지가지의 와인이 만들어진다.

[와인의 일반적인 제조 과정]

(1) Red Wine의 제조과정

레드와인은 적포도로 만든다. 화이트와인과는 달리 레드와인은 붉은 색 및 탄닌 성분이 중요하므로 포도껍질 및 씨에 있는 붉은 색소와 탄닌 성분을 많이 추출해서 와인을 만들어야 하므로 화이트와인과는 제조 공정이 조금 더 복잡하다.

① 포도수확 (포도원)

② 공장으로 이동

③ 제경 파쇄

양조장에 도착하면 일단 분쇄기에 넣고 줄기를 골라내고 포도껍질, 씨, 알맹이를 같이 으깸, 아황산염 첨가 시작

④ 전발효 또는 알콜 발효 (1차 발효) 침용 (Maceration ; 마세라시용)

분쇄시킨 포도 알을 발효 통에 넣고 1차 발효를 시킨다. 알코올 발효는 20일 전 후에 걸쳐서 진행 된다. 이 기간 동안 온도와 밀도를 세밀하게 관찰해야 한다. 포도의 찌꺼기가 표면 위로 올라와 포도즙 맨 위쪽에 덮개를 형성한다. 침용은 와인의 성격에 따라 다소 길어질 수 있다. 탄닌 성분이 적은 햇 포도주라면 침용은 몇일이면 충분하고 장기 보관용 와인은 2 ~ 3주 혹은 그 이상 걸린다. 색소와 탄닌이 즙 안에 잘 퍼지도록 하려면 주조통 아래쪽의 즙을 위로 뽑아 올려 포도즙 덮개에 계속 뿌려주어야 주조통 안의 포도주의 질이 비슷해진다.

⑤ 압착

침용 단계가 끝나면 포도주를 유출시킨다. 여기에서 유출된 포도주를 제외한 찌꺼기를 다시 압착한다. 압착하여 얻어진 포도주를 뱅 드 프레스(Vin de press)라고 하며 대개 탄닌 성분과 색상이 풍부하다.

⑥ 후발효 또는 유산발효 (2차 발효)

압착된 포도즙과 자연 유출된 포도즙을 합쳐 오크통이나 스테인레스 스틸 통에서 2차 발효를 시작한다. 젖산 혹은 유산 발효로 불리워지는 2차 발효는 레드와인의 경우 사과산을 젖산으로 변화시키는 필수적인 과정으로 와인의 맛을 좀 더 부드럽게 한다.

⑦ 앙금분리 (걸러내기)

후발효가 끝난 와인은 앙금을 분리하여 숙성에 들어간다. 이때 찌꺼기를 최대한 분리하기 위해 청징제를 첨가한다. 청징제로 서는 계란흰자, 젤라틴, 소피를 사용하기도 한다.

⑧ 숙성 : 약 18~24개월

⑨ 여과

⑩ 병입

⑪ 코르크 마개

⑫ 병 숙성 : 약 3 ~ 24개월

⑬ 출하 및 판매

(2) White Wine의 제조과정

화이트와인은 잘 익은 백포도(청포도, 노란포도 등)나 적포도의 껍질과 씨를 제거한 후 만든다.

① 포도수확(포도밭)

② 공장

③ 제경파쇄(줄기를 골라내고 포도를 으깸)

④ 압착

⑤ 포도 주스

⑥ 발효

⑦ 앙금분리(걸러내기)
⑧ 숙성
⑨ 여과
⑩ 병입
⑪ 코르크 마개
⑫ 병 저장
⑬ 출하 및 판매

제 3 장

와인의 의학적 효능

CONTENTS

제1절 와인의 의학적 효능

1. 프렌치 패러독스(French Paradox)

프렌치 패러독스는 프랑스사람들은 육류를 많이 섭취해도 심장병으로 인한 사망률이 낮다. 혈압과 흡연율이 낮은 것은 아니다. 이유는 적포도주 때문이라고 한다. 육류나 치즈를 많이 섭취 함에도 불구하고 다른 유럽인에 비해 관상동맥 질환(심장병)이 적게 나타나는 것을 말한다. 술을 많이 마시는데도 건강하다는 역설적 의미로 '프렌치 패러독스'라고 말한다. 생노병사의 비밀 등에서도 이것은 적포도주(Red Wine)에 들어있는 레스베라트롤(Resveratrol), 폴리페놀(polyphenols) 때문이라고 주장하고 있다. 이 표현은 1991년 미국 CBS 방송국의 'Sixty Minites'라는 인기 시사교양 프로그램에 초대받은 프랑스의 세르주 르노(Serge Renaud) 박사가 이 TV 프로그램에서 사용함으로써 전 세계에 유행하게 되었다. 르노 박사에 따르면 프랑스인이 높은 콜레스테롤 수치도 높고 알코올 섭취도 많은데도 불구하고 심장병 발병이 적은 이유는 적당한 양의 포도주를 규칙적으로 마시기 때문이라는 가설을 제기했다.

이에 앞서 이미 1989년에 세계보건기구(WHO)는 '모니카(Monica) 프로젝트'로 명명된 심장질환 연구를 전 세계인을 대상으로 실시했다. 연구 결과에 따르면 프랑스인의 포화지방 섭취량이나 혈청내 콜레스테롤 농도가 영국인이나 미국인과 비슷함에도 불구하고 그리고 혈압이나 흡연과 같은 심장질환의 다른 요인들도 비슷함에도 불구하고 심장질병으로 인한 사망률은 낮은 것으로 나타났다.

프랑스 보르도 대학의 심장 연구자인 세르주 르노는 하루에 두세 잔의 와인을 마시면 포도주에 함유되어 있는 폴리페놀이 혈장 내에서 항산화 작용을 강화시켜 우리 몸에 해로운 콜레스테롤인 저밀도 지방단백질(LDL)의 산화를 막아서 심장관상동맥경화증을 줄여 준다고 발표한 바 있다. 와인을 마시면 동맥경회를 방지하는 기능이 있는 고밀도 지방단백질(HDL)이 증가하고, 오히려 동맥경화를 촉진시키는 LDL은 감소한다. 심근경색은 주로 HDL이 낮은 사람에게 발병하기 쉽다.

르노의 연구 결과에 의하면 적포도주에 포함된 폴리페놀(Poly phenol, 페놀 화합물) 성분이 몸에 나쁜 콜레스테롤인 LDL 함량을 떨어뜨리고 몸에 좋은 콜레스테롤인 HDL 함량을 높여 동맥 경화를 예방하며 혈액 순환을 원활하게 한다는 것이다. 폴리페놀은 포도의 껍질이나 씨에 주로 함유되어 있으며 탄닌, 안토시아닌, 카테닌 등으로 구성되어 있다. 우리 몸속에는 각종 지방질을 산화시켜 세포의 노화와 손상을 초래하는 활성산소가 있는데, 폴리페놀은 활성산소를 제거하는 황상화제 역할을 하며, 특히 심장혈관에 좋은 작용을 한다.

르노 박사의 프렌치 패러독스 가설이 온 미국을 떠들썩하게 하자 같은해 보스턴의 커티스 앨리슨(Curtis Ellison) 박사는 르노 박사의 가정을 뒷받침해주는 연구 결과를 발표했다. 이에 따르면, 프랑스인들은 미국인들보다 운동도 덜 하고, 담배도 많이 피우고, 지방이 많은 음식을 섭취하기에 논리적으로는 미국인보다 높은 비율의 심장질환자가 나와야 하지만 사실은 그 정반대라는 것이다. 프랑스인들은 미국인들에 비해 심장병 환자가 훨씬 적으며, 건강하게 장수한다는 통계 자료를 제시하면서 프렌치 패러독스 현상이 분명히 존재함을 새롭게 증명했다. (심장병 사망률은 미국의 경우 인구 10,000명당 182명인데 비해 프랑스는 102~105명 정도로 낮게 나타난 것이다.)

영국의 런던의과대학 로저 코더 박사도 적포도주의 심장병 예방 효과는 폴리페놀 성분 때문이며, 적포도주에 함유되어 있는 폴리페놀이 동맥 경화를 촉진하는 펩타이드인 엔도셀린-1의 생산을 억제하고 있다고 보고했다. 엔도셀린-1은 혈관을 수축시키는 물질로 이것이 과잉 생산되면 동맥에 지방퇴적물이 쌓이면서 동맥 협착 현상이 나타난다. 코더 박사는 백포도주와 로제 와인에는 폴리페놀이 전혀 없거나 거의 없었다고 밝히고 그 이유는 폴리페놀은 적포도주의 껍질에 들어 있는데 백포도주와 로제 와인은 발효 전에 포도 껍질을 벗겨내기 때문이라고 지적하였다.

폴리페놀은 포도의 껍질과 씨에 많이 들어 있고, 또 오크통에서 숙성할 때 오크통에서도 우러나오므로 껍질과 씨를 함께 발효시키고 또한 오크통에서 숙성시킨 레드와인에 많이 들어 있다. 화이트와인은 폴리페놀 함량이 적은 청포도를 원료로 하기도 하지만, 포도 주스만 발효시키기 때문에 껍질과 씨에서 우러나는 폴리페놀에 의한 쓰고 떫은맛이 적다. 레드와인을 화이트와인에 비해 오래 보관할 수 있는 이유도 바로 이 폴리페놀 성분에 있다.

와인은 알코올과 항산화제를 둘 다 가지고 있는 독특한 음료이다. 이렇게 두 가지 성분이 함께 존재함으로써 와인이 건강과 깊은 관련이 있는 것이다.

왜냐하면 알코올은 간에서 분해되면서 NADH란 물질을 만드는데, 이 물질은 상대를 환원시키는 작용이 있기 때문에 한 번 사용된 항산화제가 다시 그 기능을 회복할 수 있도록 도와주고, 자신은 다시 알코올 분해에 관여할 수 있는 형태로 변하게 된다. 만일 알코올과 항산화제 중 하나만 있다면 한 번의 작용으로 끝나지만 두 가지 물질이 공존하기 때문에 반복하여 각각의 역할을 지속적으로 수행할 수 있는 것이다.

또한 와인은 마시는 야채로서 300여 가지의 영양소와 비타민 무기질을 함유한 식품이다. 와인의 성분을 분석하면 수분이 65% 정도로 대부분을 차지하며, 알코올이 9-13%이며, 나머지는 당분, 비타민, 유기산, 각종 미네랄, 폴리페놀 등으로 구성되어 있다. 그리고 채질을 알칼리성으로 유지하는 데 도움을 준다. 프랑스의 파스퇴르(Louis Pasteur)는 와인 속에 박테리아가 서식할 수 없기 때문에 와인은 가장 위생적인 음료가 될 수 있다고 말하였다. 그는 이렇게 말했다. "와인은 모든 음료 가운데서 건강에 가장 좋으며 위생적이다."

폴리페놀은 레드 와인의 경우 1ℓ 당 1~3g, 화이트와인에는 0.2g이 함유되어 있다. 레드 와인의 건강 유익설은 바로 여기서 나오고 있다.

2. 와인의 효능

와인은 건강의 술이다.

① 폴리페놀은 포도껍질이나 씨에 주로 함유되어 있는 물질로 탄닌, 안토시아닌, 카테킨 등으로 구성되어 있다. 우리 몸속에는 각종 지방질을 산화 시켜 세포의 노화와 손상을 초래하는 활성산소가 있는데 폴리페놀은 활성산소를 제거하는 항산화 역할을 한다. 특히 심장혈관에서 좋은 작용을 하는 동시에 동맥경화의 원인인 콜레스테롤의 산화도 억제해 장질환 발병의 위험을 줄여주는 것으로 밝혀지고 있다.

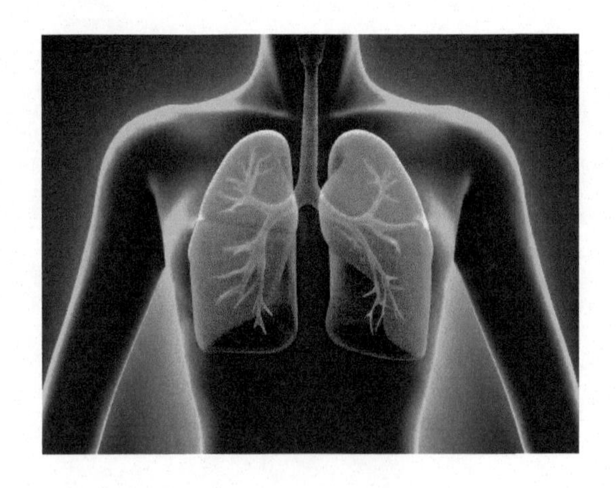

② 와인은 알카리성 주류로서 규칙적으로 마시면 산성 체질을 개선 할 수 있으며, 칼륨과 같은 광물성이 들어있는 주류이다.

③ 와인은 영양원이 살아있는 주류로서 즉 유기산, 탄닌, 당류, 무기질과 비타민(티아민, B2) 등이 들어있는 균형 잡힌 이상적인 음식중의 하나이다.

④ 와인에 포함된 레스베라트톨은 곰팡이로 부터 자신을 보호하기 위해 생성하는 물질로 강력한 항산화 작용으로 세포의 손상과 노화를 막는 역할을 하는 것으로 알려졌다.

⑤ 와인의 주성분 중에는 병을 예방하는 물질들이 다량 들어있다. 특히 혈관에 관련된 질병을 예방하거나 치매를 예방하거나 그 중 심장발작을 예방하는 효과가 크며, 매일 알맞은 양의 포도주를 마시는 것은 지적 기능을 자극하고 활기를 주며 상냥하고 쉽게 동화하는 심성과 안정감을 준다.

3. 웰빙 문화의 배경과 원인

사회가 발전하고 인간의 평균수명이 늘어나면서 질적으로 여유로운 생활을 추구하려는 경향과 현대사회에서 영양의 과다 섭취로 인한 각종 문제점들과 성인병이 새로운 문제로 등장하면서 사람들은 신체적, 정신적 측면에서 좀 더 여유롭고 건강을 추구하며 살아가는데 관심을 보이고 적극적인 투자를 하기 시작했고, 이러한 사회적 주류가 최근 유행하고 있는 웰빙 열풍과 관련이 있다고 볼 수 있다. 웰빙 산업은 의식주의 모둔 분야를 포괄한다고 할 수 있지만 특히 식생활 분야에서 웰빙 산업과 문화는 다른 분야에 비해 가장 직접적이고 즉각적으로 신체와 건강에 영향을 줄 수 있는 것이며, 일상에서 가장 쉽고 빈도 높게 접하는 문화이자 생활이다.

와인은 국내에서 90년대 중 후반 이후 대중의 관심의 대상으로 등장하여 인기를 끌기 시작 하였으며, 레드 와인의 건강에 대한 유익성이 여러 차례 발표되면서 그 인기와 수요는 점차 확대되고 있다. 사회가 발전하고 인간의 평균수명이 늘어나면서 질적으로 여유로운 생활을 추구하려는 경향과 현대사회에서 영양의 과다섭취로 인한 각종 문제점들과 성인병이 새로운 문제로 등장 하면서 사람들은 신체적, 정신적 측면에서 좀 더 여유롭고 건강을 추구하며 살아가는데 관심을 보이고 적극적인 투자를 하기 시작했고, 이러한 사회적 주류가 최근 유행하고 있는 웰빙 열풍과 관련이 있다고 볼 수 있다.

웰빙 문화와 함께 와인의 소비는 계속 증가하고 있다. 와인을 선택하는데 있어서는 건강에 민감하거나 혹은 건강에 대해 자신감이 넘치는 사람보다는 본인의 건강은 본인이 어떻게 관리하는지에 따라 달라질 수 있다고 하는 요인과 본인이 직접 와인을 구매하고 마셔본 경험적 특성 요인이 영향을 미친다.

이는 와인 선택속성 중 본인이 와인을 구매하고 만족했던 경험이 건강에 대한 의지 요인을 가진 소비자에게 영향을 준다는 것과 같은 의미다. '프렌치 패러독스'라고 하는 레드 와인이 건강에 좋다는 기사는 소비자에게 많은 영향을 미쳤고, 건강에 대한 의지요인이 만족도에 영향을 미친다는 것은 와인에 대한 좋은 기사는 앞으로도 와인의 소비에 긍정적인 영향을 미칠 것이다.

와인의 인기는 와인의 매력인 감각적인 즐거움과 다양성, 그리고 웰빙에 대한 관심이 근본적인 이유로 작용하고 있다. "우선 와인을 글라스에 따르자 화려한 꽃향기가 피어났다. 난 '신의 물방울'의 주인공 시즈쿠처럼 어느 순간 장미꽃이 만발한 꽃밭에서 헤매고 있었다. 그것이 끝이 아니었다. 입안에 넣자 싱싱한 산딸기를 비롯한 과일 맛에 머리가 아찔해졌다. 이어 달콤하고 부드럽게 입안을 조여 주는 타닌(떫은맛)과 정교하게 짠 교토(京都)의 직물처럼 복잡하고 우아하며 섬세한 맛에 혀가 매료됐다. 그리고 어질어질할 정도로 오래 이어지는 여운까지 번개를 맞은 듯한 충격에 말을 잃고 말았다." 전 세계적으로 성공을 거둔 일본 와인 만화 '신의 물방울'의 작가 아기 다다시가 1985년 빈티지의 DRC 에세조(Echezeaux) 와인을 마시고 느낀 바를 '와인의 기쁨'이라는 책에 이렇게 적었다. 와인을 마실 때 느낄 수 있는 감각적 즐거움에 대해 이보다 멋지게 표현한 것을 찾아보기 쉽지 않다. 우리는 보통 '맛있다'는 짧은 찬사로 와인의 맛에 대한 만족감을 표현하지 않는가.

독일의 게슈탈트 심리학자 칼 둔커(Karl Duncker)는 와인과 연관해서 아주 흥미로운 분석을 했다. 그는 '우리가 추구하는 것이 어떤 객체(object)인가 아니면 그 객체가 주는 즐거움(pleasure)인가?'라는 문제를 논의하기 위해서는 즐거움이 무엇이고, 즐거움이 객체와 어떤 관계를 갖는지 이해해야 한다고 말한다. 또한 우리가 '무엇인가를 즐긴다' 혹은 '무엇을 추구한다'고 말할 때 우리는 객체의 세 가지 단계(level) 중 하나를 적시하는 것이라며, 와인을 예로 들어 다음과 같이 설명한다. "와인, 와인을 마시는 것(Drinking of the wine), 와인을 마실 때의 감각적 경험(Sensory experience in drinking wine)이 와인이라는 객체의 세 가지 단계다. 와인은 객체 그 자체이고, 와인을 마시는 것은 객체와의 커뮤니케이션 이며, 와인을 마실 때의 감각적 경험은 객체와의 커뮤니케이션 에서 얻는 경험이다. 와인과 와인을 마시는 것은 객관적인 사실(fact)인 반면, 와인을 마실 때의 감각적 경험은 주관적이다.

와인과 와인을 마시는 것은 즐거움의 수단 혹은 원천이고, 와인을 마실 때의 감각적 경험이 즐거움이다." 심리학자 둔커의 분석을 바탕으로 우리는 와인을 '감각적 경험이라는 즐거움의 수단 혹은 원천'이라고 정의할 수 있다.

와인이 감각적 즐거움을 선사하는 알코올 음료라는 것에 공감하지 않을 와인 애호가는 없다. 그렇지 않다면 그들은 와인 애호가가 되지 않았을 것이다. 또한 '와인이 맛있다'라는 표현보다 훨씬 근사하고 유식해 보인다. 그런데 의문이 하나 생긴다. 와인을 통해 얻을 수 있는 즐거움은 감각적 즐거움에 국한되는가?

사람들이 "좋은 사람들과 맛있는 와인을 마셔서 행복했다"고 말하는 것을 자주 들을 수 있다. 이러한 행복한 경험에는 와인의 감각적 즐거움(sensory pleasure) 이외에 감정적인 즐거움(emotional pleasure)과 사회적인 즐거움(social pleasure)도 작용한다는 것을 알 수 있다. 즐거움이 복합적으로 작용하는 것이다. 와인에 대한 지식 때문에 와인을 마시는 것이 더욱 즐거워질 때 혹은 그러한 지식을 갖춘 사람의 설명을 들으며 와인을 마실 때 우리는 지적인 즐거움(intellectual pleasure)도 가질 수 있다. 종교의식에서 와인을 사용할 때 와인 애호가는 정신적인 즐거움(spiritual pleasure)도 갖게 될 것이다.

프랑스 철학사 티에리 타옹(Thierry Tahon)은 '와인의 철학'에서 와인을 분석하는 즐거움과 분석한 것을 말하는 즐거움에 대해 말한다. "대담한, 영감에 찬 코멘트들이 쏟아지면서 아주 재미난 순간이 되기도 한다"고 경험을 들려준다. 즐거움의 종류 중에서 인지의 즐거움(cognitive pleasure)으로 분류할 수 있는 분석하는 즐거움은 사실 와인 경험이 적은 초보자에게는 즐거움이 아니라 스트레스가 될 수 있다. 와인에 대한 지식과 경험을 뽐내고 과시하는 수단으로 와인을 전락시키는 누군가 때문에 참기 힘든 괴로운 순간이 될 수도 있다. 그러나 감각적인 경험은 주관적이라는 사실과, 와인에 대해 느낀 것을 말할 때 와인 전문가들이 사용하

는 언어를 반드시 구사할 필요가 없다는 것을 인정하면, 그러한 스트레스를 피할 수 있다. 예를 들어 로알드 달(Roald Dahl)이 쓴 책 '맛'에서 소개하는 와인에 대한 분석은 주관적이고, 와인 전문가들의 언어를 사용하지 않지만 흥미롭다. "조신한 포도주로군. 약간 수줍어하고 망설 이는듯하지만 어쨌든 아주 조신해." "명랑한 포도주로군. 자비롭고 명랑해. 약간 외설적인 것 같기는 하지만. 어쨌든 명랑해." "아주 재미있고 귀여운 포도주로군. 상냥하고 우아하고, 뒷맛은 거의 여성적이네."

이와 같이 우리는 와인을 마시면서 다양한 즐거움을 누릴 수 있다. 그럴수록 와인과 더불어 사는 우리의 삶은 더 행복해진다. 또 어떠한 즐거움을 생각할 수 있을까? 나는 와인의 냄새로 인해 과거의 경험을 회상하는 즐거움에 대해서도 말하고 싶다. 자주 발생하는 일은 아니지만, 우리는 어느 냄새를 맡는 순간 과거의 일이 갑자기 떠오르는 경험을 한다. 프랑스 소설가 마르셀 프루스트가 쓴 '잃어버린 시간을 찾아서' 1권에는 주인공이 홍차에 적신 마들렌 과자를 먹다가 과거를 회상하는 이야기가 나온다. 여기에서 작가의 이름을 딴 '프루스트 현상'이라는 용어가 유래한다. 냄새를 통해 과거의 일을 기억해내는 현상을 의미한다.

우리는 와인을 마실 때 코를 아주 활동적으로 만들고, 후각적인 경험을 즐긴다. 그래서 프루스트 현상은 어쩌면 와인과 가장 밀접한 관계에 있다고 말할 수 있다. 와인 전문가들이 냄새를 과거로 가는 타임머신으로 자주 언급하는 것은 결코 우연이 아니다. 예를 들어 영국의 와인 전문가 마이클 슈스터(Michael Schuster)는 'Essential Winetasting'이라는 책에서 "후각은 미각이 주는 육체적인 만족감에 대한 지적인 전주곡으로서 사람, 장소, 상황과 감정 등에 대한 기억을 생생하게 떠오르게 한다"고 설명한다. 마찬가지로 영국의 와인 전문가 제이미 구드(Jamie Goode)는 '와인 테이스팅의 과학'에서 "기억을 불러일으키는 냄새의 힘"에 대해 말한다. 위대한 와인 애호가였던 헤르만 헤세는 1905년에 발표한 수필 '와인연구'(Weinstudien)에서 "와인은 내게 컬러가 아니라 추억을 불러일으킨다. 유아시절로 돌려보내는 와인도 있고, 학창 시절이나 여행, 사랑의 경험, 우정 등을 회상시키는 와인도 있다"고 강조했다. 1919년에 출판된 '클링조어의 마지막 여름'에서는 와인을 '갖가지 추억을 여는 열쇠'라고 정의했다. '프루스트 현상'보다는 '헤세 현상'이라고 표현하고 싶을 정도로 헤세는 자신의 문학 작품에서 와인 한잔 마시며 과거를 회상하는 이야기를 자주 들려준다.

나는 와인을 마실 때 추억이 아련히 떠오르는 경험을 자주 한다. 숙성되어 페트롤 향을 물씬 풍기는 리슬링 와인을 마실 때, 오토바이를 탄 아버지 등에 매달려 논과 밭을 지나고 야산을 넘어 할아버지 산소에 가던 한식과 추석의 날들이 생각난다. 리치 향이 특징인 게뷔르츠트라미너 와인을 마실 때면, 가족과 함께 살던 독일 도시 부퍼탈에서 암스테르담에 당일치기로 놀러 가던 날 네덜란드 고속도로 휴게소에 있는 중국식당에서 리치로 만든 디저트를 먹고 좋아했던 순간이 떠오른다. 프랑스 와인 산지 루시옹에서 그르나슈 그리로 만든 짠맛이 아주 강한 화이트 와인을 마셨을 때, 칠레의 와인 산지 레이다 밸리에서 스테파노 간돌리니(Stefano Gandolini)라는 와인메이커가 만든 짠맛의 소비뇽 블랑을 마셨을 때, 나는 부모님과 처음으로 해수욕장에 갔던 1970년대의 어느 날을 그리워했다. 와인에 대한 이 글을 쓰면서도 다시 와인을 마시는 순간이 기다려진다. 티에리 타웅은 와인을 마시기 전에 '상상하는 즐거움', '욕망하는 즐거움'을 가져보라고 권유한다. 이러한 즐거움도 참으로 중요하다.

오늘 저녁 가족과 함께 먹을 음식에 잘 어울릴 만한 와인을 마트에서 장바구니에 담으며 저녁 식사 시간을 기대하는 마음과, 와인 잔에 따른 와인을 바라보며 이 와인은 어떤 향과 맛을 선사할지 궁금해 하는 짧은 순간을 상상해보라. 시인 황지우는 시 '너를 기다리는 동안'을 통해 기다림의 숨겨진 의미, 즉 능동적인 기다림에 대해 알려주고, 티에리 타웅은 와인을 마시기 전의 능동적인 기다림, 즉 와인을 마시는 다가올 시간을 상상하는 즐거움과 욕망하는 즐거움을 느껴보라고 한다.

이와 같이 우리가 와인을 통해 얻을 수 있는 즐거움은 향과 맛에 의한 감각적 즐거움에 국한되지 않는다. 다양한 즐거움을 추구함으로써 와인 애호가로서의 삶을 더욱 행복하게 만들어보자.

4. 적당한 음주가 아니라 적당한 와인이 건강에 좋다

과음을 하면 뇌의 회백질과 백질이 감소하고 뇌 구조도 변화한다. 뭐든지 과하면 좋지 않다. 적당한 음주가 뇌와 건강에 미치는 영향은 연구마다 오락가락 한다. 소량의 음주가 건강에 좋다는 속설과 이를 뒷받침하는 연구결과도 있다. 한두 잔의 술이 건강에 좋다는 연구 결과는 많이 나왔다. 소량의 알코올도 건강에 악영향을 끼치거나 별다른 이득이 없다는 연구도 속속 나온다. 약간의 알코올 섭취가 심혈관 건강에 좋다는 주장은 의문이며, 과대평가 되었을 수 있다는 주장도 나왔다. 소량의 알코올은 심장에 좋을 수는 있지만 잠재적 위험도 있다는 주장이다.

2022년 매일 마시는 맥주 500㏄한 잔도 뇌 건강에 좋지 않다는 연구 결과가 나왔다. 적당한 음주라고 불리는 소량의 알코올 섭취도 뇌에 악영향을 끼친다는 점이 대규모 데이터 분석을 통해 분석된 것이다. 또한 연령, 신장, 성별, 흡연 여부, 사회 경제적 지위, 유전 등도 감안한 연구로 신뢰성이 있는 연구이다. 50세의 경우 하루 평균 맥주 250~500cc 소주로는 1.5~3잔정도 음주를 하면 약 2년, 맥주 500~750cc, 소주로는 3~6잔 마시면 3년 반의 뇌 노화와 맞먹는 효과가 나타났다.

와인이 심장병과 건강에 좋다는 것은 널리 알려졌다. 여기서 포도가 좋다는 것인지 알코올이 좋다는 것인지 사람들은 잘 모른다. 와인이 심장병 예방에 좋은 것은 알코올 때문이 아니라 포도 성분 덕분이다. 1주일에 와인 11잔을 마시는 사람은 술을 아예 마시지 않거나 폭음을 하는 사람보다 관상동맥질환 위험이 40% 작다. 1주일에 샴페인 5잔이나 레드와인 8~11잔을 마시는 사람은 혈액공급에 이상이 생기는 허혈성 심장질환 위험도 작다. 무알코올 와인을 마신 사람도 마찬가지이다. 포도는 폴리페놀이라는 항산화물질을 많이 갖고 있다. 폴리페놀은 심장 내막 기능을 강화하고 몸에 좋은 콜레스테롤 수치를 증가시킨다고 알려졌다. 맥주나 사과주, 증류주를 적당량 마신 사람들은 오히려 심장병 위험이 10% 증가했다. 어떤 술이든 알코올이 건강에 도움이 된다는 주장을 반박하는 연구결과이다. 적절한 음주가 심장병에 도움이 된다는 연구는 잘못된 비교 때문일 수 있다. 건강 문제로 술을 끊은 사람을 비 음주 집단에 포함시켜 술의 건강 효과가 실제보다 높게 나왔을 수 있다.

한두 잔의 술이 건강에 좋다는 연구 결과는 데이터 분석에 오류가 있었던 것으로 밝혀졌다. 술을 조금 마신 사람은 알고 보니 그들의 '생활습관' 때문에 건강했다. 가벼운 음주를 하는 사람들은 대체로 '규칙적인 생활'을 했기 때문이었다. 적절한 음주를 하는 사람은 상대적으로 규칙적인 운동을 하고 채소도 더 많이 섭취했으며, 담배도 거의 피우지 않았다. 적당한 술이 미친 영향은 오히려 반대였다. 기타 요인들을 배제하고 분석한 결과 술을 많이 마실수록 심장 질환 위험이 눈에 띄게 높아진다. 과거 연구들과 달리 소량의 술도 심장 질환을 유발하는 것으로 나타났다.

제 4 장

와인의 특성에 따른 분류

CONTENTS

제1절 와인의 특성에 따른 분류

1. 와인의 특성

와인은 알코올 함유량이 8°~13°정도로서 첨가물 없이 포도만을 발효시켜 만든 알카리성 양조주이다. 특히 와인은 저장 방법이 매우 중요한데 첫째, 여과된 와인은 오크통에 담아 15℃정도의 지하 창고에 저장한다. 둘째, 저장기간은 레드와인은 2년 전후, 화이트 와인은 1~4년 정도가 알맞다. 셋째, 통속에서 장기 저장하면 와인의 색이 흐려지므로, 병에 옮겨 담아 10~15℃정도와 습도 60% 정도의 와인 저장 창고에서 1~10년 정도 숙성시킨다.

[와인의 일반적 특징]

(1) 화이트와인(white table wine)

- 기초물질 : 산(acid)
- 알코올수준 : 평균 12~13%(알코올도수)
- 색상의 변화 : 푸르스름한 빛깔(초기숙성), 밀짚빛깔(숙성의 진행), 황금빛깔(숙성의 절정), 호박색(지나친 숙성)
- 향 : 기본적으로 신선한 과일향을 보인다.(사과, 배 등의 과실향)
- 맛 : 감미 그리고 신선한 맛을 보인다.
- 서빙 : 반드시 차게 해서 마신다.(6~11℃, 또는 8~12℃)
- 음식과의 매칭 : 생선, 갑각류

(2) 레드와인(red table wine)

- 기초물질 : 떫은맛(탄닌)
- 알코올수준 : 평균 12~14%(알코올도수)
- 색상의 변화 : 보라빛깔(초기숙성), 체리빛깔(숙성의 진행), 오렌지빛깔(숙성의 절정), 벽돌색깔(지나친 숙성)
- 향 : 과실향 및 동물의 향(장미꽃, 딸기, 체리 향)

- 맛 : 떫은 맛, 그리고 복합적이고 유순한 맛을 보인다.
- 서빙: 상온(약 18~20℃)의 수준. 다만 지역에 따라서 레드와인의 서빙 온도를 2~4℃ 정도 낮춘다.
- 음식과의 매칭 : 붉은 빛깔의 육류 등

(3) 발포성 와인(sparkling table wine)

와인을 기초 원료로 하여 2차적으로 밀폐된 용기(병)에 효모를 넣어 술의 앙금이 숙성,비등(沸騰) 되도록 하여 얻은 와인을 일컬어 발포성 와인이라 한다. 프랑스 샹파뉴 지방에서 이러한 과정을 통해 얻은 와인을 샴페인이라고 부르며 그 외의 지방에서 동일한 방법으로 얻은 와인을 가리켜 크레망(cremant), 무쎄(mousseux) 등으로 부른다.

- 알코올수준 : 13%
- 빛깔 : 엷은 황금색, 붉은색, 핑크색
- 서빙 : 6~10℃가 적정
- 용도 : 식전주, 이벤트, 그리고 축하주로 쓰인다.

2. 와인의 종류

(1) 화이트 와인(white wine)

- 백포도나 껍질을 제거한 적포도의 알맹이를 사용한다.
- 포도즙으로부터 포도껍질과 씨를 분리시키고자 압착한 후 발효시킨다(포도의 수확 → 줄기솎기 → 압착 → 발효 → 블렌딩 → 숙성 → 여과 → 병입).
- 생선요리, 송아지요리, 사슴요리 등에 잘 어울림

(2) 레드 와인(red wine)

- 적포도의 즙과 씨 그리고 껍질을 모두 사용하여 발효한다(포도의 수확 → 줄기솎기 → 파쇄 → 발효 → 블렌딩 → 숙성 → 여과 → 병입).

- 포도 껍질속의 탄닌(tannin)성분 때문에 떫은맛이 난다.
- 기름기 있는 육류요리(쇠고기, 양고기, 도요새, 메추리 요리)에 잘 어울림

(3) 로제와인(rose wine)

- 레드 와인과 화이트 와인을 혼합하여 만든 것이 아니라 레드 와인에 비해 짧게 발효 후 압착한다. 이렇게 발효된 즙은 포도껍질과 얼마동안 접함으로써 엷은 핑크색과 가벼운 향을 가지게 된다(짧은 발효시간 때문에 핑크색이 난다).
- 어떤 요리와도 잘 어울리나 치즈나 오드블에 잘 어울림

3. 와인의 특성에 따른 분류

(1) 맛에 의한 분류

① 드라이 와인(dry wine) : 산미포도주로 과즙의 당분을 완전히 발효시켜서 당분함량을 1%이하로 한 와인. 식전용에 적합

② 스위트 와인(sweet wine) : 감미포도주로 향과 풍미가 있어 달콤한 와인으로 당분함량이 8~12%정도의 와인. 식후용에 적합

(2) 알코올 첨가 유무에 의한 분류

① Fortified Wine(강화주) : 포도 발효 도중에 도수를 높여 변질을 방지하고자 브랜디를 1~5%첨가하여 만든 술(18~20%). 스페인의 셰리(sherry)와인과 포르투갈 포트(port)와인이 유명함

② Unfortified Wine(비강화주) : 알코올 농도 8~13%정도의 발효와인.

(3) 탄산가스 유무에 의한 분류

① Sparkling Wine(발포성 포도주) : 포도주에 탄산가스가 함유된 것으로 샴페인(champagne)이 대표적이다. 스페인은 까바(Cava), 이태리는 스푸만떼(Spumante),독일에서는 젝트(Sekt), 미국에서는 스파클링 와인(Sparkling Wine) 이라고 부른다.

② Still Wine(비발포성 포도주) : 탄산가스가 없는 포도주 (white, red wine)

(4) 저장별 분류

① Young Wine : 5년 이하 저장한 와인

② Aged Wine : 5~15년 정도 저장한 와인

③ Great Wine : 15년 이상 저장한 와인

(4) 기능별 분류

① Aperitif Wine : 식사 전에 마시는 것으로서 식욕촉진의 기능이 있다. 독하고 쓴맛의 와인으로 Dry Sherry와 Vermouth가 대표적이다.

② Table Wine : 요리와 함께 즐기는 와인으로 육류요리에는 Red Wine, 생선요리에는 White Wine이 어울린다.

③ Dessert Wine : 식후용 Sweet 와인으로 디저트에 제공되며 포르투칼산의 Port Wine이 유명하다.

4. 와인 테이스팅의 3요소

와인 맛을 보고 그 와인을 평가하고 인정한다는 것이 많은 사람들이 와인을 마시게 하는 이유가 될 것이다. 와인의 맛을 평가하는 데에는 세 가지의 기본 요소가 있는데 처음에는 와인의 색을 보고, 그다음에는 와인의 향기, 마지막으로 와인의 맛을 본다.

① 색(Appearance)

깨끗하고 선명해야 한다.

먼저 와인의 색을 보자. 와인 글라스에 와인을 약 3분의 1정도만 따르는데 절대 와인 잔의 반이 넘지 않도록 한다. 그리고 와인 글라스의 다리를 잡는다. 와인의 볼(bowl) 부분을 잡는 경우를 흔히 보게 되는데 이런 경우 와인의 색을 제대로 볼 수 없고 잔이 얼룩지기 때문에 시각적인 관찰이 힘들어 진다. 또한 손의 온도가 전달되어 와인의 온도가 높아지기 때문이다. 와인의 온도는 최상의 와인 맛을 내는데 있어서 중요하다.

그리고 나서 와인의 투명도를 살피기 위해 와인 잔을 불빛에 비추어 보거나 흰 배경에서 와인의 색상을 본다. 이를 통해 와인이 맑은지 뿌연지를 알 수 있다. 맑은 색으로 반짝거리며 빛이 난다면 이 와인은 상태가 좋은 것이다. 하지만 흐리거나 뿌연 그림자가 있다면 이 와인은 오래 되었거나 보관 상태가 좋지 않다는 것을 알 수 있다. 흰색 테이블이나 흰 종이 위에 와인 잔을 올려 두고 위에서부터 똑바로 내려보면 와인의 색상의 농도를 볼 수 있다.

와인의 색상은 너무나도 아름다워 많은 사람들이 와인의 색을 보석에 비유하기도 한다. 가령 루비색이라든가 황금색 등으로 표현을 한다. 와인의 색은 사용된 포도 품종에 따라 그리고 기후나 지역 그리고 빈티지에 따라서도 달라진다.

그런 후 와인의 잔을 돌린다. 와인 잔 돌리기는 숙련이 되지 않으면 많이 어색할 수 있다. 심지어 와인이 밖으로 튕겨 나와 옷에 얼룩을 주기도 하기에 조심해야 한다. 이렇게 와인 잔을 돌리는 것은 후각적인 관찰을 위한 것이다. 잔을 돌리기 가장 쉬운 방법은 와인 잔을 테이블 위에 놓고 엄지와 검지 손가락으로 잔의 다리를 잡고 부드럽게 돌린다. 가능한 한 시계 반대 방향(오른손 잡이라면)으로 돌리면 옆의 사람에게 와인이 튈 염려가 없을 것이다.

와인이 글라스 입구까지 다다를 정도로 소용돌이치면 멈춘다. 와인이 잔의 표면을 따라 불규칙 적으로 흘러내리는 것을 볼 수 있는데 이것을 와인의 '눈물' 또는 '다리(leg)'라고 부른다. 와인 전문가들이 종종 여기에 심오한 의미를 붙이기도 하나 사실 이것은 단지 와인의 알코올 농도가 높을수록 더 많이 흘러 내릴 뿐이다.

② 향(Aroma & Bouguet)

향기는 와인의 품질을 나타낸다(은은하고 좋은 냄새).

와인 잔을 돌리는 것은 와인이 병 속에서 잠자고 있었던 향기를 공기 접촉을 통해 잠에서 깨우는 역할을 한다. 와인이 글라스에서 소용돌이쳐 공기와의 접촉이 충분히 되면 와인의 향기를 맡아 보자. 최대한 코를 와인 잔 속으로 넣어 자신의 후각적인 감각을 최대한 살려 와인의 향기를 깊이 맡아 본다. 잠에서 깬 와인은 그 속에 숨어 있었던 갖가지 아로마(Aroma)와 부케(Bouquet)를 발산한다. 와인 테이스팅을 즐기는 사람들은 이 과정에서 연관되는 향기를 찾아내면서 즐거워하는 경우를 많이 보게 된다. 사실, 와인은 단순히 포도로만 만들었는데도 지구상의 모든 향기가 화학적인 반응을 통해 나타난다는 것이다.

와인의 향기는 시음에 있어서 지극히 중요한 역할을 하는데 우리의 후각은 뇌로 바로 전달되어 기억과 감정을 자극한다. 와인의 향기는 과거에 경험했거나 맡았던 냄새라든가 특정 장소 내지는 추억들을 연상하기도 한다.

와인을 만들 때 사용되는 품종은 매우 다양한데 지구상에 존재하는 품종만 해도 수백 가지가 된다. 우리가 자주 접하는 대표적인 포도 품종들은 약 40~50가지인데, 그중에서도 가장 많이 맛보게 되는 대표적인 포도 품종별로 표현되는 일반적인 향기들은 아래와 같다.

■ 화이트 와인

- 샤르도네(Chardonnay) : 배, 사과, 파인애플, 멜론, 레몬, 바닐라, 클로버
- 슈냉 블랑(Chenin Blanc) : 배, 복숭아, 잘 익은 멜론, 레몬, 샐러리
- 게뷔르츠트레미너(Gewurztraminer) : 장미, 리치 향
- 리슬링(Riesling) : 녹색 사과, 살구, 복숭아, 꿀
- 소비뇽 블랑(Sauvignon Blanc) : 자몽, 레몬, 신선향 허브향, 잔디 향, 연기, 부싯돌

- 세미용(Semillion) : 잔디, 레몬, 땅콩, 버터
- 비오니에(Viognier) : 살구, 신선한 꽃향기

■ 레드 와인

- 카베르네 소비뇽 (Cabernet Sauvignon) : 나무, 시가 박스, 민트, 블랙 커런트, 클로버, 계피향, 고추, 올리브, 초콜릿, 크림 향
- 가메(Gamay) : 신선한 딸기, 딸기 소다, 계피 크림
- 그르나슈(Grenache) : 토양, 검은 후추, 자두, 커피, 매운 향
- 메를로(Merlot) : 초콜릿, 바이올렛 향, 오렌지, 자두, 검은 과실 향(블랙베리, 블랙체리)
- 피노 누아(Pinot Noir) : 나무 연기, 습기찬 토양, 버섯, 딸기, 헛간 냄새, 크림 향
- 산지오베제(Sangiovese) : 담배, 연기, 매운 향, 건포도
- 시라(Sirah) : 검은 후추, 블랙베리 잼, 블랙베리, 오렌지, 자두
- 템프라니오(Tempranillo) : 토양, 버섯, 나무
- 진판델(Zinfandel) : 라즈베리, 초콜릿, 블랙체리, 클로버. 검은 후추

■ 변질된 와인

- 식초 향, 흙, 고무, 석유, 양배추, 황, 생선, 젖은 모, 메니큐어 에나멜, 젖은 카드보드, 강한 코르크 향, 곰팡이 냄새.

③ 맛(Taste) : 레드 와인은 탄닌산이 많으면 떫은맛이 나기도 한다.

와인의 맛을 통해 우리는 와인 테이스팅의 절정에 도달한다. 후각으로 느낀 와인의 향기를 그대로 느끼면서 와인을 약간 마셔 본다. 와인 맛의 비밀을 알아내려면 바로 삼키면 안 된다. 와인을 입안 모든 접촉 가능한 부분에 닿을 수 있도록 입안에서 최대한 굴려 본다. 혀가 가지고 있는 다양한 부분별 맛의 강도가 다르기 때문이다.

첫째, 입안에 와인을 문 채 입술을 오므리고 입으로 살짝 숨을 들이마신다. 아마도 '후르루' 하는 소리가 날지도 모르겠다. 이는 기화 작용을 통해 와인 아로마를 강화시키게 한다. 그리고 나서 혀로 와인을 굴리기도 하고 씹기도 하는데 이것은 와인의 풍미와 뉘앙스를 느끼기 위함이다. 마지막으로 와인을 삼키고 난 후 부드

럽게 그리고 천천히 코와 입을 통해 숨을 내쉬는 것을 잊지 말자. 목과 코를 연결하고 있는 코 뒤쪽의 통로는 아로마를 느낄 수 있는데 와인을 삼키고 나서도 한동안 아로마가 남아 있는 곳이다.

좋은 와인일수록 더욱 복합적이고 심오하며 잔향이 오래 남는다는 것을 알 수 있을 것이다. 이것을 우리는 피니쉬(Finish) 라 하며 오래 여운이 남을수록 훌륭한 와인으로 인정하는데, 이 여운은 그 어떠한 술이나 음료에서도 느낄 수 없기에 최고의 순간이라 할 수 있다.

와인 드링커들은 와인을 가지고 오감을 즐긴다고 한다. 앞서 말한 와인의 색(시각), 향(후각), 맛(미각)이 있다면 그 나머지는 잔으로 부딪치는 소리(청각) 그리고 마시면서 목에서 오는 (촉감)이 아닐까 싶다.

5. 와인 디켄팅

(1) 와인 디켄팅이란?

Wine Decanting(와인 디켄팅)은 Sediment(침전물)가 있는 Red Wine을 그냥 서비스하면 와인 침전물이 글라스에 섞여 들어갈 염려가 있으므로 와인 병을 1~2시간 똑바로 세워 둔 후에 촛불 또는 전등을 와인병 목 부분에 비춰놓고 Decanter(크리스털로 만든 마개가 있는 와인 병)로 옮겨 붓다가 침전물이 지나가면 정지하여 순수한 와인과 침전물을 분리시키는 작업을 말한다.

(2) 디켄팅 하는 이유

일반적으로 와인의 맛과 향을 풍부하게 하고, 와인 아래 생성된 침전물(탄닌)을 제거하기 위해 디켄팅을 한다. 탄닌은 와인의 색을 혼탁하게 만들고, 쓴 맛과 모래 씹는 촉감을 줄 수 있기 때문에 디켄팅을 통해 없앤다(물론 와인 병을 조심히 들어 와인 잔에 따른다면 어느 정도 걸러질 수 있다).

일반적으로 와인생산자들과 소비자들이 디켄팅을 하면 탄닌을 부드럽게 하여 레드와인(화이트 와인은 침전물이 거의 없다)의 맛과 향을 향상시킨다고 알고 있지만 이건 사실이 아니다. 와인 제조과정에서 오크통의 미세한 구멍을 통해 공기가 와인 속으로 들어가게 되고, 산소는 탄닌의 작은 분자가 뭉쳐서 큰 분자로 되도록 화학반응을 일으켜 탄닌이 가지고 있는 씁쓸한 맛을 없애준다. 결과적으로 보면 와인의 맛을 좀 더 부드럽게 만들어주는 셈이다. 그러나 이 화학반응은 적어도 수 주 이상이 걸린다. 단 몇 시간 디켄터에 담아 산소를 접촉시킨다고 해도 그 시간 안에 탄닌과 산호의 화학반응은 일어나기 힘들다.

그래도 디켄팅을 하는 이유는 와인 속에 들어가는 첨가물(Sulfites-불붙은 성냥 냄새를 만들어낸다)과, 와인 숙성 과정에서 생기는 물질(Sulfides-계란이나 양파 썩는 냄새가 난다)이 와인의 과일 향을 방해할 수 있기 때문에, 디켄팅을 통해 이런 것들을 빨리 증발시키기 위함이다.

(3) 디켄팅 방법

디켄팅 방법에는 정도가 없다. 어떤 와인이 디켄팅을 함으로써 도움이 되는지 그리고 와인을 제공하기 얼마 전에 디켄팅을 해야 하는지에 관한 다양한 이견들이 있다. 와인을 마시기 전 너무 일찍 디켄팅을 한다면 와인의 맛이 손상되거나 꽃이 시들듯이 맛이 점차 사라질 수 있다. 만약 너무 늦게 하거나 하지 않는다면 단지 그 와인의 마지막 한 모금에서야 최고의 맛을 보여줄지도 모른다. 기본적으로 언제 디켄팅이 필요한 것인가 하는 질문은 와인이 공기 노출에 어떻게 반응하는가에 달려 있다. 와인의 나이, 병의 상태, 포도품종의 구성 비율, 그리고 생산 기술 등이 중요한 변수이다.

일반적으로 어린 와인은 좀 더 마시기 좋은 상태, 그 와인의 최고점에 도달하도록 도와주기 위함이고 올드 와인은 침전물을 제거하기 위한 것이다.

Syrahs, Bordeaux, Barolos 같이 힘 있고 젊은 와인은 디켄팅을 통해 와인의 광택, 강도, 향기가 풍부해진다고들 말한다. 반면, 숙성된 와인은(15년 이상된 와인)은 때때로 공기접촉을 견딜 정도의 과일향이 남아있지 않을 수 있기 때문에, 디켄팅을 통해 역효과를 낼 수도 있다. 따라서 와인의 종류와 적당한 시간이 무엇보다 중요한데, 대부분 오래 디켄팅하는 것은 좋지 않다는 입장이다.

그렇다면 어느 정도의 시간이 중요할까? 그건 각자의 취향에 따라 다르다.

대개 따라서 90분 정도 담아 놓은 후에 마시기는 하지만, 그것 역시 개인의 취향과 와인의 상태에 따라 좌우된다. 전문가들은 일단 와인을 마셔보고 향이 아직도 갇혀있다고 느껴진다면 디켄터에 담은 후 시간차를 두고 조금씩 맛을 보라고 한다. 그리고 가장 적기라고 생각할 때 와인 잔에 따라 마신다. 만약 한 번의 디켄팅으로 만족하지 못했다면 더블 디켄팅을 해도 좋다.

디켄팅 방법을 간략히 요약하자면 다음과 같다.

① 선택한 와인을 마시기 3-4일 전에 미리 세워놓아 침전물이 아래로 가라앉게 한다.

② 와인 마개의 포일(캡슐)을 벗기고 코르크 마개를 따기 전에 일단 깨끗한 냅킨으로 병 입구 주변을 닦아준다. 코르크 마개를 오픈한 다음에도 병 입구에 묻어 있을지도 모를 코르크 부스러기 등을 잘 닦아 준다.

③ 티라이트나 후레시를 이용해 와인 병 목 부위 내부가 잘 보이게 한다.

④ 와인 병을 들고 천천히 디켄터로 옮긴다. 단, 침전물이 옮겨지지 않게 주의한다.

⑤ 침전물을 포함한 나머지 와인 40-80cc 정도는 버린다.

(4) 디켄터의 종류

디켄터의 디자인과 가격은 정말 천차만별이다. 그러나 어떤 디켄터가 좋은 디켄터라고 딱히 말할 수는 없다. 미적인 면이 강조되는 제품이기 때문에 자신이 좋아하는 디자인과 소재, 가격대를 고르면 된다. 그러나 일반적으로 어린 와인을 디켄팅 할 때는 공기와의 접촉면적을 넓게 해주는 윗부분이 넓은 디켄터를, 올드 와인의 경우에는 접촉 면적이 적은 입구가 좁은 디켄터를 많이 사용한다.

제 5 장

와인의 주요 포도 품종

CONTENTS

제1절 레드와인 포도 품종

1. 레드 와인 주요 포도 품종

(1) 까베르네 소비뇽(Cabernet Sauvignon)

적포도주의 왕이라 불리는 까베르네 소비뇽의 특징은 강한 탄닌 맛이다. 그래서 초보자들이 마셨을 때 거부감을 줄 수 있다. 하지만 좋은 와인은 시간이 지나면서 부드러워질 뿐 아니라 신맛과 탄닌 맛이 조화를 이뤄 복합적이고 훌륭한 맛을 낸다. 잘 숙성된 까베르네 소비뇽의 와인은 삼나무향, 블랙커런트 향, 연필 깎은 부스러기향이 난다. 샤또 마르고(Margaux), 샤또딸보(Talbot), 샤또 라뚜르(Latour), 샤또 무똥 로칠드(Mouton Rothschild) 같은 보르도의 유명한 포도원들이 바로 이 까베르네 소비뇽 품종을 주종으로 와인을 만든다. 또한 미국, 칠레, 호주 등에서도 이 단일 품종 또는 배합하여 우수한 와인을 만들고 있다. 이들 지역의 까베르네 소비뇽은 좀 더 부드럽고 과일 향이 풍부하다. 쇠고기와 양고기 요리에 잘 어울린다.

(2) 메를로(Merlot)

마시기 편한 메를로의 부드러운 맛은 현대인의 입맛에 잘 들어맞기 때문에 요즘 가장 인기가 있는 품종이다. 프랑스 보르도에서는 까베르네 소비뇽의 강한 맛과 메를로의 부드러운 맛이 어우러져 새로운 섬세하고 복합적인 와인이 되기 때문에 두 품종을 섞어서 와인을 만든다. 한편 미국, 칠레같은 신세계에서는 부드러운 맛을 충분히 살리기 위해 메를로만을 사용해서 와인을 만든다. 머루 같은 검은 과일 향, 바닐라 향 그리고 사냥 고기향이 나는 이 와인은 어떤 음식과도 잘 어울린다.

(3) 삐노 누아르(Pinot Noir)

적포도주의 여왕이라 불리우는 삐노 누아르는 까베르네 소비뇽 보다는 부드럽고 메를로 보다는 탄닌 맛이 강하며, 적포도주 가운데 가장 기품 있는 맛이 난다.

딸기 향, 체리 향 같은 붉은 과일 향이 강할 뿐만 아니라 부엽토, 버섯 같은 흙내음이 풍기는 향이 난다. 프랑스에 있는 부르고뉴 지방의 와인이 가장 대표적이다. 대표와인으로는 로마네 꽁띠(Romanee-Conti), 샹베르뗑(Chambertin) 등의 특급와인이 있고, 샹빠뉴 지방에서는 스파클링 와인의 주품종으로 사용된다.

(4) 시라(Syrah) / 쉬라즈(Shiraz)

프랑스 남부 꼬뜨 뒤 론 지방의 와인이 대표적이며, 호주와 남아프리카에서도 쉬라즈(Shiraz) 라는 이름으로 와인을 생산하고 있다. 양념이 많이 들어가거나 향이 강한 요리와 잘 어울린다. 그래서 매콤한 한국음식을 먹을 때 함께 마시면 좋다. 진하고 선명한 적보라 빛 색상이 일품이며, 풍부한 과일 향과 향신료 향이 색다른 와인의 맛을 느끼게 해준다.

(5) 산지오베제(Sangiovese)

산지오베제는 적당히 씁쓸한 탄닌 맛과 약한 신맛이 잘 어울리는 품종이다. 그리고 과일 향, 사냥고기와 제비꽃 향기를 은은하게 풍기는 것이 독특하다. 세계적으로 유명한 이태리 토스카나(Toscana) 지방의 끼안띠에서 생산되는 산지오베제 와인도 좋은 평을 듣고 있다. 이태리 품종답게 스파게티, 파스타 같은 이태리 음식과 잘 어울린다.

(6) 가메(Gamay)

보졸레 와인의 주원료로 사용되는 이 품종은 진한 체리 향과 자두 향을 풍기는 특색을 가지고 있으며, 가볍고 신선한 와인을 만드는데 사용된다. 루비의 붉은 빛과 진한 담홍색 등 특유의 아름다운 빛깔로 유명하다. 이 품종은 부르고뉴(Bourgogne) 지방의 보졸레 지역에서 주로 재배된다. 이 지역은 찬바람과 습한 바람을 언덕들이 잘 막아 기후가 아주 온화하다. 토양은 주로 화강암과 편암으로 구성되어 가메 품종이 자라는데 중요한 역할을 한다. 이벤트 와인인'보졸레 누보'로 유명하다.

(7) 진판델(Zinfandel)

미국 캘리포니아의 주력 품종으로 대중적인 저그 와인(Jug Wine)에 주로 사용되었으나, 지금은 고급 레드와인제조에 사용되고 있다. 레드와인뿐만 아니라 화이트와인, 로제와인, 포트와인 등 다양한 와인을 만드는 품종이다. 진판델로 만든 레드와인은 알코올 도수가 높은 편이다. 나무딸기 향이 느껴지고 맛은 담백하면서 약간 묽은 맛이 난다.

(8) 말벡(Malbec)

말벡(Malbec)은 아르헨티나 대표 레드 품종이다. 말벡은 프랑스 남서부 지역 까오르(Cahor)지역에서 유래한다. 프랑스 까오르의 말벡은 검은 과실과 장미 향이 살짝 스치며, 부드러운 와인이 된다. 전반적으로 동물적인 느낌과 시골스러움 그리고 타닌이 강한 편이다. 보르도 지역에서는 와인을 부드럽게 할 목적으로 메를로와 함께 블렌딩 되었다. 참고로 프랑스의 까오르(Cahors)에서는 오쎄후와(Auxerrois)는 말벡을 뜻하지만 알자스에서 오쎄후와(Auxerrois)는 전혀 별개의 화이트 품종이다.

4월 17은 세계 말벡의 날, '말벡 월드 데이 (Malbec World Day)'다. 말벡은 본래 프랑스 남서부가 고향인 포도 품종으로 1853년 아르헨티나에 전파된 후 아르헨티나를 대표하는 품종으로 자리 잡았다. 아르헨티나에 유럽 포도 품종 연구를 위한 최초의 농경학 학교가 설립된 날이 1853년 4월 17일이고, 당시 대통령이던 도밍고 파우스티노 사르미엔토(Domingo Faustino Sarmiento)가 말벡을 처음으로 아르헨티나 땅에 심은 날이기도 하다. 2011년, 아르헨티나 정부는 아르헨티나 와인의 큰 변곡점이 된 이날을 기념하고 말벡 와인을 세계에 더욱 효과적으로 홍보하기 위해 4월 17일을 '말벡 월드 데이'로 지정했다. 아르헨티나 말벡은 검은색에 가까울 정도로 짙은 색을 띠며 블랙베리, 자두, 블랙체리의 농밀한 과실향과 밀크 초콜릿, 코코아, 제비꽃, 오크의 영향에서 오는 달콤한 훈연향 등 복합적인 아로마가 매력적이다. 입안을 가득 채우는 과실의 풍미와 탄탄한 구조감이 부드럽고 유연한 타닌과 조화를 이룬다.

덕분에 마시기 편하면서 동시에 좋은 숙성 잠재력을 가진 특징 때문에 많은 와인 애호가들의 사랑을 받고 있다. 현재 세계 5위의 와인 강국으로 부상한 아르헨티나는 전 세계에서 말벡을 가장 많이 생산하고 있으며 전체 생산량의 75%를 차지한다. 안데스 산맥의 구릉지대에 자리한 멘도자(Mendoza)는 아르헨티나 와인의 70%를 생산하는 남미 최대의 와인 생산지이고 말벡이 주 재배 품종이다. 말벡이 프랑스에서 주목받지 못하던 토착 품종에서 '아르헨티나 와인의 중심'이 될 수 있었던 중요한 요인은 바로 아르헨티나의 따뜻하고 건조한 기후와 안데스 산맥의 지류 멘도자 테루아와의 완벽한 조화 때문이다.

멘도자의 높은 해발고도와 이에 따른 큰 일교차, 찬바람과 공기, 강렬한 햇빛과 긴 일조량 덕분에 껍질이 두껍고 산도를 잘 유지하면서도 완전히 잘 익은 포도를 생산한다. 멘도자의 산기슭에 자리해 해발고도가 높은 남서쪽은 프리미엄 말벡의 요지로 후한 데 쿠요(Lujan de Cuyo)와 그랑 크뤼급 말벡을 생산하는 우코 밸리(Uco Valley)로 나뉜다. 프리미엄 와인 수입사 에노테카 코리아는 '말벡 월드 데이'를 기념해 4월 한달 동안 보데가 노통(Bodega Norton) 전 품목을 특별 할인가에 판매하는 이벤트를 진행 중이다. 1885년 아르헨티나 와인의 고품질화에 이바지한 에드문드 노통(Edmund Norton)이 설립한 보데가 노통은 명품 브랜드 스와로브스키 가문의 소유로도 잘 알려져 있다. 최첨단 설비를 갖춘 노통은 멘도자 고지대에 위치해 뜨거운 열기를 피하기에 적합하다. 또한 눈이 녹은 물이 자연스럽게 관개수로 쓰이는 친환경적 와인을 만들며 아르헨티나 최고의 와인 생산을 목표로 하고 있다.

이 밖에도 기타 이탈리아 와인의 대표작인 바롤로와 바르바레스코를 만드는 품종으로 네비올로(Nebbiolo), 버섯과 나무 향을 풍기며, 당분함량이 높고 산도가 낮은 스페인이 자랑하는 대표 품종 템프라니요(Tempranillo), 주로 다른 품종과 블렌딩 하는데 사용되는 품종으로 가벼운 맛을 지니고 있으며, 자신보다 맛이 강한 품종들과 블렌딩 되어 섬세한 맛을 만들어 주는 카베르네 프랑(Cabernet Franc) 등이 있다.

제2절 화이트 와인 포도 품종

1. 화이트 와인 주요 포도 품종

(1) 샤르도네(Chardonnay)

백포도주의 왕이라고 불리우 지는 샤르도네는 단맛이 거의 없는 드라이한 와인으로 대부분 고급 화이트 와인을 만드는 품종으로 널리 재배되고 있다.

아카시아, 자몽, 모과, 사과 등 나무열매향이 풍부하고 꿀이나 갓 구운 빵 그리고 신선한 버터 향이 나기도 한다. 주산지는 프랑스 부르고뉴 지방이며, 미국, 호주, 칠레에서도 좋은 품질의 와인을 만들고 있다. 샤블리(Chablis), 뫼르소(Meursault), 몽라쉐(Montrachet) 등에서 이름난 화이트 와인을 생산한다. 강한 소스향의 요리와 고기류를 제외하고는 모든 음식과 무리 없이 어울리는데, 특히 나물이나 생선구이와 좋은 조화를 이룬다.

(2) 소비뇽블랑(Sauvignon Blanc)

샤르도네보다는 더 가벼우면서도 상쾌한 아침처럼 생기발랄한 맛이 나는 이 품종은 무엇보다도 개성 있는 향기를 뽐낸다. 피망이나 아스파라가스 같은 식물향이나 잔디밭의 향기가 난다. 프랑스 루아르 지방의 쌍세르(Sancerre)와 뿌이퓌메(Puilly Fume) 지역은 최고급 소비뇽 블랑 와인을 생산하는 곳이다. 소비뇽 블랑을 마실 때는 가벼운 식사가 적당하며, 특히 소스가 들어간 신 맛의 샐러드나 생선회 그리고 담백한 생선요리가 잘 어울린다. 뉴질랜드에서 가장 널리 재배되는 포도인 소비뇽 블랑은 왕성한 재배자이다. 그것의 작고 황록색의 열매는 3월 말에서 4월 초에 수확할 준비가 되어 있다.

(3) 쎄미용(Semillon)

주로 이 품종은 다른 품종과 섞어 단맛이 없는 드라이한 백포도주를 만들거나 아니면 귀부현상으로 인한 쎄미용으로 달콤한 스위트 백포도주를 만드는 것이다. 프랑스의 그라브 지역에서는 쏘비뇽 블랑과 섞고 호주, 미국에서는 소비뇽 블랑이나 샤르도네를 섞어 좋은 품질의 드라이한 백포도주를 생산하고 있다. 스위트와인으로 세계적 명성을 지닌 지역가운데 하나는 프랑스 쏘테른느(Sauternes) 지역이다. 이곳에서 사용하는 포도품종이 바로 쎄미용이다 “고급스럽게 부패 된” 이란 뜻에서 "Noble Rot"이라고도 부르는 이 귀부 현상이 일어난 쎄미용 포도로 와인을 만들면 꿀처럼 달콤한 최고의 디저트 와인이 생산된다.

(4) 리슬링(Riesling)

샤르도네가 백포도주의 왕이라면, 아마도 백포도주의 여왕으로 불릴 만한 것이 바로 리슬링이다. 과일 향과 과일 맛이 강해 리슬링 한 잔을 마시면 꼭 과일 한 조

각을 베어 문 것 같다. 그래서 드라이한 와인인데도 마시고나면 스위트한 와인처럼 생각하는 이들이 많다. 뿐만 아니라 쎄미용처럼 귀부현상으로 인해 아주 달콤한 디저트와인을 만들기도 한다. 독일을 대표하는 품종으로 독일의 모젤(Mosel) 지방과 프랑스 알자스(Alsace) 지방이 유명하다.

(5) 슈냉 블랑(Chenin Blanc)

프랑스 루아르 지방에서 가장 많이 재배되는 품종으로 신선하고 매력적이며 부드러움이 특징이다. 껍질이 얇고 산도가 좋고 당분이 높다. 세미 스위트 타입으로 식전주(Aperitf)로 많이 이용되며 간편하고 복숭아, 메론, 레몬 등 과일 향이 짙다.

(6) 삐노 블랑(Pinot Blanc)

삐노 블랑은 푸른 회색 포도로 프랑스 알자스 지방 포도 재배량의 5%를 차지하며, 독일, 이탈리아, 오스트리아 등지에서 재배되고 있다. 오스트리아에서는 Weissburgunder(바이스 브루군더), 이탈리아 에서는 Pinot Bianco(삐노 비앙코) 라고 한다. 향이 유쾌하며 섬세하고 입 안에서 신선하고 부드러움을 간직하고 있어 스파클링 와인을 만드는데 좋은 포도품종이다.

■ 이 밖에도 기타 화이트 와인으로

꿀 향과 아카시아 향 등의 아로마가 강한 모스까또(Moscato), 이탈리아 베네또 지방의 부드러운 화이트 와인인 쏘아베를 만드는 주 품종인 가르가네가(Garganega), 삐노 뫼니에와 게뷔르츠트라미너를 접목한 품종인 삐노그리(Pinot Gris), 드라이한 화이트 와인을 만들지만 살구, 배, 황도 등의 품부한 과일 향으로 인해 혀끝에 부드럽고 달콤한 맛이 느껴지는 비오니에(Viognier), 독특한 꽃향기와 알싸한 향미로 잘 알려진 게뷔르츠트라미너(Gewurztraminer) 등이 있다.

제 6 장

와인의 품질을 결정하는 요소

CONTENTS

제1절 와인의 품질을 결정하는 요소

1. 와인의 품질을 결정하는 요인

와인이 급속도로 발전하게 된 계기는 와인이 미사용으로 쓰이기 시작하고 중세 수도원에서 와인의 품질을 높이기 위해 많은 연구를 하고 정성껏 포도재배를 하면서부터다. 오늘날에는 프랑스, 이태리, 스페인, 포르투갈, 불가리아 등의 유럽국가들 뿐 아니라 미국, 호주, 칠레, 아르헨티나, 뉴질랜드, 일본, 중국까지 와인을 생산하고 있어 여러 가지 와인들을 즐길 수 있게 되었다. 이 지구상에는 수많은 와인들이 쏟아지면서 이들 와인의 맛 또한 천차만별이다.

무엇이 와인의 맛과 향을 결정 하는가. 지역에 따라 와인 맛이 차이가 나는 이유는 뭘까?

첫째, 와인을 빚을 때 쓰인 포도의 종류에 따라 와인의 맛과 특질은 달라진다. 까베르네쇼비뇽(Cabernet sauvignon)으로 와인을 빚게 되면 타닌이 많이 함유된 특질로 떫은맛이 베이스가 될 것이며, 방향이 짙은 게뷔르츠트라미너(Gewurztraminer)로 빚었다면 이 또한 농 짙은 화이트 와인이 될 것이다.

둘째, 원료 포도의 품질에 미치는 요인 떼루아(Terroir)이다. 구체적으로 떼루아를 이루는 요소들을 살펴보면 토양, 기후조건, 입지, 주위환경 등이 있다. 포도밭의 위치와 토양, 기후 풍량과 강수량, 포도나무재배 밀도, 일조량, 내려 쬐는 햇빛의 기울기 등이 포도 성장에 영향을 미치므로 이로 인해 와인의 맛이 달라지는 것이다. 자연에 가장 가까운 술이 바로 와인이며, 유명한 와인산지는 그 지방의 토양과 기후에 적합한 포도 품종을 재배했기 때문이다.

셋째, 양조의 비법을 들 수 있겠다. 특성 있는 와인을 얻기 위해 서로 다른 포도의 품종으로 블렌딩 해서 새로운 실체(identity)를 얻어내는 양조의 방법이다. 이 노하우의 결과에 따라 와인의 맛이 크게 달라진다.

각 나라, 지역마다 조금씩 다른 표기기준을 가지고 있지만 와인을 바로 이해하고 즐기기 위해선 그 와인의 정보가 들어 있는 와인상표(레이블)를 보고 이해하는 것이 가장 중요하다. 조금만 이해한다면 좀 더 와인과 친숙해질 수 있다. 그런데 엄청난 가격차만큼 와인의 맛이 크게 다르지는 않다. 자기가 어떤 맛이나 향을 좋아하는지 알아내고 그 와인을 찾아서 마시는 것이 중요하다. 세계적 와인평론가 미셸 롤랑의 말처럼 ".내가 좋아하는 와인이 곧 좋은 와인"이다.

2. 와인 잔은 와인 맛을 결정한다.

같은 와인이라도 와인 잔의 모양과 크기에 따라 와인 고유의 맛과 향이 달라진다. 사람의 혀에는 단맛은 혀끝, 쓴맛은 혀뿌리, 신맛과 짠맛은 혀의 양쪽 가장자리에서 느끼는 부위는 각각 다르다. 잔 모양에 따라 와인이 혀에 떨어지는 위치가 달라지는데, 와인이 입안 어느 부분에 먼저 닿느냐에 따라 맛이 다르게 감지된다. 또 잔의 몸통 크기와 높이, 입구의 지름이나 경사각에 따라 같은 와인이라도 감지되는 향이 달라지기 때문에 그 맛 또한 달라진다.

3. 와인 잔의 명칭

와인 잔은 입술, 다리, 발로 이루어져 있다. 와인을 마실 때 입술이 가장 먼저 닿는 와인 잔의 위쪽 가장자리를 입술 부분이라고 하며 립(Lip) 또는 림(Rim)이라고 한다. 와인 잔의 입술 부분 두께가 얇으면 얇을수록 와인의 맛을 더 잘 느낄 수 있지만, 잘 깨질 수 있다는 단점이 있다. 와인이 담기는 부분을 와인 잔의 몸통이라고 하며 보울(Bowl)이라고 부른다. 보울에 1/3정도 따르면 스월링이 용이하다. 와인 잔의 다리는 스템(Stem)이라고 하며, 와인잔 잡는 부분이다. 마지막으로 와인 잔이 설 수 있도록 지지해주는 발 부분을 풋(Foot) 또는 베이스(Base)라고 부른다. 와인 잔이 흔들리지 않게 지탱하는 역할을 하기 때문에 베이스가 크고 넓을수록 와인색상이 더 선명하게 보이고, 두께가 얇을수록 와인 잔을 조금만 기울려도 된다. 그리고 두께가 얇은 와인 잔은 혀의 정확한 부분에 와인을 전달해준다.

1.보르드 와인잔 2.부르고뉴 와인잔 3.샴페인잔 4.화이트 와인잔

제2절 기초 와인 용어

1. 와인 용어의 이해

(1) 와인의 기초용어

- 뱅(Vin) : 프랑스어로 와인이라는 뜻.
- 샤토(Chateau) : 포도원
- 테이블 와인(Table Wine) : 싸고 가볍게 즐길 수 있는 하우스 와인의 의미
- 글뤼바인(Gluchwein) : 와인을 데워서 마시는 것(따뜻한 와인)
- 탄닌(Tannin) : 떫은맛을 느끼게 하는 성분
- 아로마(Aroma) 또는 부케(Bouquet) : 와인의 향기, 포도와 발효 과정에서 나는 향을 아로마, 숙성이 충분히 되면서 나는 향을 부케라 한다.
- 크리습(Crisp) : 상큼한 신맛을 가진 와인
- 드라이(Dry) : 맛이 달지 않은, 쌉쌀한 와인
- 피니쉬(Finish) : 와인을 마시고 났을 때 남는 여운
- 플래이버 인텐서티(Flavor intersity) : 와인이 가진 향기의 강약
- 프루티(Fruity) : 과일 맛이나 향기가 나는 와인
- 오키(Oaky) : 오크(참나무향) 맛이 나는 와인
- 디켄팅(Decanting) : 와인에 공기를 통하게 해주거나, 와인 밑에 가라 앉은 침전물을 걸러내기 위해 병에 있는 와인을 다른 깨끗한 용기 (디켄트-decant)에 따르는 것.
- 귀부병(Noble Rot) : 포도가 무르익을 때 포도 껍질에 생성되는 일종의 곰팡이로 양질의 디저트 와인에 도움을 주기도 한다.
- 산도(acid) : 와인이나 음식에서 느끼는 시큼한 맛의 정도.
- 균형(balance) : 와인의 경우 알코올, 신맛, 잔류 당분, 탄닌 등이 서로 보완을 하며, 그 중의 어느 한 가지라도 두드러지는 맛을 내지 않을 때 균형이 잡혔다거나 균형을 이루고 있다고 표현한다.
- BYOB(Bring Your Own Bottle) : 자기가 장만한 와인을 레스토랑에 들고 가는 것을 일컫는다. 즉 BYOB를 하면 코키지(Corkage)를 지불해야 한다.

- 떼루아(Terroir : 프랑스어) : 와인이 만들어지는 데 필요한 모든 전제조건을 일컫는 말로 기후, 토양, 지질, 습도 등이 이에 해당된다.
- 부쇼네(bouchonne) : 와인을 막고 있는 코르크가 곰팡이에 오염돼서 와인 맛이 변하는 현상. 와인에서 종이 박스향, 젖은 신문지나 곰팡이 냄새가 난다.
- 로컬와인(Local wine) : 와인산지에서 생산되는 그 지방의 와인
- 네고시앙(Negociant) : 와인전문 중간 상인
- 코르크(Cork) : 수분공급과 산소차단 역할을 하는 와인 마개
- 하이브리드(Hybird) : 포도재배학에서 두개의 다른 포도품종을 접목하여 새로운 품종으로 만드는 것.
- 헥토리터(Hectoliter) : 유럽 포도주 양조장에서 와인을 측량하는 표준 단위 1 헥타 리터는 100리터이다.
- 플라스코(Fiasco) : 짚
- 폴리페놀(Polyphenol) : 와인에서 생기는 화학적인 성분으로 떫은맛과 쓴맛, 입안이 마르는 듯한 느낌을 준다. 폴리페놀은 탄닌과 포도의 껍질의 색소에서 주로 발견되며, 심장질환을 막아주는 것으로 알려진 성분이다.
- 트로켄베렌아우스레제(Trockenbeerenauslese) : 독일에서 생산되는 최고급 스위트와인. 독일어로 건포도의 선택이라는 뜻으로 거의 건포도가 될 정도로 농축된 포도를 수확해 만든 와인
- 타스트뱅(Tastevin) : 불어로 와인을 시음하기 위해 은으로 만든 컵의 일종
- 투명성(Clearity) : 와인을 눈으로 평가할 때 쓰는 용어로 침전물이나 숙성 여부에 따른 밝기의 정도.
- 크뤼(Cru) : 와인 재배에 쓰이는 프랑스 말. 옛날에는 (특정지역의 산물)이라는 의미였으나, 현대에 와서는 크뤼 클라세(Cru Classe 선별 등급)와 같은 높은 품질의 와인을 말한다.
- 클라시코(Classico) : 포도 재배지역중 가장 훌륭한 지역(이태리)
- 카토바(Catawba) : 미국 동부 지역에서 주로 생산되는 혼성 포도품종. 주로 발포성와인, 로제와인 혹은 과일 성향이 강한 화이트 와인을 만들 때 사용되어지는 품종
- 캐릭터(Characker) : 맛의 스타일을 이야기하는 와인 테이스팅 용어

- 저그와인(Jug Wine) : 1500ml사이즈 혹은 이 보다 더 큰 와인 용기에 담아서 적당한 가격으로 파는 와인들에 대한 속칭.
- 마리아주(marriage) : 와인과 음식의 조화 또는 궁합을 뜻함

제 7 장

구세계 와인과 신세계 와인

CONTENTS

제1절 구세계 와인과 신세계 와인 비교

1. 구세계 와인

구세계 와인은 주로 유럽에서 생산되는 와인을 말한다. 전통적 와인 생산국으로 유명한 프랑스, 이탈리아, 스페인, 독일 외에도 그리스, 헝가리, 오스트리아, 스위스 등의 국가들이 구세계에 포함된다. 반면, 신세계는 미국을 비롯해서 호주와 칠레가 주축이 되고, 뉴질랜드와 남아프리카 공화국이 새로이 가세를 하였다.

(1) 일반적 의미

구세계(구대륙)/신세계(신대륙) 구분은 콜럼버스의 아메리카 신대륙 발견 전과 후(1492년)를 말하며, 와인산지를 지칭할 때의 구분은 Old World vs New World로 나눈다.

(2) 구세계 와인이 걸어온 길

신이 내린 선물이며, 와인의 탄생은 '발명'이 아닌 '발견'이다. 기원전 6000년경에 메소포타미아(Mesopotamia) 평원인 티그리스 유프라테스 강 유역에서 와인을 만들어 먹었고, 기원전 2200년경에는 이 지방의 중요한 교역상품이 되었다고 한다. 시리아의 수도 다마스쿠스의 남서쪽에 발견된 유물 중에는 기원전 6000년경에 사용되었던 과일과 포도를 압착하는데 사용했던 곳으로 추측되는 압착기가 발굴되었고, 메소포타미아 지역에서는 기원전 4000년경에 와인을 담는데 쓰인 항아리의 마개로 사용된 것으로 추측되는 유물이 발견되기도 했다. 이러한 유물들을 보아 와인은 메소포타미아 문명의 요람이며, 다시 이집트(BC 3000년) ⇒ 고대 그리스(BC 300년) ⇒ 로마제국 ⇒ 유럽으로 확대(AD1세기 이후) 되었다. 그리고 중세에서 근대로(수도원과 교회의 역할/이슬람 문화의 등장) 이어서 11세기 이후 유럽 와인생산이 확대되었다. 이후 20세기 후반에 와인의 '품질혁명'(quality revolution)이 일어나면서 포도재배와 와인양조 분야의 눈부신 기술 발전이 이루어졌다.

(3) 구세계와 신세계 와인의 비교

구세계 와인은 대체적으로 절제되고 우아한 맛으로 그 차이가 매우 미묘하며, 신세계 와인은 그에 비해 대체적으로 맛이 강하고 진하다. 그 이유로는 첫째로 구세계와 신세계의 기온의 차이를 꼽을 수 있다. 구세계 와인은 주로 약간 쌀쌀하거나 온건한 기후에서 재배된 포도로 빚어지는데 비하여 신세계 와인은 따뜻하거나 무덥고 일조량이 훨씬 더 많은 기후에서 재배된 포도로 빚어지는 경우가 많기 때문이다. 차가운 날씨에서 자란 포도는 좀 더 절제된 맛을 갖게 되고 더운 날씨에서 자란 포도는 진한 맛을 갖게 되기 마련이다. 백포도주의 경우 차가운 날씨는 사과와 배의 향을 나게 해주고, 더운 날씨는 망고와 파인애플 향을 나게 하며, 적포도주의 경우 차가운 날씨는 크랜베리와 체리 향을 나게 하고 더운 날씨는 무화과와 말린 자두 향을 나게 한다.

두 번째 이유로는 토질을 들 수 있다. 구세계에서는 수세기 전부터 포도를 재배하고 와인을 빚어왔는데, 와인 생산은 어찌 보면 우연히 생겨난 결과였다. 비옥한 땅에는 곡물을 재배하고, 다른 것은 아무 것도 재배할 수 없는 척박한 땅에 포도나무를 심게 되었는데, 포도나무는 척박한 땅일수록 더 맛있고 훌륭한 품질의 포도를 생산했던 것이다. 지금도 구세계의 포도밭은 그 토질이 매우 척박하고 돌과 자갈투성이인 경우가 대부분이다. 보르도의 경우 최상품 와인을 생산하는 포도밭은 흙이라고는 찾을 수 없는 자갈밭이 많고, 돌의 크기 또한 주먹크기 만한 경우가 많다. 이에 비해 토지가 넉넉한 신세계의 경우 포도밭의 토질 또한 구세계에 비해 비옥한 편이어서 와인의 맛이 다를 수밖에 없다.

세 번째 이유로는 구세계 와인은 전통적으로 음식과 함께 마시는 와인으로, 음식의 맛을 더 좋게 해주는, 영화의 조연과 같은 역할을 하는 경우가 대부분이었기 때문에, 음식의 맛을 위압 할 만큼 진하고 강한 맛의 와인을 찾기가 힘들다는 점이다. 여러 가지 미묘한 맛의 차이를 내는 프랑스 음식의 소스라던가 이탈리아 음식 중 파스타나 리조토에 비해 미국의 바베큐와 버팔로 윙즈, 남미의 칠리와 살사 등은 훨씬 더 맛이 자극적이고 강하기 때문에 신세계의 와인 또한 맛이 더 진하고 강할 수밖에 없다.

네 번째로 구세계와 신세계는 와인을 만드는 스타일에서부터 차이가 난다.

유럽에서는 실패를 거듭하며 얻은 경험을 바탕으로 수세기에 걸쳐서 전해져 내려오는 노하우를 중시하는 반면, 신세계는 짧은 시간 내에 좀 더 많은 정보를 수집하여 좋은 결과를 내고자 노력한다. 때문에 유럽에서는 수세기에 걸쳐 축적된 정보와 지식으로 그 지역과 포도밭의 조건에 가장 적합한 와인 제조법을 알아내서 대대손손 그 방법으로 와인을 빚기 때문에, 포도주 레벨에 포도 품종보다는 지역(예: 샴페인)이나 마을(예: 마고) 등을 기입하는 것이다.

키안티, 샤블리, 보졸레 등 지방의 이름이 구세계에서 생산되는 와인을 규정지을 수 있는 것에 반해서, '나파'나 '소노마'라고 한다면 어떤 와인을 말하는 건지 확실히 알기 힘들다.

2. 신세계 와인

'신세계 와인'이란 전통적으로 와인을 생산해 오던 유럽이 아닌 지역, 즉 미국, 캐나다, 칠레, 아르헨티나, 호주, 뉴질랜드, 남아프리카 등에서 생산하는 와인을 가리킨다. 유럽 사람들이 발견하여 '신세계'라고 이름 붙인 그 나라들이다.

지리상의 대 발견 시대인 16세기에 탐험가들과 함께 길을 떠난 가톨릭 성직자들은 신세계에 정착한 후 와인 생산을 시작했다. 미사에 반드시 필요한 것이 와인이었기 때문이다. 민간인들이 와인 생산에 본격적으로 참여하게 된 것은 19세기 후반에 이르러서다. 필록세라 라는 해충이 유럽의 포도밭을 전멸시키자 파산한 많은 유럽의 와인 생산자들이 신세계로 이주하면서 신세계에서의 와인 생산이 본격화했다.

짧은 기간 동안 신세계 와인은 괄목할 만한 발전을 이루어 세계 10대 와인 생산국 중 5개국이 소위 신세계 국가다. 하지만 이 5개국의 생산량을 다 합친다고 해도 프랑스 전체 생산량을 조금 상회하는 수준이다. 신세계 와인은 생산량은 적지만 '가격 대비 우수한 품질'의 이미지로 세계 와인 시장에서 인기가 상승하고 있다.

[라벨에 포도 품종 표시]

유럽 와인과 구별되는 신세계 와인의 특징은 무엇일까? 유럽에서는 와인 라벨에 지역 명을 표기하지만 신세계에서는 포도의 품종을 표시한다.

유럽은 수천 년간 검증된 토양이 있으며, 지역명은 바로 와인의 스타일을 나타내는 것이다. 신세계는 초기에 와인의 스타일을 나타내기 위해 버건디, 샴페인, 포트 등 유럽식 지역명을 사용했으나 유럽 와인 생산자들의 반대에 직면했다. 이런 상황에서 미국의 와인 전문가, 프랑스 메이커가 포도 품종을 와인 라벨에 표기하도록 권장했고, 1960년대부터 로버트 몬다비와 같은 와인 생산자들이 적극적으로 도입했다.

와인 라벨에 포도 품종을 표기하는 방식은 소비자들이 와인을 선택할 때 커다란 도움을 준다. 우리나라처럼 와인 소비 전통이 없는 나라에서는 특히 효과가 있다. 그 많은 지역의 이름을 어떻게 다 알겠는가? 포도 품종은 레드, 화이트를 포함하여 열 가지 정도만 알면 와인을 고를 때 커다란 도움이 된다. 유럽의 이주자들에 의해 시작된 신세계 와인의 포도 품종은 대부분 프랑스 품종이다.

대부분의 신세계 국가들은 유럽보다 더운 기후대에 위치해 있어서 알코올 도수가 높고 맛이 진한 와인을 생산한다. 와인 전문가인 로버트 파커의 영향으로 과일향이 풍부하고 오크향이 진한 와인을 생산하는 경향이 강하다.

다만 신세계 와인은 국가별 와인의 특징이 별로 없다는 비판도 받고 있다.

신세계 와인은 20세기 후반부터 프리미엄 와인시장에 본격적으로 도전하기 시작했다. 신세계 와인 생산국 가운데 미국과 호주는 유럽의 명품 와인에 필적하는 와인을 선보이고 있다. 상대적으로 뒤늦게 출발한 칠레, 아르헨티나, 뉴질랜드의 성장 속도도 빠르다.

(1) 신세계 와인의 태동과 전개

신대륙 발견 이후 유럽 각국의 식민지 개척이 일어나면서 종교의식 및 의료 목적으로 포도나무 재배가 번창하기 시작했다.

[멕시코(1522), 페루(1530년대/1550년대), 칠레(1548-1554년), 호주(1788), 아르헨티나(1554~1556) 등 라틴 아메리카로 포도재배 전파, 남아공(1655), 미국(버지니아 1619년: 캘리포니아 남부 1670년대), 캐나다(1860) 뉴질랜드(1819)]

(2) 신세계 와인의 세계적 부상(New World Wine Revolution)

① 로버트 몬다비(Robert Mondavi)

미국 캘리포니아 와인산업의 발전에 선구적인 역할은 바로 와인, 문화, 예술의 결합과 함께 캘리포니아 와인을 세계적 수준으로 끌어 올리는 데 가장 큰 공헌을 한 로버트 몬다비(Robert Mondavi)을 빼놓을 수 없다.

② 어니스트 갤로(Ernest Gallo)

가문의 상처에도 불구하고 갤로 와인왕국을 건설하여 현대적 와인 마케팅의 기반 구축과 함께 가족경영의 와이너리로는 세계 최대 규모를 만들었다.

③ 파리의 심판(The Judgment of Paris)의 역사적 의미

1976년 5월 24일 파리 인터콘티넨탈 호텔에서 미국과 프랑스 레드 및 화이트 와인 각각 10종류를 블라인드 테이스팅 평가를 가졌다. 심사위원은 전원 프랑스 전문가로만 구성 하였는데, 결과는 캘리포니아 와인이 우수하다는 결과로 판명 되었으며, 나아가 신세계 와인 역사의 새로운 이정표가 제시 되었다.

- "파리 시음회는 프랑스 와인만이 최고라는 신화를 무너뜨렸으며, 와인세계의 민주화를 알리는 계기가 되었다. 그것은 와인역사에서 중요한 분수령이었다."

  로버트 파커

- 2006년의 30주년 기념 시음회 : 2006년 5월 24일 유럽(영국 런던)과 미국(나파 밸리)에서 동시 개최한 시음회에서 30년 전 와인과 동일 빈티지 레드 와인의 재대결에서 다시 미국이 승리 하였다.

④ 글로벌 시장에서 호주, 칠레 등 신세계 와인의 약진

- 호주 : 신세계 와인생산국 가운데 수출 1위
- 칠레 : 자국의 와인생산량 대비 수출 점유율 세계 1위

⑤ 진단과 전망

- 전통과 현대의 이분법을 넘어 : 예술적 경지로의 발돋움
- 명품 와인의 조건 : 떼루아 + 장인정신

제2절 구세계 와인과 신세계 와인의 특징

1. 구세계 와인 특징

① 법 규정이 까다롭다

오랜 역사와 전통적인 양조 기술을 바탕으로 일찍부터 와인시장에 진출해 있으며, 법이 제도적으로 잘 정비 되어 체계적인 생산 관리가 이루어지고 있다. (예: 프랑스 와인 : 유럽의 통합으로 와인 법 또한 통합하였는데, 프랑스의 와인 법이 EU의 와인법의 모태가 되었다. 와인 레이블에 산지를 표기 할 수 있는 범위도 품질에 따라 달리해야 한다는 규정. 특정 지역에서는 특정포도 품종만을 재배해야 한다는 규정. 와인을 블랜딩 할 때 품종의 범위를 지정해 놓는 규정 등)

② 숙성기간이 길다

숙성 기간이 길며, 숙성기간에 따라 가격이 상승하여 고가의 와인이 많기 때문에 마니아들이 즐겨 찾는다.

③ 포도의 작황이 해마다 일정치 못하다

일조량 강우시기 등에 따라 포도의 작황상태가 달라 어느 해의 포도로 와인을 양조 하였는지 알 수 있는 빈티지를 중요시 여긴다. 이는 와인의 품질과 직결되기 때문이며 이로 인해 구세계와인은 빈티지의 중요성이 강조된다.

2. 신세계 와인 특징

① 법체계가 자유롭다

신세계와인은 각 나라별 와인법이 구세계처럼 통제적_이지 않고 자유롭게 생산된다.

② 창의적이다

와인법이 통제적이지 않기 때문에 양조자의 의지에 따라 창의적인 와인을 생산해 낼 수 있다.

③ 비교적 숙성기간이 짧다

구세계와인에 비해 숙성기간이 짧기 때문에 구세계와인에 비해 상대적으로 과일 자체의 맛이 느낄 수 있다.

④ 대중화가 쉽다

안정된 기후와 넓은 토지에서 대규모의 생산이 가능하여 가격경쟁력을 확보할 수 있고, 포도나무의 개종과 블랜딩의 다양화가 쉬워 와이너리가 가지고 있는 특징들을 소비자의 트랜드에 맞게 전환하기 용이한 특징을 가진다.

⑤ 와인레이블이 쉽다

와인 레이블이 심플하며 쉬워 소비자의 선택에 도움을 준다.

제3절 구세계 와인과 신세계 와인의 맛의 차이

1. 맛의 차이

와인의 색과 탄닌, 알코올 수준은 근본적으로 포도의 품종에 기인하지만 각 지역의 토양과 기후적인 조건에 따라 좌우 되며 이에 따라 맛의 차이가 있다.

■ 까베르네 소비뇽

- 프랑스 : 상당히 높은 탄닌과 무거운 느낌
- 캘리포니아 : 프랑스의 것에 비해 스무스 하고 마일드 한 느낌
- 칠레 : 색이 진하고 약간의 감미

※ 신세계 와인산지는 기온이 높고 공기의 순환이 잘되며 일기의 변화가 해마다 큰 변화 없이 일정하다. 높은 기온에서의 포도는 잘 익어 색소가 풍부하고, 당이 높아 알코올은 높고 탄닌은 약화된다. 따라서 캘리포니아 와인은 일반적으로 스무스 하고 칠레와인은 짙고 탄닌이 적어 마시기에 무리가 없어 국내 시장에서 큰 반응을 얻고 있다.

2. 와인 레이블의 차이

- 프랑스 와인 : 대부분 레이블에 포도 품종이 표기 되지 않는다. 이는 특정지역은 특정포도만을 사용하기 때문이다.
- 이태리 와인 : 대부분 포도품종과 지역 명을 같이 표기하는데 품종이 몇 백 종에 이르러 이해의 어려움이 있다.
- 독일와인 : 등급, 지역, 품종 등의 정보를 레이블에 주는데 와인을 처음 대하는 사람은 이해하기가 무척 힘들다.
- 신세계와인 : 포도품종 회사이름(OR 지역 명) 정도가 표기 되어 매우 심플하다. 그만큼 규제가 따르지 않는다는 것을 역설하는 부분도 된다.

■ 구세계와 신세계 와인을 즐기자!

오늘날 세계의 와인산업은 급속도로 발전하고 있다. 포도 재배기술의 발달과 양조의 발달, 과감한 투자와 다양하고 과학적인 실험적 연구의 결과로 와인의 깊은 맛을 최대한 살리면서 변해가는 소비자의 트랜드도 충족해 가고 있다.

과거 와인하면 프랑스, 이태리, 스페인 정도의 구세계와인을 떠올리는 것이 보편적이었으나 지금은 신세계와인이라 일컬어지는 미국 호주 칠레 아르헨티나 남아공 뉴질랜드 등의 와인이 급부상하고 있는 현실이다. 이 두 종류의 와인은 전통과 합리라는 각각의 장점을 부각 시키며 오늘날의 와인 시장을 이끌어 나가고 있다. 이러한 다양한 와인들은 블라인드 테이스팅이라는 명목 아래 평가되고 순위가 매겨지고 있다. 이를 통해 신세계와인인 캘리포니아 와인이 일등을 거머쥐어 파리의 심판이라는 전 세계의 와인 마니아들을 놀라게 한 사건도 있었다.

그러나 더 우수한 와인이란 없다. 각각이 가진 특성에 따라 서로 다른 즐거움을 느낄 수 있는 것이 와인을 진정으로 즐길 수 있는 자세이며, 개인의 기호에 따른 좋고 싫음이 있을지언정 와인의 좋고 나쁨은 없다. 기후와 토양의 차이에 따라 와인의 성격이 다르듯 세계 곳곳의 다양한 와인을 마시며 그 지역을 간접적으로 느낄 수 있는 기회를 가져보자. 균형 잡히고 우아하며 섬세한 와인을 대표하는 구세계의 보르도 레드 와인과, 가벼우면서도 과일의 자체의 풍성한 맛을 느낄 수 있는 신세계와인은 와인을 즐기는 시간과 장소에 따라, 혹은 모임의 종류와 깊이에 따라 음식과의 조화 속에 자유로이 선택 될 수 있을 것이다.

제 8 장

세계의 와인 I

CONTENTS

제1절 프랑스 와인

1. 프랑스 와인의 특징

프랑스에서 와인의 역사는 로마시대 이전 그리스인들에 의해 시작됐으나 포도 재배기술과 와인 생산기술은 로마인들에게 처음 보급 받았다고 할 수 있다. 이후 19세기까지 이어지는 지속적인 발전은 세계 최대 와인국가를 있게 했다. 세계적인 생산량과 소비량을 자랑하는 '와인의 종주국' 프랑스는 오랜 역사를 자랑하기도 하지만 끊임없이 개발하고 발전해왔던 포도재배와 와인양조 기술의 노하우를 꼽을 수 있고, 또한 섬세하고 까다로운 와인 품질 분류법을 제정하면서 체계적이고 차별화된 고급와인을 만들어 왔다. 그래서 오래된 훌륭한 와인들을 이야기하다보면 프랑스와인들이 항상 그 중심에서 있고, 와인 전문가들은 지금도 와인을 평가할 때 프랑스와인을 기준으로 삼고 있다. 다양한 국세적인 포도품종의 대부분 원산지가 프랑스이고, 체계적인 AOC(원산지 통제명칭) 제도의 도입은 우수한 품질의 와인생산을 가능하게 했으며 이러한 분류시스템은 유럽의 주요 와인생산국에서도 유사하게 적용되고 있다. 또한 프랑스 와인은 전통, 기술, 유통뿐만 아니라 세계적으로 유명한 자국 음식과도 조화가 잘되어, 모든 면에서 세계 와인의 기준이 되고 있는 최고의 와인 선진국이다.

수천 년의 와인 역사를 가지고 있는 프랑스는 보르도(Bordeaux), 부르고뉴(Bourgogne), 샹파뉴(Champagne)를 필두로, 랑그독 루시옹(Languedoc-Roussillon), 알자스(Alsace), 론(Rhone), 루아르(Loire), 프로방스(Provence), 보졸레(Beaujolais) 등 프랑스 전국 곳곳 세계적으로 유명한 와인 산지가 다양한 타입과 개성을 가진 와인을 만들어 내고 있으며 타 국가들의 추월을 허락하지 않고 있다. 특히 1855년 결정된 그랑 끄루 클라세(Grand Cru Classe)라는 보르도 지역 와인등급 구별법으로 시작해, 1935년에 전통적으로 유명한 고급 와인의 명성을 보호하고 품질을 유지하기 위해서 AOC(원산지명칭통제제도:Appellation d'Origine Controlee)으로 오늘날 와인 산업을 체계화하고, 와인 산지의 개성과 품질을 유지시켜 세계 와인 애호가들의 신뢰를 얻고 있다.

2. 지역별 특징

2.1 보르도(bordeaux) 지역

프랑스 국토의 서남부지역에 위치하고 있으며, 행정구역은 아끼텐 지방에 속하며 지롱드가 중심지역이다. 세계적으로 가장 유명한 적포도주의 생산지로 특히 보르도의 레드와인을 클라렛(claret)이라고 호칭한다. 이것은 '포도주의 여왕'이라는 뜻이다. 상표로는 보르도(Bordeaux), 메독(Medoc), 셍떼밀리옹(Saint Emilion), 소테른(Sauternes), 그라브섹(Graves Sec), 뽀메롤(Pomerol), 샤또 라로스(Chateau Larose) 등이 있다. 보르도는 주로 레드와인(82%)을 생산하고 있고 일부지역에서

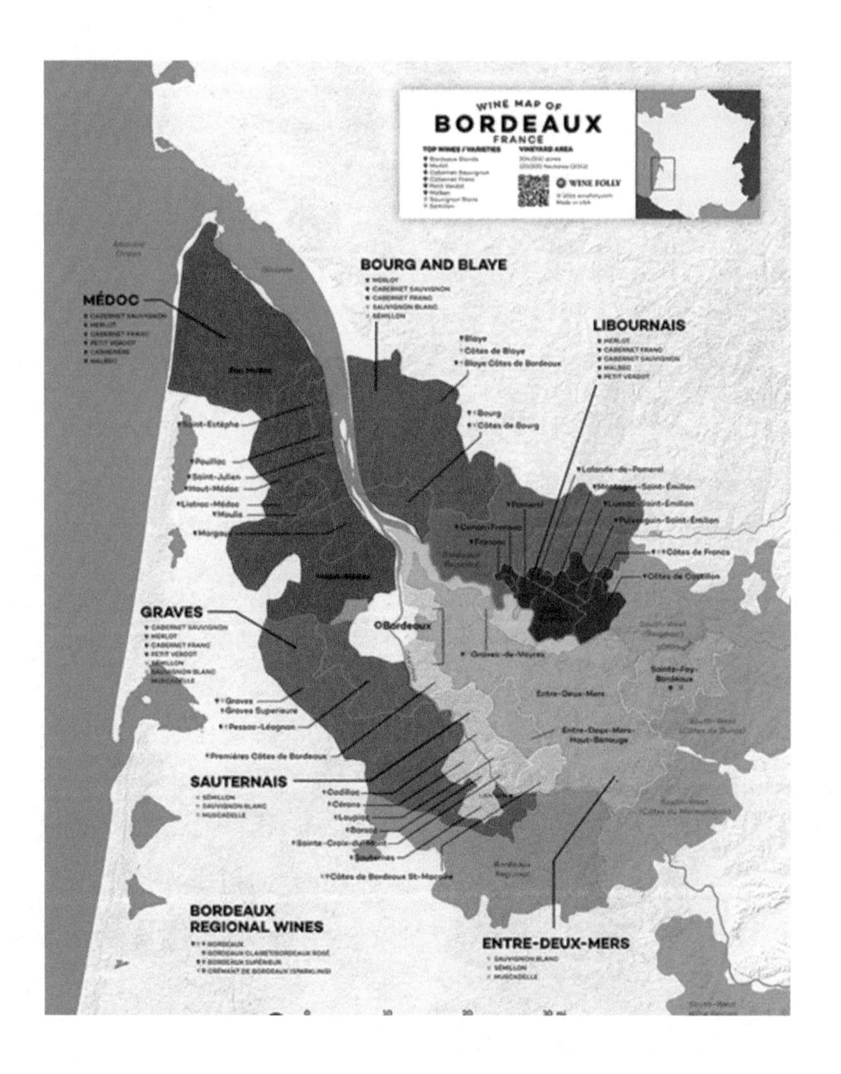

만 소량의 품질이 좋은 화이트와인을 생산하고 있다. 또한 보르도 와인들은 다른 지역과는 달리 각 포도원 마다 토양에 맞는 2~3종류의 포도를 재배해서 이를 특색 있게 혼합하여 와인을 만들고 있다.

(1) 기후와 토양

보르도 지역에서 생산되는 와인의 우수한 품질은 토양, 기후와 포도나무의 설명할 수 없는 미묘한 상호 작용을 가지고 있기 때문이다. 비옥하지 않은 토양이지만 거칠고 돌이 많아 배수가 잘 되기에 포도나무의 뿌리는 필요한 물과 양분이 흐르는 곳을 찾아 좀 더 깊숙이 토양을 파고든다. 기후는 근처 아틀란틱 기후의 영향을 받아 봄과 가을에 서리가 내리는 위험이 있지만 적당하게 온화하다.

(2) 생산되는 포도종류

레드와인에는 까베르네 소비뇽(Cebernet Sauvignon), 까베르네 프랑(Cabernet FranC), 멜로(Merlot), 말벡(Malbec)과 쁘띠 베르도(Petit Vedot) 등이 있고, 화이트 와인에는 세미용(Semillon), 소비뇽 블랑(Sauvignon Blanc), 뮈스까델(Muscadelle)등이 있다.

■ 보르도 지역의 와인들

- 메독(Medoc) : 오래 숙성 시키지 않고 빨리 마셔버리는 가벼운 맛의 레드와인.
- 오메독(Haut-Medoc) : 바닐라향이 있는 레드와인.
- 생에스테프(Saint-Estephe) : 어두운 색의 탄닌이 많은 레드와인으로 마시기 전에 숙성기간이 어느 정도 필요한 레드와인.
- 뽀약(Pauillac) : 강한 부케향이 있는 묵직하고 입안에 여운이 오래 남는 좋은 레드와인.
- 마고(Margaux) : 부드럽고 은은한 부케향이 있으며 섬세하고 우아한 레드와인.
- 생쥴리앙(Saint-Julien) : 힘이 있고 강한 남성적인 레드와인.
- 그라브(Graves) : 강인하고, 복잡 미묘한 향이 있는 생동감이 있는 화이트 와인. 페삭 레오냥(Pessac-Leognan)이 최고의 포도원 중의 하나이다.
- 생떼밀리옹(Saint-Emilion) : 송로 향이 있는 강인하고 깊은 맛이 있는 짙은 붉은 색의 레드와인.

- 뽀므롤(Pomerol) : 강인하고 묵직한 입안에 여운이 오래 남는 벨벳 색의 레드 와인으로 아주 독특한 향이 있다.
- 프롱삭(Fronsac) : 견고하고 묵직한 듯한 레드와인으로 그 자체만의 매운 향이 있다.
- 꼬뜨드보르도(Cotes de Bordeaux) : 활기차고 풍부한 포도 맛이 강한 진한 색의 레드와인이 있고 향기로운 드라이한 화이트 와인(꼬뜨드 블라이 그라브 드 베르; Cotes de Blayeet Graves de Vayre)들이 있다.
- 보르도와 보르도 수페리어(Bordeaux and Bordeaux Superieur) : 탄닌이 있으나 가벼운 맛이 잘 어우러진 레드와인들이 있으며 오래 숙성 시키지 않고 빨리 마시는 포도 맛이 강한 드라이한 화이트 와인들이 있다.
- 엉트르드메르(Entre-Deux-Mers) : 화이트 와인들로 입안에서 느끼는 신선함이 어디에도 비교할 수 없이 강한 바디와 포도 맛이 조화를 잘 이룬다.
- 소테르네와 발삭(Sauternes and Barsac) : 달콤한 화이트 디저트 와인들로 풍부한 맛의 부드러운 와인들이다.

2.2 부르고뉴(Bourgogne) / 버건디(Burgundy) 지역

영어로는 버건디(Burgundy)라 부르는 부르고뉴 지역에는 2,000년이 넘는 역사를 가진 포도원들이 있다. 서기 약 300년경, 갈로 로망시대에 한 로마 황제의 적극적인 진흥 정책으로 이 지역 포도원은 급속히 발전하였다. 중세에는, 이 지방의 성직자들과 영주들이 부르고뉴 포도주를 프랑스와 유럽 전역에 알림으로써, 부르고뉴 포도주는 오늘날의 명성을 얻게 되었다. 특히 이지역의 와인은 보르도(Bordeaux) 지방과 달리 제한된 소수 포도 품종만을 사용한다.

레드와인은 삐노누아(Pinot Noir), 화이트와인은 샤르도네(Chardonnay), 보졸레 레드와인은 가메이(Gamay)를 사용한다.

(1) 기후와 토양

부르고뉴(버건디) 지역은 기후에 따라 여러 지역으로 나뉘어져 있으며, 각기 다른 포도원이나 제조원 명칭(appellation)을 가지고 있다. 이 지역은 여러 명의 땅 주인들이 나눠서 소유하고 있으며, 생산되는 와인의 품질은 토양의 질에만 의존하는 것뿐만 아니라, 생산자의 기술에 많이 좌우가 된다.

(2) 생산되는 포도종류

부르고뉴(버건디) 지역에서 생산되는 포도종류는 많지가 않다. 화이트 와인에는 샤르도네와(Chardonnay)와 알리고떼(Aligote)가 있고, 레드와인에는 피노누와(Pinot noir), 가메이(Gamay)와 약간의 마콩(Macon) 정도가 있다.

■ 부르고뉴(버건디) 지역의 와인들

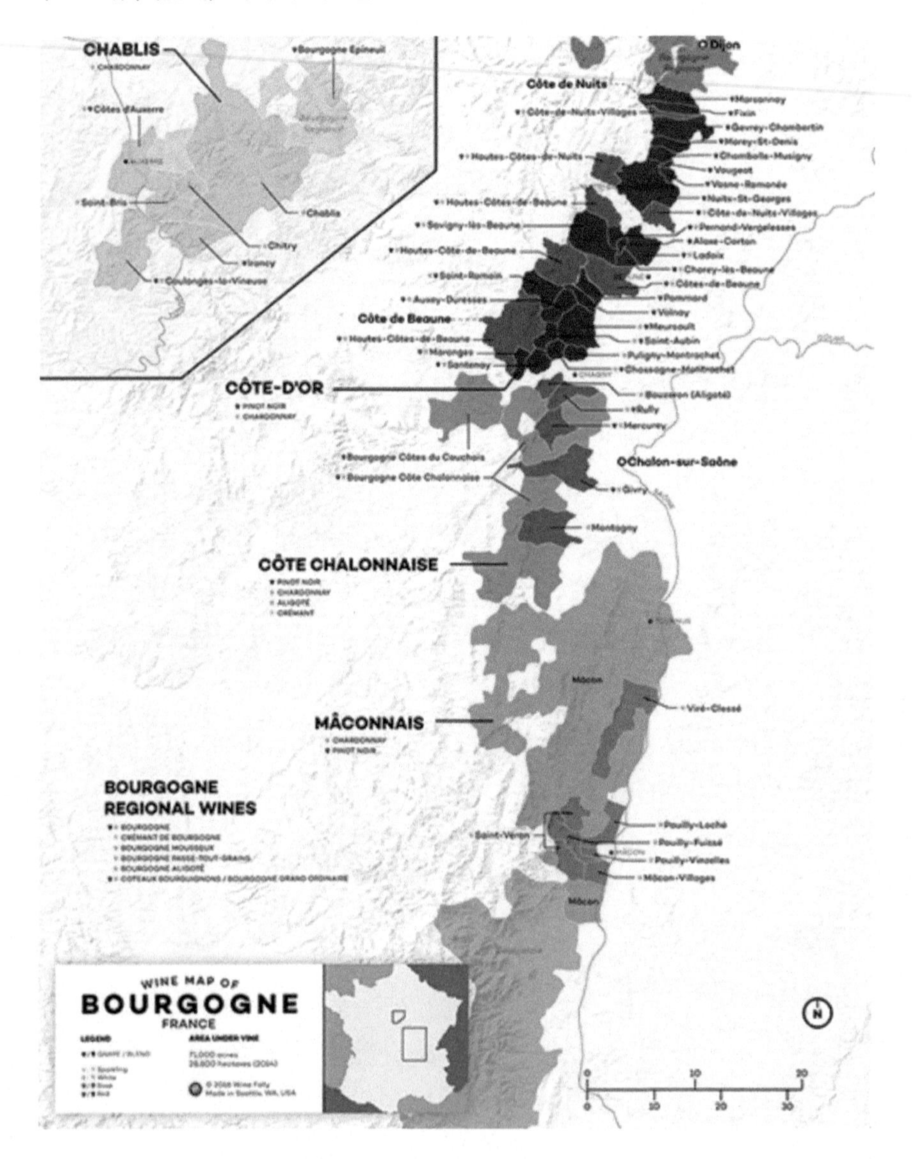

- 샤블리(Chablis) : 샤블리 와인은 오세르(Auxerre) 근처에 있는데 대부분이 샤르도네 포도를 이용한 드라이한 화이트 와인들과 스파클링 와인 그리고 끄레망 드 부르고뉴(Cremant de Bourgogne) 가 생산된다.
- 꼬뜨 도르(Cote d'Or) : 단지 두 가지 포도품종으로 아주 좋은 꼬뜨드오 와인들이 있다. 레드와인에는 피노누아가 있고 화이트에는 샤르도네가 있다. 꼬뜨 도오에는 3가지 원산지로 나누어진다.
  - 꼬뜨드뉘(The Cote de Nuits)는 풍부하고 깊은 맛의 레드와인들로 유명한데 샹베르뗑(Chambertin), 뮈지니(Musigny), 끌로드부죠(Clos-de-Vougeot) 혹은 로마네꽁띠(Romanee-Conti) 등이 세계적으로 최고 와인중의 하나이다.
  - 꼬뜨드본(The Cote de Beaune)에는 볼네(Volnay), 뽀마드(Pommard), 본(Beaune), 알록스꼬르똥(Aloxe-Corton) 등의 훌륭한 레드와인들이 생산되고 또한 버건디의 최고의 화이트 와인으로 몽라쉐(Montrachet), 뮈르소(Meursault) 그리고 꼬르똥샤를마뉴(Corton-Charlemagne)이 있다. 이 와인들은 아주 섬세한 향기를 가지고 있고 드라이하면서도 부드러우며 완전한 발란스를 이루고 있다. 오뜨꼬뜨(The Hautes Cotes)는 좀 더 단순하고 마시기 쉬운 레드와 화이트 와인들을 생산한다.
  - 꼬뜨 샬로네즈(Cote Chalonnaise) : 좀 더 남쪽지역에 위치한 이 지역에서는 4가지 포도품종으로 와인을 생산하고 있는데 즉 피노누아(Pinot Noir), 가메이(Gamay), 샤르도네(Chardonnay)와 알리고떼(Aligote)가 있다. 다섯개의 공동 자치단체 명칭이 있는데 부르고뉴 알리고떼 부즈롱(Bourgogne Aligote-Bouzeron), 뤼이이(Rully), 메르쥐레(Mercurey), 지브리(Givry) 와 몽따니(Montagny)가 있다.
- 마꽁(Maconnais) : 레드와 로제 마꽁 와인들은 이론적으로는 가메이(Gamay) 포도품종으로 만들어 진다. 그런데 부르고뉴 빠스-뚜-그랭(Bourgogne Passe- tout-grains)이란 명칭을 가지고 있는 와인은 피노누아와 혼합된 와인이다. 샤르도네로 만들어지는 화이트 와인 생베랑(Saint-Veran)은 아주 섬세하고 향기로운 드라이한 화이트 와인이며 마꽁 빌라쥐(Macon-Villages)는 드라이 하면서 포도 맛이 강하고 무엇보다도 이 지역에서 가장 유명한 뿌이휘세(Pouilly- Fuisse)는 금빛녹색을 띠고 있는 향기로우면서도 섬세한 맛의 드

라이한 화이트 와인이다.

- 보졸레(Beaujolais) : 마콩 남쪽 10km 부터 시작하여 60km 길이에 12km 폭의 면적을 가지고 있는 보졸레 지역의 포도원들은 쏜(Saone)강 왼편의 넓은 계곡을 향한 동남서 지역의 경사진 언덕에 있다. 이 지역은 22,000 헥타르 정도의 생산면적을 가지고 있으며 매년 평균 1,300,000 헥토리터의 와인들을 생산하고 있다. 보졸레 와인은 99.5%가 레드와인(Gamay 품종)이고 화이트와인(Chardonay 품종)은 0.5%에 불과하다.

보졸레 누보(Beaujolais nouveau)

보졸레 와인의 양조에 쓰이는 품종은, 매우 선명하고도 화사한 루비레드의 빛깔을 보이면서 향긋한 과일 향과 꽃 향이 풍성하고, 텁텁한 맛을 내는 타닌이 적어 무겁지 않고 신선한 맛이 강하게 느껴지는 가메(Gamay)이다. 세계 와인시장에 기린아와 같이 나타나 널리 그 이름을 떨치고 있는 **보졸레 누보는 프랑스 부르고뉴의 남쪽 보졸레 마을에서 그해 생산된 '보졸레의 햇와인'을 뜻한다.** 보통의 포도주가 포도를 분쇄한 뒤 주정을 발효시키고 분리 · 정제 · 숙성하는 4~10개월 이상의 제조 과정을 거치는 데 비하여, 보졸레 누보는 포도를 알갱이 그대로 통에 담아 1주일 정도 발효시킨 뒤 4~6주 동안 숙성시킨다. 따라서 일반 와인보다는 가볍지만, 포도 향이 진하게 나고 떫은맛이 적어서 초보자들에게도 좋다. 맛으로 마시기보다는 그 해에 생산된 포도로 만든 최초의 와인을 전 세계인들이 동시에 마신다는데 의의를 두고 있다.

보졸레 와인을 세계적 인지도로 이끌어 온 마케팅의 주역으로서 '조르쥬 뒤뵈프(Georges Duboeuf)'를 빠트릴 수 없다. 그는 보졸레 지역에서 가장 크고 우수한 와인을 만드는 네고시앙(Negociant;와인중개상)으로 보졸레 왕으로까지 칭호 받고 있다. 장기보관이 힘든 대신 4~6주의 짧은 숙성만으로 보다 빨리 와인을 만들 수 있다는 점에 착안하여 매년 11월 셋째 목요일 세계가 동시에 보졸레 햇와인을 마시게 하는 마케팅의 전략으로, 와인 애호가들의 호기심을 자극하여 결국 오늘날과 같은 세계적인 '보졸레 누보 축제'를 만들어 내었다.

INAO(프랑스 원산지 관청)의 규제에 의하면 보졸레 누보는 양조, 출시된 이후 그 다음해의 수확 직전인 8월 31일까지 유통이 허용되며, 그 이후는 금지되어 있다. 가메로 만든 와인은 다른 지방의 와인처럼 오랜 숙성기간과 장기 보관이 힘들어 짧은 시일 내 마셔야만 제 맛을 느낄 수 있다. 일반적인 레드와인보다 조금 차가운 온도인 섭씨 10~12° 사이에서 즐기면 더욱 맛이 살아난다. 또한 달콤한 화이트 와인 맛에 익숙해 레드 와인의 텁텁한 맛이 부담스러운 초보자도 입맛에 맞게 즐길 수 있어 파티용 와인으로도 부족함이 없다. 음식은 생선, 육류 어느 것과도 잘 어울린다.

보졸레 누보는 누가 뭐래도 흥겨운 와인 축제다. 바로 두 달 전 나무에 매달려있던 포도송이로 빚어진, 과일향이 풍부한 와인을 맛볼 수 있다는 것만으로도 기분이 좋다.

2.3 론 벨리(Rhone Vally) 지역

꼬뜨뒤론(the Cotes du Rhone) 지방과 비엔느(Vienne)로부터 아비뇽(Avignon)까지 20km이상 뻗어있는 위성도시는 양쪽에 론 강을 끼고 있다. 꼬드드론은 약 58,000 헥타르의 AOC급의 와인들을 생산하는 포도원들로 뒤덮여 있으며, 평균 3,000,000 헥토리터의 레드, 로제, 그리고 화이트 와인들이 생산된다.

(1) 기후와 토양

이 지역은 두 개의 뚜렷한 영역으로 구분이 된다. 북부 꼬뜨뒤론의 포도 재배환경은 특별히 어렵다. 이 포도원들은 아주 가파른 경사면에서 포도나무를 심기 때문에 테라스가 없이는 포도가 자라기 힘들 정도이다. 토양은 화강암과 편암들로 구성되어 있다. 꼬뜨뒤론의 남부지역에 있는 토양은 모래이거나 백악질의 석회석으로 많은 조그만 다양한 조약돌로 이루어져 있다. 낮에는 조약돌이 태양열을 흡수하고 밤에는 다시 포도에게 그 열을 돌려준다. 그래서 와인의 알코올이 높아지는 결과를 준다.

(2) 생산되는 포도종류

레드와 로제와인 종류로는 쉬라(Syrah), 그리나슈(Grenache), 무르베드르(Mourvcdre), 쌩소(Cinsaut) 등이 있고, 화이트 와인 종류는 마르싼느(arsanne), 로싼느(Roussanne), 비오니에(Vionier), 삑뿔(Picpoul), 부르블랭끄(Bourboulenc), 끌레레뜨(Clairette) 등이 있다.

■ 론 벨리 지역의 와인들

- 꽁드리외(Condrieu)와 샤또그리에(Chateau-Grillet) : 독특한 향이 있는 화이트 와인.
- 쌩뻬레(Saint-Peray) : 스파클링 와인.
- 꼬뜨로띠(Cote Rotie)와 꼬르나스(Cornas) : 숙성하기 좋은 잘 구성된 레드 와인.

- 끄로즈 에르미따쥬(Crozes-Hermitage), 쨍죠제프(Saint Joseph)와 에르미따쥬(Hermitage) : 강건하고, 풍부한 맛의 레드와인이다. 적은 수량의 아주 좋은 화이트 와인 들도 있다.
- 끌레레뜨 드 디(Clairette de Die) : 가벼운 화이트 와인으로 포도 부케 향과 더불어 기분 좋은 향미를 가지고 있다.
- 꼬뜨드론 빌라쥐(Cotes du Rhone-Villages) : 진한 맛의 레드와인이다.
- 꼬뜨뒤론(Cotes du Rhone) : 뛰어난 품질의 레드, 화이트 그리고 로제와인들이 있다.
- 따벨(Tavel)과 리락(Lirac) : 뛰어난 병성을 자랑하는 로제 와인.
- 샤또네프뒤파프(Chateauneuf-du-Pape) : 완고하고 강건하며 완전한 발란스를 이루는 레드와인으로 13가지의 다른 포도 품종으로 만들어 진다. 그리고 드물게는 미묘한 부케가 느껴지는 화이트 와인을 생산하기도 한다.
- 지공다스(Gigondas) : 풍부하고 강한 바디를 가지고 있는 레드 와인.
- 꼬뜨뒤트리까스땡(Coteaux du Tricastin), 꼬뜨뒤벙뚜(Cotes du Ventoux)와 꼬뜨뒤뤼베롱(Cotes du Luberon) : 잘 구성된 강한 바디의 레드와인들로 토양의 냄새가 난다.

2.4 샹파뉴(CHAMPAGNE) 지역

샴페인을 생산하는 본고장으로서 샴페인이란 원래 프랑스 북부의 샹파뉴 지방의 이름이며, 탄산가스가 함유된 발포성 와인(sparkling wine)이다. 샴페인은 돔 페리뇽(Dom perignon)에 의해 만들어 졌으며, 와인의 2차 발효 도중 당분을 주입하여 생성된 탄산가스의 저장을 성공 시켰다. 또한 탄산가스가 폭발하지 않게 코르크마개를 발명한 사람도 돔 페리뇽이다.

(1) 기후와 토양

샹파뉴 지역의 토양은 대부분이 초크로 구성되어 있으며 경작 할 수 있는 상층토가 1미터도 되지 않는다. 기후는 많은 차이를 주고 있는데 온화한 아틀란틱 기후와 몇 개의 대륙성 기후 조건으로 계속 바뀐다. 주변의 산림으로 인한 습기와 나무들이 환경을 서늘하게 만든다.

⑵ 생산되는 포도 종류

샤르도네(Chardonnay), 피노누아(Pinot Noir), 피노 메뉴어(Pinot Meunier).

■ 샹파뉴 지역의 와인들

샹파뉴 지역은 일괄성이 있고 유일한 독특성을 가지고 있다. 아주 엄격한 포도원의 규칙과 포도주 제조법, 숙성법 그리고 마케팅 법을 가지고 있다. 로제 혹은 핑크빛 샴페인도 있지만 주로 레드 샴페인 와인을 블렌딩 하거나 레드포도로 로제 포도주 제조 과정에 의한 것으로 통용된다. 이 지역은 작은 양의 화이트 레드 와인 꼬또 샹쁘누아(Coteaux champenois)들을 생산하고 리쎄(Riceys) 지방에서는 피노누아로 강한 향기의 로제와인을 생산한다.

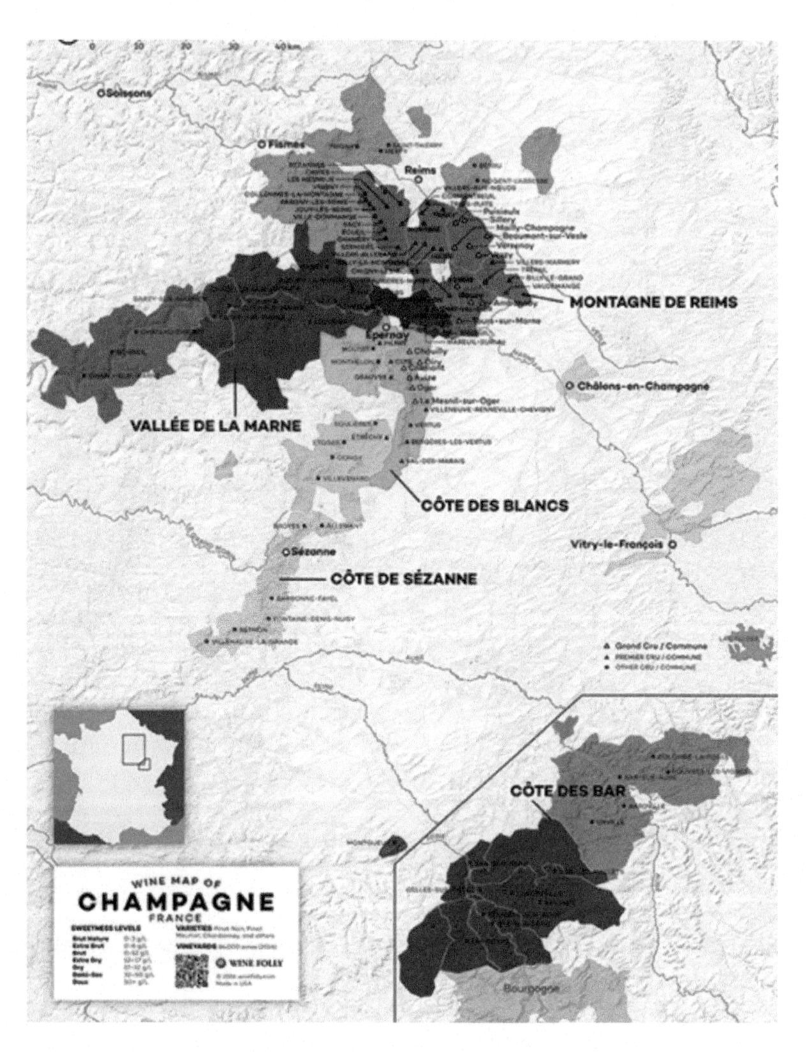

샴페인(Champagne) 이야기

샴페인은 모든 발포성 와인(Sparkling Wine)의 대표 격이다. 샴페인은 인간의 행복을 위해 존재하는 술이며, 무엇보다 축제와 파티, 즐거움이 함께 하는 와인이다. 일반 와인과는 달리 탄산가스를 함유하고 있기 때문에 발포성(Sparkling) 와인에 속한다. 샴페인이란 프랑스의 상파뉴(Champagne) 지역에서 생산되는 와인에만 붙일 수 있다. 샹파뉴 지방은 연간 평균기온이 매우 낮아 포도를 재배하기에는 좋지 않은 기후조건이다. 하지만 이러한 기후조건 때문에 신맛이 강하고 세심하고 예리한 맛의 와인이 제조될 수 있게 되었다. 샹파뉴 지방을 제외한 지역에서 생산한 스파클링 와인은 무쎄(Mousseux)라고 하며, 부르고뉴와 알자스 지방에서는 크레망(Crement)이라고 부른다. 이태리에서는 스푸만테(Spumante), 스페인은 까바(Cava), 독일은 젝트(Sekt), 미국이나 호주 등에서는 스파클링 와인(Sparking wine)이라고 부른다.

샴페인의 스타일은 도자쥬(dosage:찌꺼기 제거를 위한 분출을 하고나면 찌꺼기와 함께 와인의 일부가 유실되어, 잃어버린 만큼 와인과 사탕수수 혼합액을 다시 채워 넣는 것) 단계에서 결정된다. 당도에 따라 엑스트라 브뤼(전혀 감미가 없음), 브뤼(감미가 덜함), 엑스트라 섹(약간의 감미), 섹(보통의 감미), 드미 섹(상당한 감미), 두(아주 달다)의 6단계로 나뉜다. 또 샴페인 이름에 사용되는 '퀴베'(Cuvee)라는 단어는 첫 번째 압착에서 얻은 가장 좋은 포도즙으로만 만들었다는 것으로 최고급 샴페인을 뜻한다.

샴페인을 평가할 때 가장 중요한 요소 중 하나가 바로 버블(bubble : 거품)이다. 잔에 따른 후 고급품일수록 수정 같이 맑고 윤이 나며 밑면에서 거품이 올라오는 시간이 오래 지속되고 그 거품의 크기가 작다. 싸구려는 굵은 물방울이 처음에 좀 올라온 후 없어져 버린다. 특히 행사 분위기를 고조시키기 위해 일부로 병을 세게 흔든 뒤 마개를 따는 경우는 가격부담이 적은 것을 택하고, 샴페인을 직접 음미하고 싶다면 거품을 최대한 보존할 수 있도록 마개를 조용히 돌려가며 빼는 것이 좋다.

사랑과 기쁨, 축하를 나누는 데 있어 샴페인만큼 낭만적인 것은 없다. 황금빛 색상과 아름다운 기포의 향연, 가벼운 폭발음, 어떤 상황에서도 거부할 수 없는 희열이 숨어 있는 샴페인은 단연히 파티를 빛내주는 와인이라 하겠다.

(1) 샴페인 제조과정

① 포도수확(Vendange, 방당주)

9월 중순이나 10월초에 전 지역이 손으로 수확하여 포도가 으깨지지 않도록 조심한다.

② 압착(Pressurage, 프레쉬라주)

빠른 시간 내에 낮은 압력으로 압착한다. 보통 두 번째 나오는 주스까지만 사용하는데, 최상의 품질을 지닌 샴페인 프레스티지 퀴베(Prestige Cuvée)는 첫 번째 나오는 주스만 사용한다. 2차 압착은 주로 논 빈티지 샴페인을 만든다.

③ 1차 발효(Fermentation alcoolique, 페르망타시옹 알콜리크)

분리된 포도즙은 탱크로 옮겨져 1차 발효로 들어간다. 이 발효에 의해 당분은 알코올로 변환되며 자연 발생적으로 탄산가스(CO2)가 생성된다. 이 이산화탄소는 외부의 공기를 차단함으로써 와인의 산화를 방지하며, 발효가 끝날 즈음에는 모두 탱크 밖으로 발산된다.

④ 블렌딩(Assemblage, 아상블라주)

어떤 포도품종으로 어떤 포도밭에서 수확된 포도로, 어떤 빈티지로 블렌딩할 것인가를 결정한다. 그러므로 샴페인은 공식적인 빈티지가 있을 수 없다. 그러나 특별히 좋은 해는 빈티지를 표시하여 그 해 생산한 포도를 100% 사용한다. 보통 30~60 종의 와인을 혼합하며, 이 지방은 기후 변화가 심하기 때문에 어느 해든 그 해에 혼합한 와인의 20 % 정도를 다음 해를 위해 비축해 둔다.

⑤ 당분과 이스트 첨가(Adding of sugar and yeast)

혼합한 와인에 재 발효를 일으키기 위해서, 설탕과 이스트(Liqueur de Tirage, 리쾨르 드 티라주)를 적당량 넣고 혼합한 다음, 병에 넣고 뚜껑을 한다. 이때는 코르크마개를 쓰지 않고 보통 청량음료에 사용하는 왕관 마개를 주로 사용한다. 와인 1ℓ에 설탕 4g을 넣으면, 발효되어 발생하는 탄산가스 압력이 약 1기압 정도이므로, 샴페인의 규정압력인 6기압(자동차 타이어는 약 2기압) 이상이 나올 수 있도록 설탕 양을 첨가한다.

⑥ 2차 발효(Deuxième Fermentation, 두시엠 페르망타시옹)

설탕과 이스트를 넣은 와인 병을 옆으로 눕혀서 시원한 곳(15℃ 이하)에 둔다. 그러면 서서히 발효가 진행되어 6-12주정도 후에는 병에 탄산가스가 가득 차게 되고, 바닥에는 찌꺼기가 가라앉게 된다. 또 알코올 함량도 약 1 %정도 더 높아진다. 온도가 너무 높으면 발효가 급격히 일어나 병이 깨질 우려가 있고, 반대로 너무 낮으면 발효가 일어나지 않는다. 그러므로 온도조절을 잘해야 한다. 그리고 샴페인에 사용되는 병은 두꺼운 유리로 특수하게 만들어서 높은 압력을 견딜 수 있어야 한다.

⑦ 병입 숙성(Séjour en Cave, 세주르 엉 캬브)

발효가 끝나면 온도가 더 낮은 곳으로(10℃ 이하) 옮기거나 그대로 숙성을 시킨다. 이 때 와인은 이스트 찌꺼기와 접촉하면서 특유한 부케를 얻게 된다.

이스트 찌꺼기는 장기간 와인과 접촉하면서 어느 정도 분해되어, 와인에 복잡하고 특이한 향을 남기므로 샴페인은 고유의 향과 맛을 지니게 된다. 보통 논 빈티지 샴페인은 병 상태에서 최소 1년, 빈티지 샴페인은 수확일로 계산 최소 3년, 프레스티지 퀴베는 5-7년 숙성시킨다.

⑧ 병 돌리기(Remuage, 르뮈아주)

샴페인은 병 속에서 발효된다. 따라서 기포와 발효된 효모가 병 입구 쪽으로 모이게끔 병을 거꾸로 경사지게 꽂아 놓고 하루에 일정 각도씩 회전시킨다. 이 작업은 사람의 손으로 병을 하나씩 회전해야 하므로 무척 힘든 작업이지만, 샴페인을 만드는데 가장 상징적인 작업이기도 하다. 약 6-8주 동안이면 이 작업이 끝난다. 요즈음은 병을 기계로 돌리는 곳이 많다.

침전물이 가라앉도록 샴페인 병들이 회전하는 모습

⑨ 침전물 제거(Dégrogement, 데고르쥬망)

효모가 병 입구에 집적되면 병을 거꾸로 꽂은 뒤 병목부분을 영하 28℃의 냉각 상태에서 얼린다. 이후 병을 거꾸로 해서 충격을 가하여 치면 튕겨나가기 마련이다. 침전물의 방출로 인한 양적 손실은 도쟈주(Dosage)로 채워진다.

⑩ 도쟈쥬(Dosage) 첨가

병을 바로 세운 뒤 병목의 찌꺼기 제거 시 잃은 양 만큼 채우기 위해 와인과 사탕수수의 혼합액을 주입한다. 이때 샴페인의 스타일(도쟈쥬의 설탕 함유량에 따라 감미가 달라진다)이 결정된다.

⑪ 병입(Bottling)

이렇게 완성된 샴페인은 깨끗한 코르크마개로 다시 밀봉하고, 철사 줄로 고정시켜 제품을 완성한다.

(2) 샴페인의 분류

샴페인은 양조에 이용한 포도품종에 따라 3가지로 분류된다.

- 100% 청포도(샤르도네) 만을 사용한 섬세한 맛의 블랑 드 블랑(Blanc de Blanc)
- 적포도(삐노누아, 삐노 뫼니에)로 양조한 깊은 맛의 블랑 드 누아르(Blanc de Noir)
- 위의 포도품종으로 빚은 로제 샴페인(Champagne Rose)

한편, 양조 방법에 따라 분류하면 다음 세 가지가 있다.

- 빈티지 샴페인(Vintage Champagne) : 특별히 좋은 해에는 빈티지 샴페인을 만든다. 100% 그 해에 수확한 포도를 사용해야 한다. 빈티지 샴페인이 품질이 높은 이유는 소출량으로 상대적으로 적기 때문에 관리에 더욱 신경 써야 하기 때문에 빈티지가 붙지 않는 것보다 2배 이상의 세심한 주의가 필요하다.
- 논 빈티지 샴페인(Non-Vintage Champagne) : 보통 해에 수확한 포도로 대부분의 샴페인은 이 범주에 속하며, 샴페인의 전체 생산량의 3/4를 차지한다.

- 뀌베 프레스티지 샴페인(Cuvees Prestige Champagne) : 대부분 자기 소유의 그랑 크뤼 포도로부터 만들며 대부분 빈티지이거나 최고의 해만 모아 블렌딩 하는 것이 특징이며. 장기 숙성시키며 독특한 병과 레이블 디자인으로 초고가의 가격이 붙는다.

(3) 샴페인 즐기기

샴페인을 즐기는 데에는 누구와 함께하느냐, 어디서 마시느냐, 어떤 샴페인을 선택 할 것 인지 이모두가 중요하겠지만 그건 개개인의 라이프 스타일에 따라 다를 것이다. 하지만 샴페인을 즐기는데 플러스되는 요인들을 살펴보면 다음과 같다.

첫째는 샴페인의 온도다. 샴페인의 맛을 결정짓는 중요한 요인으로 적정온도는 6~8도가 가장 좋지만 온도기를 갖고 있지 않으니 우선 병 표면을 만져 보았을 때 아주 차갑다는 생각이 들기 전엔 오픈하지 말아야 한다. 오래 숙성된 빈티지 샴페인의 경우는 약간 높은 10~12도에서 더욱 좋은 맛과 향이 난다. 급하게 샴페인을 칠링 해야 하는 경우 차가운 물과 얼음, 약간의 소금을 아이스버킷에 넣고 차가워질 때 까지 돌려준다. 물론 살살 돌려줘야 샴페인 오픈 시 거품이 나서 아까운 샴페인을 버리지 않을 것이다.

둘째로 샴페인 잔은 오랫동안 거품을 간직할 수 있고 차가운 온도를 유지해 줄 수 있는 플룻 (Flute)이라 부르는 샴페인 잔에 즐기는 것이 가장 좋은데, 보기에도 좋지만 이는 샴페인의 맛에도 영향을 준다. 풍미가 너무 빨리 사라지지 않게 하고, 거품이 우아하게 올라가도록 도와준다. 거품을 오래 유지하려면 잔을 반드시 맹물로만 닦아주어야 한다는 것도 잊지 말아야 할 것이다.

셋째, 코르크를 따는 것도 보통 많은 사람들이 코르크 자체를 돌리는데 이것역시 반대로 병을 돌려서 따 주어야한다. 샴페인을 잔에 따를 때는 2/3정도를 채우는 것이 정석이라고 하는데 병 바닥의 홀에 엄지손가락을 넣고 단단히 잡아주어 따라 준다. 샴페인을 원샷 하는 사람은 없겠지만 샴페인이 은근히 빨리 취한다는 점에서 그리고 비싸다는 점에서 맛을 음미하면서 천천히 즐기는 것이 좋다. "샴페인은 마시고 난 뒤에도 여자를 아름답게 하는 유일한 와인이다"(Champagne is the only wine that leaves a woman beautiful after drink it)라는 퐁파두루의 말처럼 쉴 새 없이 긴 기둥을 이루며 솟아오르는 작은 기포들의 행렬은 여인의 눈길을 사로잡고 톡 쏘며 싸하게 퍼져가는 복합적인 오크와 과일, 꽃향기의 조화로 맛 속에 여인의 마음은 스르르 녹아 버린다. 바로 세상에서 가장 호사스러운 와인 중 하나가 샴페인이다.

〈표 8-1〉 프랑스 와인의 종류

지역	내용	주요 상표
보르도 (Bordeaux)	• 세계적으로 가장 유명한 적포도주의 생산지역 • 보르도의 Red Wind을 클레르트(Claret)라 호칭(포도주의 여왕이라는 뜻)	Bordeaux, Medoc, Saint Emilion, Sauternes, Graves Sec, Pomerol, Chateau Larose 등
버건디(Burgundy)의 부르고뉴(Bourgogne)	• 프랑스 제2대 와인산지 • 화이트 와인으로 유명	Bourgogne Blanc, Cotede Nuite, Cote de Beaune, Beaujolais, Chablis 등
샹파뉴 (Champagne)	• 샴페인을 생산하는 본고장 • 프랑스 샹파뉴 지방 이름	Dom-perignon에 의해 탄생
알자스(Alsace)	• 화이트 와인	
르와르(Loire)	• 가볍고 마시기 쉬운 와인	
꼬뜨드론 (Cote Du Rhone)	• 야성적이며 감칠맛이 있고 도수가 높은 와인	

〈표 8-2〉 샴페인 당분의 함유량

상표의 기재표시	당분의 함유량
브뤼(Brut)	1/2~1% ;1리터당 15g 이하(Very Dry)
엑스트라섹(Extra sec)	2~4% ;1리터당 12-20g 이하(Dry)
섹(Sec)	5% ;1리터당 17-35g 사이(Medium Dry)
더미 섹(Demi sec)	6~10% ;1리터당 33-50g 이하 (Sweet)
두(Doux) - Sweet	12% 이상 ;1리터당 50g 이상(Very Sweet)

3. 프랑스 와인의 등급

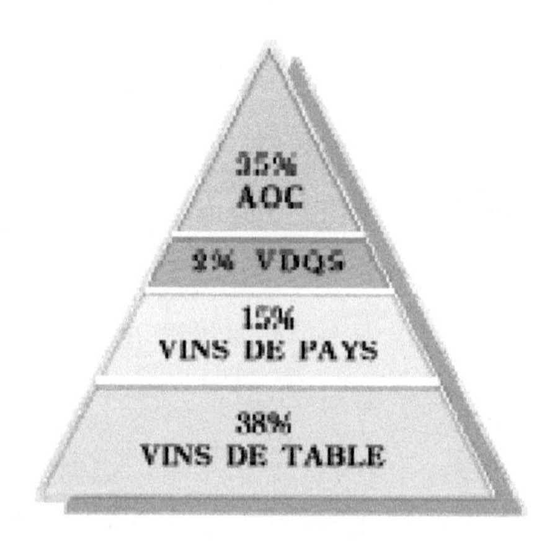

프랑스의 와인 등급은 도표에서 보는 것과 같이 4단계로 분류되며 피라미드의 가장 윗 쪽인 AOC등급이 가장 우수한 품질의 와인이다.

① 뱅 드 따블르(Les Vins de Table)

'테이블 와인'이라는 의미이며, 평범한 식탁에 놓고 마시는 와인을 나타내는 등급이다. 와인병 라벨에 '프랑스산'이란 표기 외에는 포도 품종이나 생산 연도 등도 표기하지 못하도록 법으로 규정하고 있다.

② 뱅 드 페이(Les Vins de Pay)

와인의 원산지를 표기 할 수 있으며, 면적당 포도 생산량이 정해져 있고, 간단한 성분 분석과 시음 위원회의 심사를 거쳐야 한다.

③ 뱅 데리미테 드 칼리테 슈페리어(Vin Delimite de Qualite Superieure)

AOC등급 바로 아래 등급으로써 우수한 품질의 와인이 속하는 등급이다.

④ 아펠라시옹 도리진 콩트롤레(Appellation d'Origine Controlee)-원산지 통제 명칭 와인(AOC)

가장 우수한 품질등급이며 매우 엄격한 A.O.C 법규는 원산지 통제 포도주의 품질을 항상 보장한다.

AOC 라고 불리는 이 등급의 와인은 가장 까다로운 규칙을 적용한다. 즉 AOC 표기를 하기위해서는 다음과 같은 사항을 의무적으로 따라야 한다.

첫째, AOC를 생산할 수 있도록 엄격히 지정된 떼루아를 지켜야 한다. (지방명, 면단위 마을 명, 한 마을 명, 크뤼(포도원) 명, 몇 헥타 미만 포도나무에서 생산된 포도주)

둘째, 품종 선별로 반드시 그 와이너리에 알맞은 고급 품종들로만 구성된다.

셋째, 재배 및 포도주 양조기술, 숙성 기술에 인간의 수작업을 거쳐야 한다.

넷째, 수확량을 지켜야 한다. 식목시의 밀도, 최소 알코올 도수, 원산지 통제명칭 위원회의 관할 하에 전문가들에 의해 엄격히 통제된다. 이러한 까다로운 과정을 거친 AOC는 지역별 전통을 존중해 주면서 그 포도주에 품질과 특징을 보증한다.

제2절 이탈리아 와인

1. 기후 및 지형

이탈리아는 길게 뻗은 국토의 모양으로 위도상 10도 차이가 나고 언덕과 산악지대가 많은데다 바다로 둘러싸여 있기 때문에 지역별로 와인의 특징이 강하고 다양하다. 대체적으로 일조량이 많은 지중해성 기후의 영향으로 당도가 높고 산미가 약한 것이 특징이다. 기후의 영향에 따라 대부분 레드 와인이 생산되며 각 와인별로 소량만 생산된다. 전 국토의 곳곳에 포도가 재배되고 있으며 연간 7천만 hl(약 8억병)를 생산하는 나라이다. 포도재배 면적은 스페인과 프랑스에 이어 3위이고 와인 생산량, 소비량, 수출량은 1위인 프랑스에 이어 2위이다. 맛과 패션의 나라, 이탈리아는 와인의 요람이라고 불리 우는 나라다. 그만큼 와인의 역사가 깊을 뿐만 아니라 세계로 뻗어나간 포도품종도 많기 때문이다.

이탈리아의 포도품종은 레드 와인용으로 300종류 이상이 생산되는데 키안티의 주요품종인 산지오베제, 장기숙성 와인에 사용되는 네비올로, 가벼운 와인에 사용되는 바르베라, 코르비나 등이 있다. 최근에는 프랑스 품종인 카베르네 소비뇽, 메를로 등 새로운 품종을 도입하고 실험을 통하여 품질개선에 노력을 기울이고 있다. 화이트 와인으로는 트레비아노, 스파클링 와인에 사용되는 말바시아, 신맛이 강한 코르테세, 드라이한 맛의 피노 그라지오가 대표 품종이지만, 최근 샤르도네, 소비뇽 블랑 등 고급 품종을 도입하였다

이탈리아 와인은 크게 테이블 와인과 고급와인으로 양분되며 1963년 '와인용 포도과즙 및 와인의 원산지 명칭보호를 위한 규칙'을 제정하여 원산지 관리를 실시하고 등급을 제정하였고 1992년 개정되었다. 이탈리아에서 생산되는 와인의 13%만이 이 법의 규제를 받고 있는데 프랑스가 35%, 독일이 98%의 와인을 법률로 규제하는 것에 비해 적은 양으로 상당히 좋은 와인이 자국 내에서 마셔지고 있다고 볼 수 있다.

이탈리아 와인은 프랑스보다 역사가 깊으며, 2000여 년 전 로마제국 시대로 거슬러 올라간다. 로마 시대 이후 유럽의 중심지로서 좋은 와인을 다수 생산해왔으나 정치와 문화의 중심지가 북쪽으로 이동하면서, 와인의 중심지도 프랑스로 옮겨

가게 되었다.

이탈리아는 남북으로 긴 국토 전역에서 와인을 생산하며 오늘날 세계 최대의 와인생산 국가이다. 이탈리아는 와인 산지로서 가장 이상적인 곳임에도 불구하고 최근까지는 주로 저가의 대중적인 와인들을 주로 생산해 왔다. 그러나 최근 들어 주요 산지의 일부 명망 있는 업자들의 과감한 기술 투자와 부단한 노력 덕분에 프랑스나 캘리포니아의 최고급 와인들에 견줄 수 있을 정도의 명성과 품질을 지닌 제품들이 속속 등장하고 있다.

2. 이탈리아의 와인등급

이탈리아의 와인등급은 크게 4가지로 나눈다.

DOCG	Denominazione di Origine Controllata e Garantita
DOC	Denominazione di Origine Controllata
IGT	Indicazione Geografica Tipica
VDT	Vino de Tavola

① DOCG(데노미나지오네 디 오리지네 콘트롤라타 에 가란티타: Denominazione di Origine Controllata e Garantita) : 생산통제법에 따라 관리되고 보장되는 원산지 와인

정부에서 보증(Garantita)한 최상급 와인을 의미한다. D.O.C 등급 중에서 이탈리아 농림성의 추천을 받고 정한 기준을 통과하여야 하며 병목에 레드와인의 경우 분홍색~보라색, 화이트 와인의 경우 연두색 주류납세필증을 두르고 있다. 2006년 기준으로 35개의 와인이 포함되어 있으며 아스티(Asti), 바르바레스코(Barbaresco, 바롤로(Barolo), 브루넬로 디 몬탈치노(Brunello di Montalcino), 키안티(Chianti), 키안티 클라시코(Chianti classico), 비노 노빌 디 몬테풀치아노(Vino Nobile di Montepulciano)가 잘 알려져 있다. 지역별 분포로는 피에몬테(Piemonte)지역이 9개의 D.O.C.G.급을 보유하고 있으며, 다음으로 토스카나(Toscana)지역이 7개의 D.O.C.G.로 우량 와인을 많이 보유하고 있다.

② DOC(데노미나지오네 디 오리지네 콘트롤라타: Denominazione di Origine Controllata) : 생산통제법에 의해 관리 받는 원산지표기 와인

원산지, 수확량, 숙성기간, 생산방법, 포도품종, 알코올 함량 등을 규정하고 있는 와인으로 2006년 기준으로 314개 와인이 포함되었다.

③ IGT(인디까지오네 지오그라피카 티피카: Indicazione Geografica Tipica) : 생산지 표시 와인

1992년 신설된 등급 분류로 테이블와인과 D.O.C.급 정도 사이에 있는 것이지만 실험적인 시도를 하는 수준 높은 와인이 많이 포함되어 있다. 슈퍼 토스카나 와인으로 알려진 와인도 이 등급에 포함되며 상표에 지역명이 붙어있는 테이블 와인으로 프랑스의 뱅드뻬이(Vin de Pays)에 해당된다.

④ VDT(비노 다 타볼라: Vino da Tabla) : 테이블 와인

프랑스의 뱅 드 따블(Vin de Table)에 해당하는 와인으로 이탈리아 와인의 90%정도가 이 범주에 포함된다. 그러나 일반적인 테이블 와인으로 일상적으로 소비하는 와인 외에 D.O.C.에 신청을 하지 않은 우량 와인도 여기 포함된다. 일반적으로 라벨에 포도품종이나 만들어진 원산지, 수확년도 등을 표시하지 않고 상표와 와인의 색(로쏘, 비앙꼬)만 표시한다.

3. 주요 재배 지역

(1) 피에몬테(Piemonte)

피에몬테는 이태리에서 가장 훌륭한 레드 와인을 생산하는 지역이다. 피에몬테라는 말은 "알프스의 기슭"이라는 뜻으로 알프스의 빙하가 흘러 내려와 아름다운 계곡을 이룬다. 피에몬테의 레드 와인은 거의 단일 품종으로 만들고 강건하고 진하며 숙성되면서 품질이 더 향상된다.

이탈리아의 북서쪽에 위치한 피에몬테 지역의 명품 적포도주로 바롤로(네비올로 품종으로 양조)와 바르바레스코를 꼽으며, 스파클링 와인인 스푸만테 아스티, 백포도주인 모스카토 아스티를 들 수 있다. 바롤로와 바르바레스코는 일반적으로

13.5도 이상의 강렬한 도수와 짙은 향으로 유명하다. 최하 3년 이상 오크통에서 숙성시켜야 출시 할 수 있도록 법으로 엄격하게 규제하고 있다. 스푸만테 역시 인공적으로 이산화탄소를 투입할 수 없게 규제 받으며, 모스카토 아스티는 풍부한 향과 맛으로 매우 귀족적인 백포도주이다.

(2) **토스카나**(Toscana)

토스카나는 이탈리아 와인의 본고장이며, 짚으로 싼 키안티는 세계인들의 뇌리 속에 이탈리아 레드와인을 생각나게 한다. 키안티는 서로 다른 여러 종류의 포도를 혼합하여 만든다. 주요 품종은 산지오베제(Sangiovese)로서 전체의 50-80%, 카나이올로 네로(Canaiolo Nero)가 10-30%, 화이트 트레비아노 토스카노(Trebbiano Toscano), 말바지아 델 키안티(Malvasia del Chianti)가 10-30%를 차지하며 나머지 5% 정도는 이 지역 토종 포도를 사용한다.

키안티의 대표적인 양조 방법은 발효가 끝난 후 감미가 있는 포도즙을 첨가함으로써 와인에 활력을 불어넣는 것이다.

토스카나는 피렌체를 중심으로 시에나, 피사를 연결하는 구릉 지역으로 스트로베리 특성을 가진 끼안티(Chianti)의 본고장으로 오랫동안 알려져 왔다.

끼안티 클라시코 와 브루넬로 몬탈치노가 손꼽히는 명품이다. 특히 브루넬로 몬탈치노는 매년 세계 와인 랭킹 10위 안에 들어갈 정도로 명성이 높다. 피에몬테 지역의 명품들이 대개 한 품종으로만 생산해 혀에 깊게 감기는 묵직한 맛으로 와인의 왕이라는 프랑스의 부르고뉴에 비견된다면, 토스카나의 와인은 비교적 가벼운 맛을 지니고 있어 프랑스의 보르도에 비교되곤 한다.

- 베네토(Veneto) : "로미오와 줄리엣"의 무대가 있는 베로나를 끼고 있는 베네토는 생산량은 4위이지만 DOC와인의 생산에서는 단연 톱이다. 베네토지역은 베니스 근처 알프스 산맥의 산기슭에 위치하며, 이탈리아 북동쪽의 발포리첼라(Valpolicella), 바르돌리노(Bardolino), 소아베(Soave)를 포함하고 있다. 북부 소아베 지역의 백포도주역시 명품의 반열에 올라 있다. 11.5도 정도의 도수를 보이며, 기후 변화가 심하지만 활발한 와인 생산 실험이 이루어지는 곳이기도 하다.

- 소아베는 모젤 와인처럼 초록색 병에 들어 있는 엷은 색의 드라이 화이트 와인으로 생선 요리에 아주 잘 어울린다. 소아베는 덜 숙성되었을 때 마시며 일반적으로 소아베 클라시코를 선택하는 것이 좋다. 소아베 뿐만 아니라 바르돌리노와 발포리첼라도 클라시코가 맛이 더 좋다. 클라시코 지역은 베네토 지역의 노른자위라고 할 만큼 보다 높은 품질과 알코올 함유량을 지니고 있다.
- 비안코(Bianco)라고 불리는 화이트 와인들은 85%가 토카이(Tocai) 품종으로 만들어진다.

(3) 움브리아(Umbria)

토스카나 동쪽에 위치하였으며, 12세기 청빈한 성자 성 프란시스의 고향인 아시시(Assisi)와 백포도주로 유명한 오르비에또(Orvieto)가 있다. 전통적으로 이곳에는 백포도주의 산지로 명성을 떨쳐왔지만 현재는 훌륭한 적포도주도 다수 생산되고 있다. 이곳은 기후가 온화하고 배수가 잘 되는 토양 등의 양질의 포도를 대량 수확할 수 있는 자연적인 조건이 잘 갖추어져 있는 지역이다.

(4) 시칠리아(Sicilia)

마피아와 마르살라로 유명한 시칠리아는 이탈리아 반도 남서쪽에 위치한 큰 섬으로, 모든 유형의 와인이 이곳에서 생산된다. 평범한 테이블 와인에서부터 알코올 함유량의 많은 디저트 와인에 이르기까지 150여 종류에 이른다.

- 마르살라 와인 : 마르살라는 카타라토(Catarrato), 그릴로(Grillo), 인졸리아(Inzolia) 품종으로 만든 와인을 알코올 강화시킨 것이다. 마살라는 트라파니(Trapani), 팔레르모(Palermo), 아그리젠토(Agrigento) 지역에서 주로 생산된다. 이 와인은 드라이, 세미-드라이, 스위트, 매우 스위트하게 만들어진다.

이 지역의 화산토가 마르살라에게 마데라와 비슷한 산도를 준다.

■ 이태리와인의 팁

흔히 이태리와인의 라벨에는 클라시코, 리제르바, 돌체 등의 표기가 있다.

- 클라시코 : 역사가 깊은 특정 포도원에서 만들어진 와인이라는 뜻.
- 리제르바 : 최저숙성기간을 초과하는 규정을 만족시킨 와인
- 슈페리올 : 법률에 정해진 알코올 농도를 초과 하면서 각 규격에 맞는 것.
- 드라이 : 셋코 → 앗보카트 → 아마빌레 → 돌체의 순서대로 당도가 높아진다.
- 레드(ROSSO)와인 : 이태리 레드와인은 약 3백 종류가 되며 대표적 품종은 내용누락

제3절 스페인 와인

스페인은 프랑스, 이탈리아와 함께 세계 3대 와인생산국이며 포도 경작 면적으로는 세계 1위인 국가이다. 하지만 날씨가 건조하고 고산지대가 많으며 관개가 법으로 금지되어 있어 재배면적당 생산량은 많지 않아 생산량으로는 세계 3위이다. 스페인은 로마시대 이전부터 포도를 재배하였고, 8세기경 스페인을 정복한 무어인들도 스페인에서 포도를 재배하였다. 한때 세계 문명의 중심지였던 스페인의 와인 산업은 그들의 역사와 고락을 함께 하였다. 1870년, 필록세라가 프랑스의 포도재배 지역을 강타하였을 때 많은 포도 재배 업자들이 스페인의 리오하 지역으로 이주하였는데 이때 스페인 포도 재배업자들은 프랑스의 앞선 양조기술을 전수 받을 수 있었다. 1950년대 후반 스페인의 가장 유명한 테이블 와인 산지인 리오하(Rioja)를 중심으로 품질을 향상시키려는 노력이 시작되어 72년부터는 정부에서 지정한 자체적인 와인 등급 기준을 가지게 되었고 그 결과 스페인 와인은 값싸고 평범하고 부담 없이 마시는 레드 와인이란 인식에서 벗어나서 이제는 세계 어디에 내놓아도 손색이 없는 와인을 내놓고 있다.

1. 기후, 지리적 배경 및 와인 생산량

스페인은 무더운 기후와 건조한 산악 지대 국가로, 세계의 어떤 나라보다도 포도 농장이 많은 나라이다. 포도 재배 면적이 40억평(160만ha) 정도로 세계에서 가장 넓은 지역에서 포도를 생산하고 있다. 그러나 주로 고산지대에서 생산되며, 포도나무의 수령이 오래되고 포도밭에 포도와 다른 작물을 혼합하여 재배하기 때문에 단위 면적당 포도주 생산량은 적다. 실제 와인 생산량은 이탈리아와 프랑스의 절반 정도로 세계 3위를 차지하고 있다. 벌크 와인(bulk wine : 병에 담겨 있지 않은 와인. 원료로서 수입되고, 병에 담겨 있는 제품과 구별된다)을 많이 수출하고 있으며 연간 1인당 40리터 정도를 마시고 있다.

2. 품질 등급

① DOC(Denominacion de Origen Calificada, 데노미나시온 데 오리헨 깔리피카다)

'원산지 통제 명칭와인'으로 D.O급 와인보다 한 단계 위의 최상급 와인이다. 1991년 리오하 지역 와인들이 이등급이 되었다.

② DO(Denominacion de Origen, 데노미나시온 데 오리헨)

'원산지 명칭 와인'으로 고급와인 등급이며, 생산 와인의 50% 이상에 DO 등급을 주고 있다.

③ VdlT(Vino de la Tierra, 비노 데 라 띠에라)

승인된 지역 내에서 생산되는 포도를 60% 이상 사용한 와인으로 프랑스 뱅드뻬이급 와인이다.

④ VdM(Vinos de Mesa, 비노 데 메사)

일상적으로 마시는 테이블급 와인이다.

원산지 표기법 이외에 스페인의 특히 리오하 지역에서는 '리세르바(Reserva)'라는 표기를 사용하는데, 레드 와인의 경우에는 3년 이상(오크통 속에서 최소한 1년 이상)을 숙성 시킨 와인에, 화이트 와인은 2년 이상(오크통 속에서 6개월 이상) 숙성시킨 와인에 사용한다. 그 외에 오크통과 병 속에서 2년간 숙성 시킨 레드 와인(화이트나 로제는 1년 이상)은 '크리안짜(Crianza)', 특별히 5년 이상(오크통속에서 최소한 2년 이상) 숙성 시킨 레드 와인(화이트나 로제는 오크통 속의 6개월을 포함한 4년 이상)에는 '그란 리세르바(Gran Reserva)'라는 표기를 한다.

3. 포도 품종

스페인에는 200종에 이르는 포도 품종이 있지만 일반적으로 Airen(아이렌) 종 외에 7개 품종이 전체의 7할 가까이를 차지할 정도로 넓은 지역에서 재배되고 있다.

레드와인 포도 품종으로는 스페인 와인의 대표적인 토착 품종은 템프라닐로(Tempranillo)외에 가르나차 틴타(Garnacha Tinta), 그라시아노(Graciano), 모나스트렐(Monastrel) 등이 있다.

> **템프라닐로(Tempranillo)**
> 숙성이 충분히 이루어지지 않을 때는 짙은 향과 풍미가 다소 거칠게 느껴질 수 있지만, 오크통에서 오랜 숙성을 통해 생산되는 와인들은 오크 뉘앙스가 진하게 묻어나는 부드러움이 갖추어져 매혹적인 스타일이 만들어진다.

화이트 와인용 품종으로는 가장 수확량이 많은 Airen(아이렌) 외에 비우라(Viura), 말바시아(Malvasia), 가르나초 블랑코(Garnacho Blanco) 등이 있다.

4. 주요 와인 산지

(1) 리오하(Rioja)

스페인에서 훌륭한 적포도주를 생산하는 최고 산지는 자라고자(Zaragoza)의 서쪽에 위치한 에브로(Ebro)강 유역인 리오하(Rioja)이다. 인접 지역인 프랑스 보르도에 필록세라가 만연하여 상인들이 보르도를 대체할 만한 지역을 물색할 때 발견된 지역으로, 리오하의 레드 와인의 경우 스페인의 보르도 와인이라고 불릴 만큼 명성이 높다. 리오하는 넓이가 4만5천 헥타르에 이르며, 기후는 해양성으로 포도 재배에 이상적이다. 리오하 지역의 대표적인 포도 종은 템프라닐로(Tempranillo)이지만 항상 가르나차(Garnacha) 포도 등과 섞어 포도주를 빚는다. 리오하 와인은 지역에 따라 특성이 전혀 다르다. 리오하 바하(Rioja Baja) 지역은 알코올 함량이 높고 맛이 밋밋하고, 리오하 알라베사(Rioja Alavesa) 지역의 와인은 숙성이 짧아 금방 마실 수 있고 과일 맛이 풍부하며, 리오하 알타(Rioja Alta) 지역은 고급 와인 생산의 중심이다. 리오하에서 생산되는 와인의75% 정도가 레드 와인이고

15%가 '로사도(rosado)'라 부르는 로제 와인이며 약10% 정도가 화이트 와인이다.

(2) 헤레즈(Jerez)

헤레즈는 스페인의 가장 남쪽 안달루시아(Andalucia) 지방에 위치하고 있는1만 5천 헥타르의 삼각주 지역이다. 백암토 토질로 포도주 생산에 훌륭한 여건을 가지고 있다. 그러나 무엇보다도 스페인을 대표하는 와인인 쉐리(Sherry)의 고장으로 유명하다. '쉐리(Sherry)'는 사실 헤레즈의 영어식 발음이다. 영어식 발음이 알려진 것은 이곳에서는 400여년 전부터 영국에 그들의 와인을 수출하였고, 그로 인해 술통에 상표를 붙였는데 스페인어를 할 줄 모르는 영국 사람들은 그들이 붙인 상표인 '비노 데 헤레즈(Vino de Jerez)'를 영어식으로 발음하기 시작했기 때문이다. 에르-레즈(Her-rehz), 헤리에즈(Jerres), 쉬리에스(Sherries)를 거쳐 마침내 '쉐리(Sherry)'라는 이름이 탄생하게 된 것이다. 그러므로 이 이름에는 '스페인 헤레스 지역에서 생산된 와인'이라는 의미가 담겨있다. 헤레스(Jerez) 지방에서 만들어지는 쉐리는 와인을 증류하여 만든 브랜디를 첨가하여 알코올 도수를 18~20% 정도로 높이고 산화 시켜서 만든 강화 와인이다. 이렇게 만들어진 쉐리는 주로 식전주와 디저트 와인으로 음용되며, 포르투갈의 포트 와인과 함께 디저트 와인으로 세계적인 명성을 가지고 있다.

스페인의 쉐리와인 아몬틸라도

(3) 뻬네데스(Penedes)

까탈로니아(Catalonia) 지방의 중심지인 바르셀로나에서 멀지 않으며 북으로 피레네 산맥이 둘러싸고 있고 동남쪽으로는 지중해 쪽에 면한 뻬네데스 지역은 스파클링 와인 까바(Cava)로 유명하다. 그러나 국제적으로 명성을 얻게 된 것은 이곳에서 나오는 레드와인으로, 그 가운데서도 와인 생산자인 미구엘 토레스(Miguel Torres)의 그랑 코로나스(Gran Coronas)가 이 지역을 리오하 지역과 동등하게 유명한 지역으로 만들었다.

(4) 리베라 델 두에로(Rivera del Duero)

마드리드 북쪽의 리베라 델 두에로는 스페인에서 가장 빠르게 와인 산업이 발달하고 있는 곳이다. 특히 신화적인 와인 생산자인 베가 시실리아(Vega Sicilia)가 만든 우니코(Unico)가 유명하다. 우니코는 주로 템프라닐로 포도와 20%의 까베르네 쇼비뇽 포도로 만드는데, 농도가 진하고 수명이 오래가므로 오크통 속에서만 10년 이상 숙성하는 등 오랜 기간 숙성해야 하는 아주 값비싼 와인이다.

전 세계에서 스페인을 대표하는 와인으로 알려진 베가 시실리아(Vega Scillia)에서 생산하는 최상급 와인인 우니꼬(UNICO)는 오늘날 전통과 품질, 그 어떤 척도를 갖다 대도 스페인 최고의 와인으로 평가받으며 또한 스페인 국왕도 고객이기도 하다.

(5) 갈리시아(Galicia)

콩드리웨(Condrieu) 포도 품종으로 만드는 꽃과 같은 향기가 나면서 맛있는 살구 맛을 내고 산도가 매우 높은 화이트 와인인 알바리노(Albarino)로 유명하다. Bodegas Morgadio가 만드는 알바리노가 특히 유명하다.

(6) 루에다(Rueda)

베르데호(Verdejo) 포도로 만드는 깨끗하고 우아하며 좋은 과일 성분이 느껴지는 좋은 와인이 생산되는 지역이다.

(7) 말라가(Malaga)

스페인의 가장 남쪽에 위치하고 있으며 한때 세계적으로 유명한 디저트 와인을 생산하였다.

5. 쉐리 와인(Sherry Wine)

쉐리(Sherry) 란 화이트 와인에 브랜디를 첨가한 강화와인으로 쉐리 통을 3~4단으로 쌓고 윗단과 아랫단의 통들을 서로 연결하여 맨 아랫단에 있는 오래 숙성된 쉐리를 따라 내고 그 만큼의 새 술을 맨 윗단의 통에 보충해 줌으로써, 양조장에서는 늘 균일한 품질의 쉐리를 생산한다. 그러나 항상 새 술과 숙성된 술이 혼합되는 관계로 생산한 포도원이나 수확 연도(vintage)를 표기할 수는 없다. 쉐리와인은 스페인의 남서부 지역의 안달루시아에서 생산되며 푸에르토 데 산타 마리아가 1등급 쉐리와인을 만드는 마을이며, 포도 품종은 팔로미노와 페드로 이메네스가 있는데 거의 대부분은 팔로미노이다. 강하면서도 쌉쌀한 드라이 쉐리 와인은 특히 남성에게 인기가 높은데, 유명 브랜드는 하베이스 브리스톨 크림(Harveys Bristol Cream), 드라이 색(Dry Sack) 등이 있다

(1) Sherry Wine

- 스페인 와인의 가장 대표적인 와인으로 Dry Sherry Wine은 가장 유명한 식전용 Aperitif Wine이다.
- Sherry란 이름은 헤레스 델라 흐론떼라(Jerez de la Frontera) 도시이름에서 헤레스(Jerez)가 세에르스가 돼 쉐리(Sherry)라 부른 것이다. 현재 쉐리가 생산되는 지역은 리오하(Rioja)와 뻬네데스(Penedes) 지역이며, 비교적 생산량이 많다.
- 제조의 특성은 포도주 발효 중 브랜디를 1~5%정도 첨가시켜 오크통(Oak)속에서 저장, 숙성시킨 것으로 도수를 18~21%정도로 높인 술이다.
- 주요 생산지역은 후론테라(Frontera), 말라가(Malaga), 몬띠아(Montilla)이다.

(2) 쉐리의 분류

- 휘노(Fino) : 가장 품질이 좋은 쉐리로서 맛이 정교하고 뛰어난 와인으로 블렌딩이나 당도 등을 아주 최소한으로 유지한다.
- 아몬띠야도(Amontillado) : 미디엄 쉐리(Medium Sherry)에 해당하며 좀더 부드럽고 드라이하고 톡 쏘는 향이 있으며, 색깔이 짙다. Fino다음 등급에 해당한다.
- 올로로소(Oloroso) : 3등급의 쉐리이다. 숙성되었을 때 Fino보다 무겁고 숙성이 되면서 진하고 원숙해진다.
- 크림쉐리(Cream Sherry) : Sweet 쉐리로서 식후용으로 어울린다.

제4절 독일 와인

1. 기후 및 지형

독일은 추운 날씨와 잦은 비로 포도재배에 적합하지 않은 자연환경을 가지고 있지만 이러한 환경을 극복하고 품질 좋은 화이트 와인을 생산하고 있다.

독일은 다양한 화이트와인을 만들고 있으며 알코올 도수가 낮고 약간 단맛이 있는 와인이 특히 유명하다. 1980년대까지 독일에서 생산되는 와인의 약 90%가 화이트와인 이었으나 프렌치 패러독스 이후 레드 와인이 선호되면서 생산비율이 증가하여 현재 약 30% 정도가 레드 와인이다.

독일 와인의 역사는 중세시대 수도원에서 포도원을 설립하여 포도나무를 재배하고 와인을 생산한 것으로 거슬러 올라간다. 이후 1803년 나폴레옹이 라인 지역을 정복할 때까지 교회의 소유로 있었다.

독일의 와인 생산지역으로는 아르(Ahr), 미텔라인(Mittelrhein), 모젤-자르-루버(Mosel-Saar-Ruwer), 라인가우(Rheingau), 나헤(Nahe), 팔츠(Pfalz), 라인헤센(Rheinhessen), 프랑켄(Franken), 뷔르템베르크(Wurttemberg), 바덴(Baden) 등이 있다. 이 중에서 라인 와인과 모젤 와인이 가장 유명하다. 라인은 독일의 가장 중심적인 와인 생산지역으로 가족단위의 전통 있는 생산자가 많으며 리슬링(Riesling)의 원산지이기도 하다. 리슬링과 슈페트버건더(Spatburgunder)를 재배하며 생산되는 와인은 비교적 당 함량이 높고 갈색 병에 담겨 있다. 모젤은 고급 품질의 리슬링 와인이 생산되는 곳으로 100% 화이트 와인을 생산하며 생산되는 와인은 라인와인에 비해 드라이하고 신선한 과일 향이 나며 녹색 병에 담겨 있다.

독일에서 재배되는 포도는 당도가 적고 산도가 높아 와인 또한 알코올 함유량이 평균 8~10%로 낮고 신선한 맛이 있다. 독일은 포도의 당도는 다른 지역에 비해 낮지만 여러 다른 기술로 이러한 문제를 극복했다. '쥐스레제르베(Sussreserve)'라는 병입 직전의 와인에 발효 전의 포도과즙을 첨가하는 방법을 사용하여 신맛과 단맛의 조화가 있는 화이트 와인을 생산한다. 이외에도 발효가 80% 정도 진행될 때 뜨거운 물로 통을 씻거나 효모를 죽임으로써 당분이 남아있게 하기도 한다. 한편 여러 포도품종을 혼합하지 않고 한 품종의 고유한 맛을 내는 것도 특징이다.

독일은 포도의 품종을 교배시켜 새로운 품종을 만들어내기도 하는데 화이트 와인을 위해 가장 많이 재배되는 것이 리슬링과 뮐러 트루카우(Mueller Thurgau)이다. 그 중 가장 최고로 꼽는 것이 리슬링이며 향기가 다양하고 우아하면서도 상큼한 고급와인을 만든다. 뮐러 트루카우(Mueller Thurgau)는 1882년 개발된 리슬링(Riesling)과 구테델(Gutedel)이 접목된 품종으로 광범위하게 재배된다. 리슬링은 향기가 우수하지만 늦게 익기 때문에 독일의 추운 날씨에 견디기 어려웠다. 이에 더 빨리 익는 변종인 뮐러 트루카우를 개발하여 가을의 추위와 습기를 해결한 것이다. 이외에도 화이트와인 품종으로 실바너(Silvaner), 켈러(Kerner), 슈레베(Scheurebe), 그라우버건더(Grauburgunder), 바이스버건더(Weissburgunder) 등이 있다. 레드 와인 품종으로는 슈페트버건더(Spatburgunder), 포트기저(Portugieser), 트로링거(Trollinger), 램버거(Lemberger) 등이 있다.

1971년 독일 와인의 등급 관렵법이 제정되었고 차후 개정이 여러 번 있었다. 최상급을 프레디카츠바인이라고 하고 가당을 하지 않으며 포도의 성숙도에 따라 6단계로 나눈다. 카비네트, 슈베틀레제, 귀부병 포도가 섞인 아우슬레제, 베렌아우슬레제, 100% 귀부병 포도로 만드는 트로켄베렌아우슬레제 등으로 분류되며 뒤쪽으로 갈수록 당도가 높고 고급와인이다. 아이스바인은 12월 언 상태의 포도로 만든 와인으로 향보다는 매우 단맛을 지닌다.

다음 등급이 쿠베아이며 13개의 특정 지역의 고급 와인을 의미하며 가당을 허용한다. 다음으로 지역와인격인 란트바인이 있고 자유롭게 만든 테이블와인인 타펠바인이 있다. 그러나 독인은 이러한 란트, 타펠바인의 비율이 3.6% 정도로 매우 낮고 대부분이 고급 와인에 속한다.

- [전설의 100대 와인]이라는 책을 보면 에곤 뮐러의 아이스와인이 실려 있는데, 샤토 디켐의 전 소유주인 알렉상드르 드 뤼로-살뤼스 백작의 시음 노트를 인용하고 있다. 샤토 디켐은 프랑스 소테른 지구에서 유일한 특1등급 샤토로 자타가 공인하는 세계 최고의 스위트 와인을 만든다.
- [존재 가치가 있는 것은 샤토 디켐 뿐]이라는 자신 만만한 말을 했을 정도의 뤼르-살뤼스 백작 조차도 에곤 뮐러의 아이스와인에 대해 이런 시음 노트를 남겼다고 전해진다[병을 따자마자 생강과자, 무화과, 건포도 뉘앙스를 강렬하게 풍긴다. 그러나 그것은 뒤이어 느낄 맛에 대한 예고에 불과하다. 한 모금 마시면 기대가 헛되지 않았음을 알 수 있으며 진짜 리슬링(포도품종)이 어떤 것인지 확실히 알 수 있다.

2. 포도품종

(1) 화이트 품종

① 리슬링(Riesling)

독일의 세계적인 프리미엄 화이트 와인품종으로 리슬링에 대한 최초의 문서화된 기록은 15세기로 거슬러 올라간다. 오늘날 독일은 리슬링이 재배되는 전 세계 지역의 반 이상을 위해 노력을 쏟는 리슬링의 고향이다. 어떠한 화이트 와인 품종보다 리슬링은 그 출생지, 즉 '떼루아'를 아주 잘 표현한다.

② 실바너(Silvaner)

오랜 전통품종으로 신선한 과일 맛의 풀바디 와인을 만든다. 해산물이나 가벼운 육류 또는 화이트 아스파라거스의 섬세한 맛을 살릴 수 있는 무난한 와인으로 알려져 있다.

③ 리바너(Rivaner)

유사종인 뮐러 투어가우(Muller Thurgau)보다 드라이하고 음식과 더 잘 어울리는 와인이다. 각종 허브로 맛을 낸 요리, 샐러드, 야채와 잘 어울린다. 꽃향기, 은은한 머스캣 톤이 감돌면서 신맛이 강하지 않아서 부담 없이 즐기기에 적합한 와인이다.

④ 그라우부르군더(Grauburgunder: Pinot Gris)

유사종인 루랜더(Rurander)보다 세련되고 드라이한 맛을 낸다. 두 종류 모두 원만한 산미를 가진, 입안을 가득 메우는 강한 풍미의 화이트와인이다.

⑤ 바이쓰부르군더(WeiBbrugunder: Pinot Blanc)

신선한 산미, 섬세한 과일 맛, 그리고 파인애플, 견과류, 살구와 감귤류를 연상시키는 부케가 복합적으로 융화된 훌륭한 화이트 와인.

⑥ 케르너(Kerner)

가벼운 육류와 함께 하기에도 매우 좋다. 더욱 숙성된 케르너 와인은 과일 소스와 함께 요리된 닭, 칠면조, 오리, 거위 등의 가금류와 육류에 어울린다.

⑦ 쇼아레베(Scheurebe)

이 품종의 깊은 숙성도는 블랙베리나 자몽을 떠올리게 하는 부케, 섬세하고 매콤한 언더톤을 불러일으키는데 매우 필수적인 요소이다. 드라이한 쇼아레베가 가지고 있는 약간의 달콤함이 와인의 효과를 상승시켜주기 때문에, 저녁에 사람들과 함께 어울리면서 한잔 마시기에 아주 좋은 와인이다.

(2) 레드 품종

① 슈페트부르군더(Spatburgunder)

독일 최상급의 레드와인 품종으로서 입안 가득히 채우는 풍성함과 약간 달콤한 과일 향을 살짝 풍기는 벨벳처럼 부드러운 와인이다.

② 도른펠더(Dornfelder)

진한 색을 내는 새로운 품종의 와인. 베리향이 풍부하여 차갑게 음미하는 '젊은' 스타일의 와인으로 피크닉용으로 안성맞춤이다.

③ 포르투기저(Portugieser)

포르투기저는 옅은 붉은색에 낮은 산도와 희미한 베리향과 같은 부케를 지닌 매력적이고 부담 없는 와인.

④ 트롤링어(Trollinger)

꾸밈없이 수수한 이 레드 와인은 가볍고 과일향이 가득하며, 산뜻한 산도와 야생의 베리 혹은 레드커런트의 향기를 상기시킨다. 트롤링어는 뷔르템베르크 지역에 널리 퍼져있다.

⑤ 렘베르거(Lemberger)

이 와인은 과일 향과 산도, 탄닌이 풍부하며 마치 피망처럼 베리류부터 식물류까지 넓은 범위의 부케를 가지고 있다.

3. 독일와인 등급체계

독일 와인 법에 따르면 와인의 등급을 결정하는 기준은 수확한 포도즙의 당도이다. 독일어로 Mostgewicht(모스트 게비히트 - must reading, renure in sugar)라 하는데, 이 당도를 재는 단위는 왹슬레(Oechsle)이다. 이 이름은 독일의 화학자인 크리스티안 페르디난트 왹슬레(Christian Ferdinand Oechsle. 1774~ 1852)에서 유래되었다. 원리를 알아보면, 포도즙 1리터의 무게를 재서 예를 들어 1080g의 무게가 나오면 그 포도즙은 80왹슬레가 된다. 이것은 대략 1리터에 약 160g의 당분이 들어있다고 보면 된다. 물론 이것은 일반 무게를 재는 것과는 다른 특수한 도구들이 있는데 이 또한 나라마다 조금씩 다르다. 사용하는 단위 또한 나라마다 조금씩 다른데, 예를 들면 오스트리아와 이탈리아 그리고 동유럽권에서는 KMW, 영어권 나라에서는 Bx, 프랑스에서는 Be라는 단위를 사용한다. 물론 이 단위는 일반적으로는 쓰이지 않으며, 귀부와인과 같이 높은 당도를 가진 와인의 경우에 그 수치가 언급되기도 한다.

와인의 등급은 아래의 표에서 보듯이 먼저 크게 "타펠바인(Tafelwein)"과 "란트바인(Landwein)"이라는 가장 낮은 등급에서, "크발리테츠바인(Qualitaetswein)" 그리고 "프레디카츠바인(Praedikatswein)"로 나뉘고 프레디카츠바인은 다시 여섯 개의 하부등급을 나뉘어 진다. 참고로 "프레디카츠바인"은 원래 "크발리테츠바인 밑 프레디카트(Qualitaetswein mit Praedikat)"였다가 명칭을 간소화하는 정책에 따라서 2007년 9월부터 현재의 이름으로 바뀌었다. 각 등급에는 해당되는 최소 왹슬레의 수치가 규정되어 있는데 이 수치는 지역의 기후조건과 품종에 따라서 차이가 있다. 예를 들면 리슬링(Rieseling) 슈페트레제(Spaetlese)의 경우 북쪽에 위치한 모젤(Mosel)r과 같은 지역에서는 76 왹슬레 이상을 가진 포도로 만든 와인에 이 등급을 부여할 수 있는 반면에 따뜻한 지역으로 구분되어 있는 바덴(Baden)과 같은 남부 지역에서는 포도가 90 왹슬레 이상을 가져야만 이 등급을 사용할 수 있다.

<table>
<tr><th colspan="2">등급</th></tr>
<tr><td rowspan="6">Praedikatswein(프레디카츠바인)
= Qualitaetswein mit Praedikat
(크발리테츠바인 밑 프레디카트)</td><td>Trockenbeerenauslese
(트로큰베렌아우스레제)</td></tr>
<tr><td>Beerenauslese(베렌아우스레제)</td></tr>
<tr><td>Eiswein(아이스바인)</td></tr>
<tr><td>Auslese(아우스레제)</td></tr>
<tr><td>Spaetlese(슈페트레제)</td></tr>
<tr><td>Kabinett(카비넬)</td></tr>
<tr><td colspan="2">Qualitaetswein (크발리테츠바인 = QbA)</td></tr>
<tr><td colspan="2">란트바인 (Landwein)
타펠바인 (Tafelwein)</td></tr>
</table>

① 도이처 타펠바인(Deutschertaflwein) : 보통의 테이블와인
② 란트바인(Landwein) : 타벨바인보다 더 강하고 드라이한 상급타벨바인
③ Q.b.A (Qualitatswein bestimmter Anbaugebiete) : 특정지역에서 산출되는 중급품질 와인
④ Q.m.P (Qualitatswein mit Pradikat) : 독일 와인 중에 가장 최상급의 등급으로 설탕을 첨가하지 않은 우수한 질 좋은 와인

위의 왹슬레 수치가 최소치라 함은 규정보다 더 높은 왹슬레를 가진 포도를 가지고 낮은 등급의 와인을 만드는 것은 법으로 금지 되어 있지 않다는 것을 의미하며, 이는 엄격한 검사과정을 통해서 증명되어진다. 반면에 반대의 경우에는 제한이 거의 없다. 예를 들어 생산자에 따라서 100왹슬레를 가진 포도를 가지고 아우스레제를 만들 수도 있고, 슈페트레제나 카비넬을 만들 수도 있다. 물론 극단적인 경우에 그 와인이 카비넬 등급의 특성에 맞지 아니하기 때문에 그 등급으로 판매하는 것을 금하거나 시정을 권고할 수 있는 가능성은 있지만, 흔한 일은 아니다. 이러한 등급의 임의적인 하향조정은 특히 와인의 품질을 중시하는 와인생산자들에 의해 이미 오래전부터 실행되어 왔었고, 최근에는 지구온난화의 영향으로 예전에는 이를 수 없었던 높은 왹슬레를 가진 포도를 얻는 것이 훨씬 쉬워졌다는 점도 중요한 역할을 한다. 실제로 통계를 보면 아주 뛰어난 해로 평가받는 2007년도에 수확한 포도의 약 45%가 프레디카츠 와인을 만들 수 있는 포도에 속했음에도 실제로 생산된 와인에서 이 등급으로 내놓은 와인은 30%에 불과했다. 이것은 그러

한 하향조정이 매우 광범위하게 이루어지고 있음을 보여주며, 일반적으로 많은 양을 생산하는 기업형 와이너리보다는 소규모의 패밀리 와이너리에서 주로 이러한 경향을 많이 보여주고 있다.

가장 높은 등급에 해당되는 프레디카츠바인(Praedikatswein)에서 프레디카트(Praedikat)는 프리미엄이라는 뜻으로 이해하면 되고, 바인(Wein)은 와인의 독일말이며, 프레디카트와 바인사이의 "s"는 연결조사이다. 다음 등급은 품질이라는 의미의 크발리데트(Qualitaet)와 바인(Wein)이 결합되어서 크발리테츠바인(Qualitaetswein), 즉 퀄러티와인이다. 마지막으로 타펠바인(Tafelwein)의 Tafel은 Table에 해당되는 말인데, 왕이나 제후들이 사용했던 화려하고 넓은 식탁을 의미한다. 와인의 등급과 비교했을 때 꽤 거창한 말이다. 란트(Land)는 지방이나 지역이라는 말로 특정지역에서 생산되는 와인을 의미하는데, 이때 지역의 폭이 매우 넓다.

이 등급들의 차이는 각 등급에 해당되는 세부적인 규정에 있다. 테이블와인과 다른 등급의 가장 큰 차이점은 크발리테츠바인 부터는 해당관청의 심사를 받아서 검사번호를 받아야 한다는 점이며, 크발리테츠바인과 프레디카츠바인의 차이는 포도주에 인위적으로 설탕을 넣어 알콜 도수을 높이는 것이 금지되어 있다. 이것은 다른 나라와 차별되는 독일와인의 특징이기도 한데, 인위적인 첨가를 금지함으로서 와인생산국들 중에서 자연에 의해서 주어진 것만으로 만들어진 와인이 바로 이 프레디카츠등급에 해당되는 와인일 것이다. 이 프레디카츠와인은 다시 그 안에서 6개의 등급으로 나뉘는데 열거해 보면 카비넽(Kabinett), 슈페트레제(Spaetlese), 아우스레제(Auslese), 베레아우스레제(Berrenauslese = BA), 트로큰베렌아우스레제(Trockenbeerenauslese = TBA) 그리고 아이스바인(Eiswein)이다. 이때 마지막의 세 등급은 상하등급개념보다는 독특한 생산방식과 특성을 가진 예외적인 와인들로 구분하는 것이 옳다.

① 카비넷(Kabinett) : 잘 익은 포도로 만든 부드러운 와인으로 깔끔하고 알코올 도수가 낮다.
② 슈페트레제(Spatlese) : 단어 그대로 '늦게 수확한' 와인으로 완숙에 이른 포도의 깊은 풍미와 조화된 미감이 뛰어난 와인이다.

③ 아우스레제(Auslese) : 고귀한 와인으로 매우 잘 익은 포도송이 중에서 다시 선별하여 만들며, 향과 맛의 깊이가 뛰어나다.

④ 베렌아우스레제(Beerenauslese_BA) : 희귀하고 독특한 맛의 와인으로 보트리티스 특유의 꿀 향기를 지녔다. 과숙된 포도알을 손으로 일일이 수확하여 양조한다.

⑤ 트로켄베렌아우스레제(Trockenbeerenauslese_TBA) : 최고등급의 독일와인. 귀부현상에 걸린 낱개의 포도알을 건포도수준에서 수확하여 만든 와인으로 그 농축 미와 복합미가 타의 추종을 불허한다. 한 사람이 하루 종일 포도 알을 수확하여 겨우 한 병의 TBA를 생산할 수 있다고 할 정도로 귀한 진품의 와인이다.

⑥ 아이스와인(Eiswein) : BA급의 포도를 언 상태에서 수확하여 즙을 내서 만든다. 과일의 산미와 당미의 농축도가 매우 뛰어난 독특한 와인이다

제5절 포르투갈 와인

이베리아 반도 서쪽 끝에 위치한 포르투갈은 일찍이 항해술의 발달로 15세기 말부터 많은 신세계를 발견하고 점령해서 오랫동안 지배해 왔다. 그러다가 10세기 초 브라질이 독립하고 그 이후 아프리카의 여러 식민지들도 독립하게 되었다. 1986년 EU에 가입 후 포도주 산업의 현대화 및 품질향상에 노력하고 있다. 포르투갈은 와인 생산국으로서 기후 조건이 포도 재배에 이상적이며, 전체인구의 약 15%가 와인 산업에 종사하고 있다. 대표적인 와인으로 주정강화 와인인 포트 와인(Port Wine), 식전 와인으로 유명한 마데이라(Madeira)가 있으며 마테우스 로제와인, 비뉴 베르데 등 독특한 와인도 생산된다.

1. 포도품종

현재 대표적인 품종으로는

- 화이트 : Alvarinho(알바리뉴), Arinto(아린뚜), Bical(Bairrada), Moscatel (모스카텔)
- 레드 : Touriga Nacional(또우리가 나씨오날), Touriga Francesa(또우리가 프란세자), Tinta Rotiz(띤따 호리스)

2. 주요 와인산지

(1) 도우루지방

포트와인의 명산지이다. 포트와인은 크게 토우니 포트와 빈티지포트 그리고 루비 포트로 나뉜다. 빈티지 포트는 작황이 좋은 해에만 만드는데 수확한 포도가운데 상태가 좋은 포도송이만을 골라 만든다. 반면 토우니 포트와 루비 포트는 특별한 의미가 있다기보다는 와인의 색인 황갈색과 루비 색을 뜻하는 것이다.

(2) 마데이라 지방

서아프리카에 위치한 섬 마데이라. 이곳에서 만든 주정강화 와인 마데이라는 포트와 함께 포르투칼 디저트와인으로 유명하다.

3. 포르투칼 와인 품질등급

- DOC(원산지 통제 명칭와인) : 최상급 와인으로 24개 지역이 있다.
- IPR(우수품질제한 와인) : 4개 지방과 9개 지역으로 구분된 우수 와인 등급이다.
- Vinho da Regional(지방명칭와인)
- Vinho da Mesa(Table Wine)

4. 포트와인의 종류

포르투갈에서 와인을 발효시키는 과정에서 당분이 남아 있는 발효 중간단계에 브랜디(와인을 증류한 주정)를 첨가하여 발효를 중단시키고, 이에 따라 도수와 당도가 높고 오래 보관이 가능한 와인이 탄생하게 되었다. 2015년에는 와인 스펙테이터(WS)에서 포트 와인 중 하나인 빈티지 포트를 세계 100대 와인 중 하나로 선정하기도 했다. 이와 유사한 주정강화 와인으로는 스페인의 셰리가 유명하고, 주정강화의 개념을 사용하는 또 다른 양조주로는 대한민국의 주정강화 청주인 과하주가 있다.

영국인의 와인 사랑은 중세에도 대단했으나, 영국 땅은 포도를 재배하고 와인을 생산하기에 적합하지 않았기 때문에 백년전쟁에서 프랑스에 패한 영국이 보르도 지역을 빼앗기고 교역이 중단되어 보르도 와인을 저렴하게 수입하기 곤란해졌고, 엎친 데 덮친 격으로 윌리엄 3세에 의해 1693년부터 시행된 조세법으로 프랑스 와인에 대한 세금이 대폭 증가하게 되었다.

상인들은 영국에 와인을 공급하기 위해서 적당한 와인산지를 물색하게 되었고, 런던에서 가까운 포르투갈의 북서연안으로 모여들었다. 대부분은 장거리 해상운송에 적합하지 않은 화이트 와인을 생산했기 때문에 레드 와인을 찾기 위해 도루(Douro)강 인근의 와인산지에 까지 이르게 된 것이다. 그러나 초기에는 험한 뱃길을 거치며 무더운 날씨 등으로 인해 운송 도중에 와인이 식초처럼 변질되는 경우가 속출하여 다른 방법을 모색하게 되었다. 영국 수입 상인들은 알코올 도수가 높은 브랜디를 인위적으로 첨가해서 와인의 발효를 중지시켜야 변질되지 않는다는 것을 깨닫게 되었다.

당시 포르투갈 도루(Douro)강 하구에 있는 아름다운 항구인 '오포르투(Oporto)'에서 와인을 선적했기 때문에 '포트(Porto)'가 이름에 붙게 되었다. 포트와인은 원래 포르투(Porto)와인이라 부르는 것이 맞지만 17세기 후반 영국에 의해 전 세계에 알려졌기 때문에 영국식 발음인 포트로 불리고 있다.

와인 생산지인 포르투갈 북부 도우루 지역은 매우 건조하고 여름과 겨울의 기온차가 큰 곳이다. 이곳에서 포트와인이 만들어지면 이듬해 1월에 도우루강을 따라 포르투 시와 마주보고 자리한 빌라 노바 드가이아라는 도시로 옮겨져 숙성이 시작된다. 양조와 숙성 장소가 다른 이유는 포도재배에 적합한 기후와 와인의 숙성에 적합한 조건이 다르기 때문이다. 포트와인은 숙성이 오래될수록 복합적인 견과류의 맛이 난다.

포트와인은 크게 그해 수확한 포도를 골라 양조한 뒤 20~30년 정도 오크통에서 숙성시킨 빈티지 포트와 원산지와 생산연도가 다른 품종을 블랜딩 시킨 타우니 포트, 식전 와인으로 쓰이는 화이트 포트 등으로 나누어진다. 포트와인은 대개 스위

트 와인으로 만들어지며 과일향이 풍부하고 맛이 진하기 때문에 디저트 와인으로 사랑받고 있다.

포트와인은 타닌이 많고 산도가 높은 또오리가 나씨오날 (Touriga Nacional)을 중심으로 하는 48개의 레드품종과 베르데유(Verdelho)등 50여 개의 화이트품종으로 만들어지고 있는데, 스타일별로는 다음과 같이 몇 가지로 구분되고 있다.

(1) 루비포트(Ruby Port)

2가지 이상의 품종을 블렌딩한 가장 일반적이고 많이 판매되는 저가의 포트와인이다. 최소 2년 이상의 오크통 숙성을 거치며 단맛이 난다. 좀 더 숙성시켜서 Reserve 혹은 Special Reserve를 붙이기도 한다. 루비포트는 일정기간 오크통에서 숙성시켜 블렌딩하는 와인으로서 병 속에서 숙성시키는 빈티지 포트와인과는 달리 오크통에서 숙성되기 때문에 우디드 포트(Wooded Port)라고 불리기도 한다. 블렌딩과 숙성은 포트회사가 갖고 있는 각 브랜드의 일정한 스타일과 질을 유지시키기 위해서 포트구역에서 이루어진다. 포트회사는 블렌딩 할 때 30개가 넘는 와인을 사용한다. 각각의 와인들은 숙성된 연수도 다르고 순도나 맛, 농도 등이 모두 다르다.

루비포트는 이름 그대로 밝은 루비색을 띄고 있으며 병입 후 바로 마실 수 있다. 또한 식후 소화를 촉진시켜주며, 디저트와 함께 시가와 함께 음미하면 더욱 분위기와 맛을 한층 느낄 수 있을 것이다.

(2) 타우니 포트(Tawny Port)

레드와인과 화이트와인을 블렌딩해서 만들어지는 것이 바로 타우니 포트이다. 루비포트보다 더 오랜 기간인 5~6년 동안 숙성시키는 타우니 포트는 황갈색을 띄고 있으며 맛도 더 드라이한 편이다. 와인이 오크통에서 오래 숙성되면 정제도 많이 이루어지고 그에 따라 빛깔도 엷어지게 된다. 이 때문에 황갈색을 띄게 되는 것이다. 타우니 포트는 루비보다는 좋은 품종의 포도를 사용하게 된다.

(3) 에이지드 타우니(Aged Towny)

에이지드 타우니는 장기간 숙성된 고급 타우니 포트를 지칭하는 제품이다.

10년, 20년, 30년, 40년 등의 종류가 있으며, 오크통에서 해당 숙성기간을 채운

후 병입 하여 판매가 이루어진다. 오크통에서 장기 숙성 하다 보니 빛깔도 바래지고 과일향도 많이 없어지지만 대신 오크통에서 우러나오는 오묘하고 복합적인 향이 매력적인 와인이다.

(4) 빈티지 포트(Vintage Port)

포트와인의 최고급 종에 해당하는 것이 바로 빈티지 포트이다. 수확이 좋은 해에 최고 품종의 잘 익은 포도밭만을 골라서 양조한 후 오크통에서 2년 이상 숙성한 뒤 병입 후에도 천천히 숙성시키는 제품이다. 10년, 20년 보관 후에 개봉해야 부드러운 제맛을 즐길 수 있는 게 빈티지 포트의 특징이다. 빈티지 포트는 전체 포트 생산량의 2%정도이며, 다른 포트와인과 달리 레이블에 빈티지 가 표시된다. 최고의 빈티지 포트는 1994년, 1992년, 1991년, 1985년, 1977년, 1970년, 1963년, 1955년, 1948년, 1945년생 등이 있다. 검은 병에 담겨 있는 빈티지 포트는 필터링하지 않아 찌꺼기가 있을 수 있기 때문에 마시기 전 디캔팅(decanting)을 통해 걸러줄 필요가 있다. 디캔팅은 와인의 침전물을 거르거나 산소에 접촉시켜 맛과 향을 풍부하게 하는 것을 말한다.

포트와인은 침전물이 많이 생겨 그것들을 제거하기 위해 디캔팅을 한다.

(5) LBV (Late Bottled Vintage)

동일연도의 포도로 양조하지만 빈티지 포트로 만들기엔 다소 품질이 떨어지는 경우 4~6년 정도 통숙성을 시켜서 만들어지는 와인이 바로 LBV포트이다.

와인은 병에 있을 때보다 통에 있을 때 더 빨리 숙성되기 때문에 빈티지 포트보다 숙성이 빠르며 오크통에서의 산화로 인해 빈티지 포트보다는 엷은 색을 띈다. 라벨에 수확연도를 나타내긴 하지만 가격은 빈티지 포트의 절반수준이다. 찌꺼기와 같은 침전물은 대부분 통에 남게 되기 때문에 디켄팅 과정은 필요가 없다.

(6) 화이트포트(White Port)

화이트포트는 도우루 지역에서 만들어지는 또 다른 형태의 포트와인이다.

포트와인은 대부분 레드 와인형태로 만들어지는데 반해 화이트포트는 예외적으로 청포도로 만들어지는 화이트와인이다. 오크통에서 숙성되며 맛은 부드럽고 다른 포트보다 약간 드라이하며, 색은 황금색을 띈다. 때로 단시간에 색을 엷게 하고 부드럽게 만들기 위하여 좀 덜 비싼 타우니 포트와 혼합하기도 한다.

주요 포도품종은 포르투갈의 전통품종인 Trincadeira(뜨링까데라), Aragones(아라고네즈), Bastardo(바스타도), Touriga Nacional(뜨링까 나시오날), Roupeiro(호우뻬이로), Antao Vaz(안타오 바즈), Arinto(아린또), Perrum(페룸), Rabo De Ovelha(라보 드 오벨하)와 국제품종인 Cabernet Sauvignon(까베르네 소비뇽), Syrah(쉬라) 등이다.

제 9 장

세계의 와인 II

CONTENTS

제1절 미국 와인

1. 기후 및 지형

미국에서 와인이 처음 소개되었던 해는, 18세기 멕시코에서 교회 미사용 포도나무를 캘리포니아에 들여오기 시작했을 때부터이다. 와인산업은 황금을 찾아 서부로 대이동하던 즈음 크게 발전하게 되었으나 포도나무 전염병인 "필록세라"와 금주법(1919년)으로 잠시 침체 되다가 1933년 금주법이 폐지되면서 다시 활기를 뛰게 되었다. 1920년~1930년대에만 해도 캘리포니아에서는, 값싸고 대량으로 판매되는 저그 와인을 주로 생산 해왔지만, '캘리포니아 와인의 아버지'라고 불리는, 로버트 몬다비(Robert Mondavi) 와 마이크 거기쉬(Mike Grgich), 워렌 위니아스키(Warren Winiaski) 같이, 뛰어나 와인메이커들의 노력으로, 1970년대에 신세계 와인 생산국 중에서, 최초로 세계시장에 진입을 하게 되었다.

캘리포니아에 위치한, U.C.Davis 대학은 유럽에서도 유학 올 정도로, 수준 높은 와인 양조 학을 가르치고 있으며, 캘리포니아의 고급 와인들은 가격 면에서 프랑스 다음으로 비싸다. 현재 미국은, 세계 와인 생산량 4위, 세계 와인 소비량 3위, 세계 포도재배 면적 6위에 위치해 있다.

더 알아보기

1976년 5월 24일 파리에서 열린 '파리의 심판' 사건은 미국 와인을 더욱 발전할 수 있게 만들었다. 레드와인과 화이트와인을 두고 와인 전문가로 이루어진 심사위원단이 프랑스와 캘리포니아 와인으로 블라인드 테스트를 하였는데, 예상과는 반대로 1위를 모두 캘리포니아 와인이 차지했다.

숙성이 안 된 어린와인을 대상으로 하여 제대로 평가되지 않았다는 프랑스 측의 주장으로 30년 뒤 2006년 숙성과정을 거친 보르도산 레드 와인의 자존심을 걸고 같은 와인으로 다시 블라인드 테스트를 가졌지만 결과는 캘리포니아 와인의 완승이었다. 재대결에서 1위는 릿지 몬테 벨로 카베르네 1971년 산(産)으로 30년 전 5위를 한 와인이었고 2위는 스테그스 리프 와인 샐러스 카베르네 1973년산으로 30년 전 2위를 한 와인이었다.

보르드 와인 중 최고가를 구가하는 샤토 무통 로칠드는 30년 전 2위를 하였지만 오히려 6위로 밀려나는 불명예를 안게 되었다. 이 사건으로 미국 와인은 물론, 신세계 와인으로 불리는 칠레, 호주, 남아공 와인의 품질투자와 기술개발에 원동력이 되었다.

2. 미국의 와인 분류

- 버라이어털(Varietal) 와인 : 원료가 된 포도 품종 자체를 상표로 사용하는 고급와인이다. 다만 그 품종이 반드시 75%(1983년 이전에는 51%)이상 와인 생산에 사용 되어야 한다.
- 메리티지(Meritage) 와인 : 카베르네 쇼비뇽이나 메를로 같은 프랑스 보르도 지방산 품종만을 적당한 비율로 섞어 만든다. 한 품종의 사용 비율이 75%를 넘지 않기 때문에 포도 품종을 상표로 사용하지 못한다. 버라이어털 와인과 구별되는 미국 내 또 하나의 고급와인이다.
- 제네릭(Generic) 와인 : 포도품종 명을 기재하지 않은 일상적인 와인이다.

유럽은 전통적으로 포도밭에 등급이 있고 제조방법 또한 법으로 규제하고 있어 새로운 시도가 불가능하다. 하지만 미국은 현대적인 포도 재배 및 양조 기술을 최대한 활용, 다양한 실험을 통해서 품질 좋은 와인을 생산하고 있다.

미국은 1983년 포도재배지역의 지리적, 기후적 특성과 토양을 나타내는, AVA(American Viticultural Areas)라는 제도를 도입했다. 하지만 이제도는 다른 국가제도와는 달리, 품질을 규제하지 않으며, 생산지와 포도품종만을 표기하고 있다. 따라서 AVA의 의미는, '공인된 전문 포도재배지역', '최소 단위의 와인산지' 도로만 이해하면 된다. 2007년 기준으로, 전국적으로 187개, 캘리포니아에 108개 지역이 AVA로 지정 되어있다.

미국에서는 기후가 고르고 일정하기 때문에, 빈티지보다는 포도품종과 재배지역을 더 중요시 여긴다. 레이블에 표기되는 생산지 명칭은, 주 이름, 카운티 이름, 또는 AVA의 이름 중 하나가 사용이 되는데, 주(예; 캘리포니아) 이름을 쓰려면 해당 주에서 재배된 포도가 100% 사용되어야 하고, 카운티(예; 나파 벨리) 이름을 쓰려면 해당 카운티에서 재배된 포도가 75% 이상 사용되어야 하며, AVA의 이름을 쓰려면 해당 지역의 포도가 85% 이상 사용되어야 한다. 세 가지 와인 중에서도 AVA의 이름이 사용될수록 더 좋다. 미국 와인을 구입하려면 등급 보다는, 유명 지역의 유명 와이너리를 고르면 되며, 주요 산지로는 캘리포니아 주, 오리건 주, 워싱턴 주, 뉴욕 주가 있다.

3. 유명 와인과 포도지역

보통 미국 와인의 이름은 사용되는 포도 품종에 따라 정해지지만 최근에는 유럽식 블렌딩 와인의 생산도 늘고 있다. 유명한 와인으로는 농도가 짙고 강한 맛을 풍기는 까베르네 소비뇽을 비롯해 풍성한 과일향의 메를로, 다양한 스타일의 토착 품종인 진판델 등이 있다. 순한 과일 향을 풍기는 피노 누아나 열대 과일의 풍미를 지닌 샤르도네, 풋풋한 향의 소비뇽 블랑 등도 인기 있는 와인이다.

일조량이 풍부하고 기후가 온화한 캘리포니아 지역은 포도 재배에 최적의 조건을 갖추고 있다. 세계적으로 명성이 높은 와인 생산지로는 샌프란시스코 북부의 멘도치노, 나파, 소노마 카운티 등이 있다. 그 중에서 나파 벨리산 포도는 '보라색 황금'이라는 별명을 가졌을 만큼 뛰어난 맛과 향을 자랑한다. 특히 나파 벨리에서는 컬트 와인(cult wine: 캘리포니아에서 소량 생산, 한정 판매하는 고품질 와인)을 비롯한 값비싼 와인들이 생산되고 있다.

제2절 칠레 와인

1. 기후 및 지형

칠레는 "일부러 노력하지만 않으면, 품질이 나쁜 와인이 만들어 질수 없다"고 할 정도로 어떠한 병균도 살기 힘든 구리가 많이 포함된 토양에, 안데스 산맥의 빙하에서 녹아내려온 맑고 깨끗한 물 그리고 심한 일교차로 와인을 생산하기에 최적의 자연환경을 가지고 있다. 또한 땅값이나 노동력이 저렴하여 가격대비 훌륭한 와인이 생산되는 곳이다. 16세기 중반 스페인 사람들에 의해 최초로 포도농장이 들어선 이후 파이스(Pais) 포도로 대중적인 와인이 만들어져 왔다. 1980년 이후 선진기술을 도입하고 프랑스의 양조 기술자들을 대거 초청하여 와인 산업에 발전을 가져왔다. 칠레 와인의 품질은 계속 성장하여 일본, 미국, 유럽 등지로 계속 세력을 확장하고 있다. 1990년대부터 세계시장에 등장하여 생산량 대비 수출 점유율 1위인 수출 주도형 와인 생산국이다.

칠레의 자연환경은 일교차가 크고 안데스 산맥의 빙하에서 녹아내리는 청정수, 구리성분이 많아 병균에 강한 토양 등으로 포도재배에 매우 적합한 환경이다. 한편 아르헨티나와 경계선이 되는 동쪽의 안데스산맥, 북쪽의 사막, 남극의 빙하, 서쪽의 남태평양 바다 등으로 외부와 단절되어 있는 환경과 독특한 토양 때문에 필록세라의 영향을 받지 않은 유일한 나라이다. 따라서 세계적으로 유일하게 필록세라의 피해를 입지 않은 포도로 와인을 만들고 있는 나라이며 유럽의 고유 와인, 1860년 이전의 고전 와인의 맛이 남아있는 곳이다.

2. 칠레 와인의 법률 및 분류

칠레와인은 다음과 같이 3 가지로 분류할 수 있다.

① 원산지 표시 와인(Denominacion de Origen, 데노미나시온 데 오리헨)

- 칠레에서 병입된 것으로 원산지 표시할 경우 : 그 지역 포도 75% 이상 사용
- 상표에 품종을 표시할 경우 : 그 품종을 75% 이상 사용

- 여러 가지 품종 섞는 경우 : 비율이 큰 순서대로 3가지만 표시
- 수확연도를 표시할 경우 : 그 해 포도가 75% 이상 사용
- 생산자 병입(Estate bottled)란 용어 표시할 경우 : 포도의 수확, 양조, 병입, 보관이 자기 소유의 시설에서 일관적으로 이루어져야함

② 원산지 없는 와인

원산지 표시만 없고, 품종 및 생산연도에 대한 규정은 원산지표시와인과 동일

③ 비노 데 메사(Vino de Mesa)

식용포도로 만드는 경우가 많고, 포도품종, 생산연도 표시 안함

④ 칠레 와인 등급(명칭 & 내용)

현재 공식적인 등급 분류나 규제가 없는 칠레 와인은 1995년부터 시행 된 일종의 원산지 호칭 제도는 "DO(Denominacion de Origen)제도"를 실시하고는 있지만 그다지 엄격하진 않으며 숙성기간 표시를 통해 와인의 품질을 알려주고 있다.

- 레제르바 에스파샬(Reserva Especial) : 2년 이상 숙성된 와인
- 레제르바(Reserva) : 4년 이상 숙성된 와인
- 그란비노(Gran Vino) : 6년 이상 숙성된 와인
- 돈(Don, Dona) : 아주 오래된 와이너리에서 생산된 고급와인에 표기
- Finas : 정부 인정하의 포도품종에 근거한 와인

3. 주요 포도 품종

칠레에서 생산되는 포도품종은 다양하다. 칠레의 와인용 포도 경작지의 절반 정도는 여전히 파이스 포도를 재배하지만 외국 자본의 투자로 생긴 포도 농장들은 대게 프랑스 포도 품종을 많이 심는다.

- 레드와인 : 까베르네 소비뇽(Cabernet Sauvignon), 피노누아,(Pinot Noir), 까베르네 프랑, 말벡, 쁘띠 베르도, 멜로
- 화이트 와인 : 세미용(Semillon), 소비뇽 블랑(Sauvignon Blanc), 리즐링(Ries-ling), 로카 블랑카(Loca Blanca), 샤도네, 삐노블랑, 트레비아노, 트라미너

4. 주요 생산지

- 센트랄 밸리(Central Valley)가 와인의 주 생산 지역이다.
- 아타카마(Atacama), 코퀸보(Coquimbo) : 알코올 함유량이 높으며, 대부분 스위트한 알코올 강화와인 생산
- 아콩카구아(Aconcagua) : 산티아고 북부, 고급 와인을 만드는 곳 중에서 가장 덥다.
- 마이포(Maipo) : 주요 양조장들이 많이 있는 작은 지방
- 라펠(Rapel) : 마이포 지방보다 기후가 선선하고, 일부 지역에서는 파이스 포도를 재배함
- 마울레(Maule), 비오-비오(Bio-Bio) : 벌크와인 생산지

5. 주요 생산자

- 콘차이 토로(Conchy Toro) : 바론 필립 로쉴드와 제휴해서 만든 알마비바(Almaviva), 돈 멜초(DonMelchor) 등 최고급 와인 외에 마르케스, 트리오, 선라이즈 등 다양한 가격대의 와인들 생산
- 쿠시뇨 마쿨(Cousino Macul) : 18세기에 출발한 와인 회사 중에서 유일하게 주인이 바뀌지 않은 곳으로 마이포 밸리에 자리 잡고 있다. 고전적인 보르도 스타일의 와인 제조. 최고급 와인인 피니스 테라에(Finis Terrae)와 그 아래로 안티구아 리제르바(Antiguas Reserva) 제조
- 몬테스(Montes) : 창업주인 아우렐리오 몬테스가 프랑스에서 선진적인 와인 기술을 도입해 와인의 품질향상을 도모. 쿠리코(Curico) 및 아팔타(Apalta) 지역에 위치. 프리미엄 와인 몬테스 알파 M(Montes Alpha M)이 유명

- 카사 라포스톨레(Casa Lapostolle) : 아팔타 지역을 대표하는 와이너리.
- 에라주리즈(Errazuriz) : 미국의 로버트 몬다비와 제휴해서 만든 세냐가 유명. 저렴한 가격대의 칼리테라(Caliterra) 와인도 생산한다.
- 운두라가(Undurrga) : 마이포 벨리에 위치, 오랜 시간에 걸쳐 칠레 와인의 전통을 다져온 회사

제3절 호주 와인

호주 와인의 역사가 본격적으로 시작된 계기는, '호주 포도재배의 아버지'라고도 불리는, 스코틀랜드 출신인 제임스 버스비(James Busby)가 1824년 호주로 이주하여, New Souths Wales의 Hunter Valley 지역 주민들에게, 포도재배와 와인양조 방법을 알려주면서 시작 되었다. 1800년대 유럽에서 온 정착민들은 남부 호주 전역에 걸쳐 영역을 넓혀 가면서 포도를 재배했다. 1800년대부터 1960년대까지 생산된 대부분의 호주 와인은 가정에서 마시거나 영국에 수출하기 위해 만든 포트와 같은 알코올 강화 와인이었다. 호주는 1960년대부터 와인산업 발전을 위해 힘을 썼고, 1970년대 이후에는 드라이 레드 와인의 시대로 접어들었다. 1980년대에는 독창적인 마케팅으로 세계 수출시장에 진입하였다. 세계 6위의 와인 생산국이기도한 호주는, 세계 4위의 수출을 하는 수출 주도형 와인 생산국(수출 시장 전체의 40%가 영국)이다. 최근 여러 선진 기술이 도입되고 생산설비가 향상되었음은 물론이고, 독창적인 마케팅으로 세계시장에서 빠르게 성장 하고 있다.

- 호주의 제이콥스 크릭(Jacob's Creek)이라는 와인은, 세계 판매 1위의 브랜드이며, 옐로우 테일(Yellow Tail)은 미국 판매 1위를 기록하기도 했다.

호주의 제이콥스 크릭(Jacob's Creek) 와인

호주의 옐로우 테일(Yellow Tail) 와인

1. 주요 품종

적 포도에 까베르네소비뇽, 쉬라즈, 말벡 등이 있고 백 포도에는 라인 리슬링, 샤르도네, 트라미너, 뮈스카, 세비용, 트레비아노, 쏘비뇽 블랑 등이 있다. 이들 포도 품종들이 전체 생산량의 반을 차지하고 있다. 이들 포도 품종들은 유럽에서 건너 왔으나 호주의 자연 환경에 융화되어 독특한 개성을 지닌 새로운 품종으로 재탄생되고 있다.

2. 특징

호주산 라인 리슬링은 독일산과는 매우 다른, 세계에서도 정상급에 속하는 오리지널 포도 품종의 하나로 인정받고 있다. 쉬라즈는 프랑스 론(RhOne)의 쉬라(Syrah) 품종에서 파생된 것으로 호주에서는 까베르네소비뇽과 더불어 적포도 품종의 양대 산맥을 이루고 있다. 호주에는 까베르네소비뇽과 쉬라즈는 서로 혼합되거나 다른 품종과 결합되어 독특한 맛을 창출해 낸다.

호주에는 약 300여개의 개인 소유와 네 개의 큰 그룹이 운영하는 와인 양조장이 있다. 그러나 이들 메이저 그룹이 전체 생산량의 77%(1993년 기준)를 차지하고 있으며 수출을 주도하고 있다. 선두는 SA 브루잉(SA Brewing)으로 펜폴드(Penfolds), 비알엘 하디(BRL Hardy), 휴톤(Houghton), 노티지 힐(Nottage Hill), 리징함(Leasingham), 스텐리(Stanley), 올란도(Orlando)등을 꼽을 수 있다. 호주 와인의 급성장 요인을 몇 가지로 요약해 볼 수 있는데 품질 향상, 저렴한 땅값, 고도의 최신식 양조 기술, 양조장 규모의 경제성, 세계 시장을 겨냥한 와인 산업의 통합 등을 들 수 있다.

3. 호주 와인 산지

호주는 남한의 77배에 이르는 거대한 대륙을 지닌 곳으로 넓은 땅 덩어리 만큼 다양한 기후 요소들을 가지고 있으며 유럽, 아메리카처럼 특정 지역에서만 와인을 생산하는 국가와 달리 호주는 거의 모든 주에서 와인을 생산하고 있다. 이유는 호주가 지닌 적합한 기후와 토양, 지역적으로 차이가 있으나 대체로 여름은 덥고 겨울은 온화한 기후에 강수량이 많지 않아 포도 재배에 적당한 조건이다. 토질도 지역에 따라 다르지만 대부분 와인을 재배하기에 적합하다. 전국적으로 6개주 60여 곳의 세부 와인 산지가 있다. 6개주는 사우스 오스트레일리아(South Austrailia), 뉴사우스웨일즈(New South Wales), 빅토리아(Victoria), 웨스턴 오스트레일리아(Western Australia), 퀸즐랜드(Queensl and), 타스미니아(Tasmania)섬이며 이들 중에서 남부의 3개 주인 사우스 오스트레일리아 (60%), 뉴 사우스 웨일즈, 그리고 빅토리아주가 대표적인 와인산지이다.

세부 산지 중에서는, 사우스 오스트레일리아주의 바로사 밸리(Barossa Valley), 쿠나와라(Coonawarra), 맥라렌 베일(McLaren Vale), 아들레이드 힐스(Adelaide Hills), 뉴사우스 웨일즈주의 헌터밸리(Hunter Valley) 빅토리아주의 야라밸리(Yarra Valley)가 유명하다.

특히 바로사밸리 지역은 전 세계 포도밭을 황폐화시켰던 필록세라의 영향을 거의 받지 않아, 세계에서 가장 오래된 포도나무들이 남아있는 호주의 명산지이다.

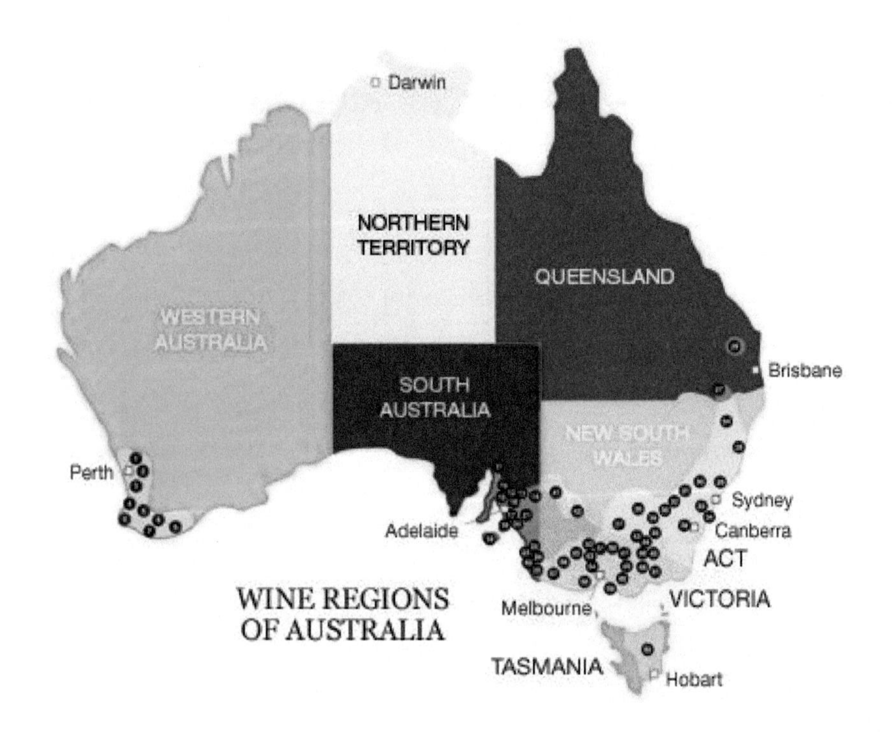

4. 주요 와인 생산 지역

(1) 남부 호주(South Australia)

호주와인의 60%이상이 생산되는 곳으로 160여개 이상의 와이너리가 산재해 있으며 주로 레드 와인을 생산하는 지역이다. 애들레이드(Adelaide)를 중심으로 하여 북으로 바로사 밸(Barossa Valley), 클레어 밸리(Clare Valley), 리버랜드(Riverland), 남으로 쿠나와라(Coonawarra), 맥라렌 밸리(McLaren Valley), 패써웨이(Padthaway) 등 유수의 산지가 몰려 있다. 특히 쿠나와라는 호주에서 가장 훌륭한 레드 와인 산지로 인정받고 있으며, 패써웨이는 가장 훌륭한 화이트 와인을 생산하는 곳으로 평가받고 있다. 하디(Hardy), 펜폴즈(Penfolds), 울프 블라스(Wolf Blass), 세펠트(Seppelt) 등의 생산자가 대표적이다.

① 바로사 밸리(Barossa Valley)

이곳은 호주의 와인 생산지역 중 가장 유명한 지역의 하나다. 애들레이드의 북쪽에 위치하고 있으며, Orlando나 Penfolds등의 거대한 와이너리의 발산지이기도 하다. 1847년으로 거슬러 올라가는 역사와, 독일의 영향도 받았다.

화이트 와인 중, Riesling이나 Semillon이 사랑받고 있으며, Shiraz나 Cabernet Sauvignon의 생산이 가장 확립되어있다.

② 애들레이드 힐즈(Adelaide Hills)

애들레이드의 바깥쪽으로 약간 벗어나 해발 400m 위에 위치한 이곳은 화이트 와인과 스파클링 와인으로 유명한 곳이다. 다른 곳보다 서늘한 기후 조건은 Chardonnay나 Rhine Riesling 재배에 있어서 최적의 조건을 주며, Pinot Noir 같은 레드 품종 또한 점점 향상되고 있다.

③ 쿠나와라(Coonawarra)

1890년에 최초로 재배가 시작되고 그 이후로 계속 fortified wine에서부터 table wine, premium wine 까지 계속 발전되고 있다. 이 지역은 전 호주의 가장 값나가는 토양을 가지고 있다. 그리하여 호주의 유명한 레드 와인 생산의 한 몫을 하고 있다. 남부 호주의 가장 남쪽에 위치하여 기후가 서늘하고 질 좋은 토양(terra rossa soil)이 있어, 고품질의 와인이 생산된다.

④ 맥레런 베일(McLaren Vale)

1838년 John Reynell 은 Thomas Hardy의 도움으로 처음 포도를 재배하여, 다음 한 세기동안 그 지역의 와인생산을 점령하였다. 애들레이드의 정남쪽에 위치하여 Chardonnay와 Cabernet Sauvignon은 물론 질 좋은 Shiraz와 Grenache를 생산하고 있다.

(2) 뉴 사우스 웨일즈(New South Wales)

뉴사우스 웨일즈는 호주에서 가장 오래된 와인 생산지역이기는 하지만, 점점 커나가는 남부호주나 빅토리아 주에 비해 그 중요성은 점점 떨어지고 있다. 조금 열악한 기후조건 때문이기는 하지만, 역사적 명성의 뒷받침으로, 호주의 유명한 와인 중 대부분은 이곳에서 생산되고 있다. 호주 남동부 시드니를 중심으로 한 지역으로 전체 생산량 25%를 생산한다. 시드니로부터 북으로 160km 떨어진 헌터 밸리(Hunter Valley)가 최고의 산지며, 맛과 향이 진한 세미용과 강한 쉬라즈가 유명하다. 피노누아와 쉬라즈의 블렌딩도 유명하다. 헌터 밸리 외에도 머지(Mudgee), 리베리나(Riverina) 등의 산지에서도 양질의 와인을 생산하고 있다.

브로큰우드(Brokenwood), 린드만(Lindemans), 윈드햄(Wyndham) 같은 생산업체가 있다.

① 헌터벨리하부(Lower Hunter Valley)

기후의 악조건에도 불구하고, 이 지역은 호주에서 가장 유명하고 방문객이 해마다 늘어가는 곳이다. Tyrrells, Rothbury, Brokenwood, McWilliams 등의 유명 와이너리 등의 출산지이기도 하며 Shiraz와 Chardonnay도 재배되지만, 훌륭한 Cabernet Sauvignon과 Semillon의 생산지이기도 하다. 헌터밸리상부(Upper Hunter Valley) 하부보다는 조금 건조한 기후로 레드보다는 화이트 종의 생산이 이루어지지만, 역시 기후조건으로 인하여, 좋은 와이너리를 만드는 것을 어렵게 한다.

(3) 빅토리아(Victoria)

호주 남동부 멜버른근처에 위치한 오랜 전통을 이어온 지역으로 자랑하는 기후와 토양이 유럽과 비슷한데 이러한 자연조건이 유럽에 서 건너온 이주자들을 정착시킨 요인이 되었다. 15% 정도를 생산한다. 호주에서 두 번째로 많은 126개소의 양조장이 있으며 정상급의 레드, 화이트, 발포성, 포트와인을 생산한다. 머레이(Murray) 강과 야라 밸리(Yarra Valley)에서 좋은 와인이 생산된다. 멜버른 북서쪽에 위치한 야라 밸리에는 소규모 포도원들이 군락을 이루고 있다. 윈즈(Wynns), 밀데라(Mildara) 등의 와이너리가 이 지역에서 양조를 하고 있다.

① 야라 벨리(Yarra Valley)

엄청난 인기를 누리는 와인 중 대부분이 이곳에서 생산되었다. 선선한 기후가 Pinot Noir나 Chardonnay, Cabernet Sauvignon등이 재배되는 데 최고의 조건이 되어준다. 생산량이 제한되어 있기는 하지만, 그 품질은 비교적 높은 편이다. 그리하여, 이곳에서 생산 된 와인은 어느 정도 안심할 수 있다는 평을 듣고 있다.

(4) 서부 호주(Western Australia)

호주와인의 신흥지역으로 10% 정도가 이 지역에서 생산되고 있다. 사실 서부 호주의 와인 산업은 남부보다 몇 년 앞서 시작되었다. 1829년, Thomas Waters 라는 개척자에 의해 스완 밸리에서 와인 양조가 시작되었던 것이다. 마가렛 리버(Margaret River)와 스완 밸리(Swan Valley)에서 품질 좋은 레드, 화이트 와인이 만들어지며, 유명 생산 업체로는 호우튼(Houghton), 케이프 멘텔(Cape Mentelle), 모스(Moss) 등이 있다.

① 마가렛 리버(Margaret River)

호주의 가장 유명한 지역 중 하나이다. 해양에 가깝게 위치하고, 훌륭하고 섬세한 Cabernet Sauvignon과 Pinot Noir, 그리고 유명하지는 않지만 어느 정도의 수준을 가진 Chardonnay나 Semillon도 생산된다. 그리 높은 수준의 와인이 아니더라도, 적은 공급량 때문에 가격은 높은 편이다.

② 스완 지역(Swan District)

스완벨리 지역은 포도재배의 역사로 따지자면 빅토리아나 남부호주를 150여년 정도를 앞선다. 이곳의 토양은 검붉은 점토에 사토가 섞여 있으며 기후는 덥고 건조하며 때때로 매우 뜨거운 날씨가 계속 되기도 한다. 포도가 성숙되는 이른 봄 이후에는 비가 거의 내리지 않는다. 휴튼의 부르고뉴는 호주 화이트 와인 판매 시장에서 제 2위를 차지하는 유명한 와인이다. 상표에 독특한 줄무늬가 있는 이 와인은 서부 호주 와인의 대명사라고 할 수 있다.

■ 호주의 와인 스타일 3가지

- 제너릭 와인(Generic Wine) : 유럽의 유명한 와인산지(Burgundy, Chablis 등)를 이용해 스타일을 표시하지만 품종은 유럽과 관계없는 것으로 점차 사라지고 있는 추세다. 주로 국내용으로 소비되고 수출용은 Dry White, Dry Red 등으로 표시된다.
- 버라이어탈 와인(Varietal wine) : 상표에 포도 품종을 표시 하는 와인.
- 버라이어탈 블랜드 와인(Varietal Blend wine) : 고급 포도 품종을 섞은 와인을 버라이어탈 블랜드 와인이라고 하고, 배합 비율이 많은 것부터 상표에 포

도 품종을 표시한다. 품종을 상표에 표시할 때는 표시한 품종을 80%이상 사용해야 하고, 산지명과 빈티지를 나타낼 때도 85% 이상이어야 표시할 수 있다.

호주 와인을 이야기할 때 빼놓을 수 없는 것 하나. 시라즈라는 포도품종이다. 뉴질랜드와인이 소비뇽 블랑(화이트와인용 포도), 남아공 와인이 피노타주로 월드와인에 출사표를 던졌다면 호주는 단연 시라즈다. 이 포도는 본디 프랑스 남부 론 지방의 '시라'가 원종. 호주로 건너오면서 이름이 '시라즈'로 변했다. 시라즈는 통상 거친 맛에 강한 타닌, 특유의 향신료 향으로 표현된다. 하지만 시음하다 보면 와인메이커의 손길에 따라 의외로 부드럽고 여성적인 풍미를 갖춘 시라즈도 만나게 된다.

③ 호주 등급분류

호주는 프랑스와는 달리 특별한 규제를 하고 있지 않다. 하지만 레이블에 포도품종을 표시할 경우, 1994년에 마련된 GIS (Geographic Indication System)의 규제에 따라, 해당 품종 비율이 85% 이상이어야 하며, 두 가지 품종이 블렌딩 되었을 경우에는, 더 많은 비율의 품종을 앞에 적어야 한다.(예를 들면 : 쉬라즈-말벡-까베르네와 같이 세 품종이 블렌딩 되기도 한다)

생산지역이 표시될 경우에는, 그 지역의 포도품종이 85% 이상이어야 하며, 빈티지 표시는 해당 빈티지가 95% 이상이어야 가능하다. 호주는 특별한 등급도 없지만, 'Langton'이라는 와인경매회사가 5년에 한번씩, 호주의 고급 와인들을 대상으로 등급을 분류하고 있다. 이것을 호주 랭턴 경매 분류(Langton's Classification)이라고 한다.

④ 레이블 읽기

대부분 포도품종, 생산회사, 생산지역이 적혀있어 읽기가 쉽다.

- Show Reserve : 각종 와인대회에서 메달을 수상한 와인
- Limited Release : 엄선해서 출시되어 수량이 한정되어 있다.
- Bin : 이미 병 입 된 와인들을 저장해놓는 창고

제4절 뉴질랜드 와인

뉴질랜드는 신세계 와인 생산국 중 가장 늦게 와인을 생산하기 시작했다. 하지만 1980년대 수출을 시작한 이래로 세계 11위의 와인 수출국이 되었다. 현재 주목받는 신흥 와인 생산국이다. 살아있는 자연환경, 풍부한 관광자원으로 유명한 뉴질랜드는 청정지역의 느낌이 살아있는 화이트 와인을 주로 생산하고 있다. 뉴질랜드의 와인 역사는 매우 짧다. 1819년 호주에서 건너온 영국인 선교사에 의해 포도 나무가 최초로 심어졌다. 이로 인해 미사를 위한 포도재배가 시작되었지만 와인은 만들지 않았다. 이후 1839년 호주에 포도나무를 전파한 '제임스 버즈비'가 최초로 와인을 제조했다. 그러나 병충해, 기술부족, 금주법 등의 당시의 상황으로 인해 아쉽게도 와인 산업은 그다지 발달하지 못했다. 금주법 때문에 와이너리는 호텔에서만 와인을 판매할 수 있었고 일반 소비자에게 판매는 금지되었다. 그러다가 1960년대부터 레스토랑에서의 와인 판매가 허가되었다. 1980년대 중반까지 자가 수요로서 만족하는 정도의 와인 생산국이었으나, 최근에 정부에서 주관하여 신품종을 들여오고, 생산량도 급격하게 늘어나고 있다.

포도 생산 국가 중 가장 남단에 있으며, 화이트 와인 양조에 매우 좋은 자연환경을 가진다. 햇볕이 강하고 해양성 기후로 오스트레일리아보다는 서늘하지만 비교적 온난한 기후이다. 강수량이 많아 곰팡이가 끼는 것이 문제였으나 1980년대부터 캐노피 밀도를 낮추는 기술을 도입하여 방지하고 있다

1. 주요 품종

뉴질랜드는 독일과 날씨가 비슷하기 때문에 1960년대부터 독일 품종인 뮐러투르가우(Muller-Thurgau)가 심어졌다. 이후 소비뇽 블랑(Sauvignon Blanc), 샤르도네(Chardonnay), 피노 누아(Pinor Noir)가 심어져 뉴질랜드를 대표하는 세가지 와인 품종이 되었다. 그 중 맛이 매우 풍부하고 산도가 강한 편인 뉴질랜드의 소비뇽 블랑은 세계 최고 수준이다. 뉴질랜드의 소비뇽 블랑은 열대 과일 향이 가득하고 달콤한 맛과 향기로운 꿀맛이 나는 것으로 유명하다. 독일보다 드라이한 타입의

리슬링(Riesling), 피노 그리(Pinot Gris), 게부르츠트라미너(Gewurztraminer)도 재배되고 있다. 화이트 와인이 강세이어서 샤르도네, 리슬링 등 화이트 품종이 전체 포도밭의 80% 이상을 차지하지만 레드와인으로 카베르네 소비뇽(Cabernet Sauvignon), 메를로(Merlot), 시라(Syrah)도 생산된다. 신세계 와인 생산국 중에서 가장 역사가 짧지만, 소비뇽 블랑과 피노 누아르로 급격하게 주목을 받고 있는 곳이라고 할 수 있다.

2. 등급

공식적인 등급 분류는 없으나 라벨에 포도 품종을 표기할 때 그 포도 품종이 75% 이상 비율이어야 한다는 규제를 하고 있다. 생산지역이 표기될 때도 그 지역 포도가 75% 이상 사용되어야 한다. 빈티지 표기는 그해에 수확한 포도로 와인을 만들었을 때에 만 표기한다.

3. 유명 산지 및 생산자

주요 와인 생산지역은 과거에는 북섬의 혹스베이(Hawkes Bay) 지역이었으나 1980년대 이후 국제대회에서 높은 수상을 한 말보로(Marlborough) 지역의 소비뇽 블랑으로 옮겨진 상태다. 말보로 지역은 남섬에서도 가장 따뜻한 기온을 지니고 뉴질랜드 전체 포도밭의 42%를 차지하며 70여 개의 와이너리가 설립되어 있다. 이 지역에서는 스파클링 와인도 생산되고 있으며 적합한 자연환경으로 인해 프랑스 자본이 이곳에 스파클링 와이너리를 설립하려고 노력을 하고 있다. 피노 누아(Pinor Noir) 품종은 북섬의 최남단에 있는 마틴버러(Martinborough) 지역에서 잘 자라고 독일 스타일의 와인을 생산하는 센트럴 오타고(Central Otago)도 유명 산지이다.

(1) 북섬

혹스베이(Hawkes Bay) : 뉴질랜드 북섬 와인 산지로 다른 지역에 비해 강수량이 적고, 일조량이 가장 많으며, 배수가 잘되는 자갈 토양을 가지고 있다. 전반적으로 보르도의 기후와 비슷하다고 볼 수 있다. 이 지역의 와인은 까베르네 소비뇽이나 보르도 블렌딩으로 만들어진 와인들이 유명하며, 강한 딸기 향과 까시스 향이 느껴진다. 아직은 미미하지만 이 곳의 기후를 반영하여 시라의 재배 비율도 점차 높아지고 있다. 샤르도네의 경우 혹스베이보다 북쪽에 위치한 기스본(Gisborne) 와인과는 사뭇 다른 맛과 매력을 보인다.

- 실레니(Sileni Estate) : 실레니 와이너리의 이름은 로마신화의 와인의 신 '바쿠스'와 함께 등장하는 실레니(Sileni) 에서 유래하며, 현대적인 양조법과 정성스런 포도밭 관리를 잘 조화시켜 혹스베이를 뉴질랜드의 프리미엄 와인 지역 중의 하나로 만든 대표적 와이너리이다. 실레니 와이너리가 위치한 혹스베이는 뉴질랜드에서 가장 오랜 역사를 지닌 포도 재배지역 중 하나로 이곳의 기후는 뉴질랜드에서 가장 햇살이 강한 지역 중 한 곳이다. 혹스베이에 위치한 실레니 와이너리는 상이한 기후를 보이는 두 곳에 있는데, 높은 기온을 지닌 지역에서는 보르도 품종인 메를로, 까베르네 프랑(Cabernet Franc)과 말벡, 세미용(Sémillon), 시라 등이 잘 자라며, 구릉지대로 이루어져 이곳보다 낮은 기온을 지닌 지역은 부르고뉴 품종인 피노 누아, 샤르도네를 비롯하여 소비뇽 블랑, 피노 그리가 잘 자란다. 두 지역 모두 빙하기 시대에 형성되었으며 자갈과 얇은 충적토로 이루어져 배수가 용이하고 오랫동안 열기를 지속시켜주는 특징을 가지고 있다. 실레니 와이너리의 와인메이커들은 모두 보르도, 부르고뉴, 알자스, 칠레, 캘리포니아 등에서 많은 경험을 쌓은 전문가들로 이루어졌으며 실레니 와이너리의 세가지 브랜드 모두 국내외의 다양한 와인챌린저에서 많은 상을 수상하였다.
  미션 에스테이트(Mission Estte)

(2) 와이헤케 섬(Waiheke Island)

킴과 자넷 골드워터는 1978년 와이헤케 섬에 처음으로 포도나무를 심은 와이헤케 섬 와인 재배의 선구자이다. 그들은 곧 와이헤케 섬이 높은 품질의 카베르네 소비뇽과 메를로를 생산하기에 이상적인 곳이라는 사실을 증명해 보였다. 2002년, 골디라고 명명된 이 카베르네 소비뇽/메를로 블렌드의 성공은 다른 야심만만한 와인메이커들이 앞다투어 와이헤케 섬에 포도를 심게 하는 촉매가 되었다. 대부분

값비싼 부동산에 조성된 포도밭에서 생산하는 와인은 기껏해야 간신히 이윤을 내는 정도라는 사실을 알아차렸지만, 골드워터는 말보로에서 재배한 포도로 와인을 만들면서 수익을 증대시켰다. 그 후로 계속해서 새로운 포도밭 입지를 찾아내고, 카베르네 소비뇽과 메를로의 클론을 개량함으로써 품질을 높여 골드워터 와인은 더욱 조밀해졌고 향은 더욱 풍부해졌으며, 현재는 고급 오크의 영향이 더욱 진하게 드러난다. 2004년, 골디는 수많은 소규모 파셀(parcel)에서 만들어지며, 덕분에 블렌딩에 앞서 각각의 포도밭과 클론의 개성이 그대로 살아남았다. 강렬하지만 우아한 레드 와인으로 짙은 딸기, 아나이스(anise. 지중해산 미나리과의 약용식물), 그리고 동양의 향신료가 살짝 가미된 원시적인 향기를 지니고 있다.

(3) 넬슨(Nelson)

넬슨은 뉴질랜드 남섬에서 가장 북단에 위치하며, 샤르도네가 이곳의 주요 품종이다. 소비뇽 블랑, 리슬링, 피노 누아가 그 뒤를 따르고 있다. 수확기의 비로 인한 영향으로 수확량은 많지 않다.

(4) 말보로(Marlborough)

남섬에 위치한 말보로는 뉴질랜드 최대의 와인 생산지로, 1970년대 와인산업이 시작된 이후 불과 20년 만에 비약적인 발전을 이룩한 곳이다. 특히 빌라 마리아(Villa Maria), 클라우디 베이(Cloudy Bay) 등에서 선보이는 소비뇽 블랑으로 만든 화이트와인은 톱클래스 반열에 오를 정도로 훌륭한 품질을 자랑한다. 그외에도 샤르도네와 피노 누아의 특성을 잘 표현하는 와인이 만들어지는 곳이기도 하다. 뉴질랜드 남섬 말보로에서 생산되는 강한 풀과 구즈베리 향을 내며 산미가 좋은 청량한 뉴질랜드 소비뇽 블랑은 전세계 와인 애호가들을 매료시켰다.

- 말보로 썬(Marlborough Sun)
- 배비치(Babich)
- 스파이 밸리(Spy Valley) : 자연상태에서 포도 재배에 완벽한 조건을 갖춘 뉴질랜드 말보로에 위치하고 있으며 현재 세계적인 인기와 관심을 한 몸에 받고 있는 뉴질랜드 와인이다. 남반구의 중심에 위치한 뉴질랜드에서, 각국의 암호화된 비밀 외교문서 등을 중계하는 안테나가 있는 계곡에 위치한 와이너리 였

기에 와이너리명이 스파이 밸리가 되었다.

- 클라우디 베이(Cloudy Bay) : 뉴질랜드의 클라우디 베이는 신세계 화이트 와인에 있어서 가장 잘 알려진 이름 중 하나이며, 죽기 전에 꼭 마셔봐야 할 와인 1001 중 하나로 선정되었다.
- 생 클레어(Saint Clair)

(5) 센트럴 오타고(Central Otago)

센트럴 오타고(Central Otago)는 뉴질랜드 와인 산지이자 세계 최남단의 포도나무 재배 지역이다. 뉴질랜드에서 유일하게 대륙성 기후의 영향을 받는 곳으로, 매우 추운 곳이다. 대개 언덕에서 경작하여 여름의 강렬한 태양이 많이 내리쬐며, 이 지역의 포도는 작열하는 여름철 더위와 상대적으로 짧은 가을과 매서운 겨울을 지낸다. 기후적 특성으로 인해 엄선된 지역에서의 피노 누아, 리슬링 및 샤르도네 재배가 이루어 지나, 이곳에서 생산되는 와인 중 일부는 지역의 독특한 특성을 함유한 뉴질랜드의 최고 와인으로 각광 받고 있다.

(6) 배녹번(Bannockburn)

이곳은 센트럴 오타고 크롬웰(Cromwell)의 외곽에 자리한 작은 마을로 피노 누아로 유명하다. 건조한 기후와 토양을 지녔고, 연교차가 크다. 이 제한 요인 덕분에 생산량이 무척 적지만 그 품질은 매우 탁월하다고 평가한다. 근처 관광도시인 퀸즈타운(Queenstown) 덕분에 이 지역 와인이 빠르게 명성을 얻었다고 볼 수 있다. 몇몇 와이너리들은 전세계적으로 유명한데 도멘 로드(Domain Road), 아카루아(Akarua), 펠튼로드(Felton Road)[9], 마운트 디피컬티(Mt. Difficulty) 등이 있다.

제10장

와인 서비스 실무

CONTENTS

제1절 와인 보관조건

1. 와인의 보관 방법

① 와인이 들어있는 병은 눕혀서 보관한다. 세워서 오래 두면 코르크 마개가 건조해지고 그 틈새로 공기가 침입, 와인을 산화 시키기 때문이다.
② 이상적인 온도로 저장한다. 이상적인 온도는 10℃에서 20℃사이
③ 햇빛을 포함한 강한 광선이 없는 곳에서 보관한다.
④ 심한 진동이 없는 곳에서 보관한다.
⑤ 일반적으로 습도의 상태가 기분이 좋을 정도면 와인에도 적당하다. 70~80% 정도의 습도는 병마개를 건조시키지 않으며, 캡슐이나 라벨을 손상시키지 않는다.
⑥ 한번 마개 딴 와인은 수일 내에 소비해야 한다. 오래되어 맛이 간(초산발효) 와인은 조리용으로 쓸 수 있다.

■ 화이트와인 취급 시 주의사항

- 온도가 높을수록 스위트 와인은 무겁게 느껴지고 산도는 강하게 느껴지므로 스위트 또는 드라이를 불문하고 화이트와인을 모두 차게 해서 마셔야 한다. 그리고 알코올 함량이 높은 와인은 약간 시원하게 마시는 것이 마시기에 편하고 마시기가 좋다. 탄산가스는 온도에 강하게 반응하여 온도가 높아지면 쉽게 퍼지는 성질이 있는데, 특히 샴페인이나 스파클링 와인은 차가워야 만이 탄산가스가 제한되게 발산되고 신선한 느낌을 주므로 아주 차게 마시는 것이 좋다. 얼리거나 지나치게 흔들지 않는다.
- 화이트와인은 너무 오래 동안 냉장고 안에 두지 않는다.
- 차게 하기 위해서 냉동실을 이용하지 않는다.
- 와인 속에 얼음을 넣지 않는다.

■ 레드와인 취급 시 주의사항

- 와인 셀러가 없어도 레드와인을 차게 하는 방법으로는 와인 쿨러에 얼음과 물을 채우고 5~10여분 놓아두면 적정온도가 된다. 그러나 너무 레드와인이 차가울 경우 탄닌이 거칠어져서 떫은맛이 강하게 나타나며, 좋은 아로마나 부케향 그리고 맛을 느끼기 힘들다. 더욱이 탄닌이 많은 와인이나 장기 숙성용 와인은 반드시 실내온도에 맞춰 마셔야 하며, 레드와인 중에서도 탄닌 함량이 적은 영 와인은 시원하게 마실 수 있다.
- 너무 따뜻하게 하지 않는다.(실내온도에 맞춘다는 것이 덥게 하는 것을 의미하지 않는다)

2. 와인의 일반상식 포인트

(1) 각 국가별로 부르는 와인 이름

한국어	적포도주	백포도주	로제와인
영어	Red Wine (레드 와인)	White Wine (화이트 와인)	Rose Wine (로제 와인)
프랑스어	Vin Rouge (벵 루즈)	Vin Blance (벵 블랑)	Vin Rose (벵 로제)
이태리어	Vino Rosso (비노 로쏘)	Vino Bianco (비노 비앙코)	Vino Rosato (비노 로자토)
스펜인어	Vino Tinto (비노 틴토)	Vino Blance (비노 블랑코)	Vino Rosado (비노 로자도)
독일어	Rotwein (로트바인)	Weiswein (바이스바인)	Rosewein (로제바인)

(2) 빈티지(Vintage)

포도를 수확한 연도를 말하며, 프랑스어로는 밀레짐(millesime)이라고 한다. 미국 캘리포니아, 호주 등에서는 기후 변화가 별로 없기 때문에 빈티지가 별로 중요시 되지 않고 있다.

당도가 높고 각종 유기산을 충분히 함유하기 위한 포도의 조건

① 일조시간이 풍부해야 하고, 강우량이 비교적 적어야 한다.

② 포도의 생육기간에는 온화한 날씨가 계속돼야 한다.

③ 수확기 무렵에는 비가오지 말아야 한다.

빈티지 차트는 각 와인 산지에서 기온과 일조시간, 강우량 등 그 해 모든 기상조건을 기준으로 작성한다.(프랑스의 경우 빈약한 해, 평균해, 좋은 해, 우수한 해, 예외적으로 좋은 해 등으로 분류)

제2절 와인 서비스

1. 와인 서브 온도

와인을 냉각시키기. 얼음 버킷은 가장 빠르고 가장 확실하게 와인을 냉각시키는 방법이다. 병 안의 와인의 온도가 전부 일정하게 하기 위해 얼음 버킷 안에 가능한 한 많은 물을 넣어 병이 잠기게 해야 한다. 20도에서 8도로 냉각시키기 위해서 10~15분 정도를 잡아야 한다. 같은 결과를 얻기 위해서 냉장고에서는 1시간 30분~2시간이 소요되고, 날씨가 더울 때는 이것보다 더 걸린다. 냉각시간은 중요한 요소이다.

너무 짧을 경우, 병 안의 액체가 모두 동일한 온도가 될 수 없고, 너무 길 경우 와인은 너무 차갑게 된다. 마찬가지로, 와인 쿨러 패드도 균일한 냉각을 보장하지 않는다. 어쨌거나 너무 차가운 냉동실이나 냉장고 안의 냉동 칸에 두는 것은 피해야 한다. 넣어 두고 잊어버릴 경우, 와인 병이 깨질 우려가 있다. 와인이 마시기 좋은 온도에 다다르면, 시원함을 유지시키기 위하여 얼음 버킷에 한두 개의 얼음 덩어리만 넣어주고, 너무 온도가 차가워지지 않도록 주의해야 한다.

와인의 온도를 올리기. 가장 이상적인 방법은 실온이 18도 정도인 방에 2~3시간 두는 것이다. 절대 난로, 라디에이터, 오븐과 같은 열원 근처에 두어서는 안 된다. 이것들은 와인을 '열 받게'해서, 맛에 결정적인 악영향을 줄 수 있다. 레드와인, 특히 오래되고 귀한 것들은 온도차에 훨씬 민감하기 때문에 각별한 주의가 필요하다. 저장고에서 꺼낸 후에는 조금씩 온도가 올라가도록 적정 온도의 조용한 방에 가만히 두는 것이 좋다.

각각의 와인은 각자의 온도가 있다. 온도가 와인의 맛에 어떤 영향을 미칠까? 열은 향을 구성하는 물질을 활성화시키는데, 쉽게 말해서 와인이 좋은 향을 뿜어내게 만든다. 와인마다 다른 각각의 향은 각기 다른 온도에서 최고의 맛을 즐기게 해준다.

화이트는 레드보다 차갑게(10~12도) 이것이 일반적인 원칙이지만, 온도의 범위는 두 경우 모두 유동적이다. '레드는 실온(18~20도)에서 화이트는 냉장고 온도(10~12도), 스파클링 와인(6~8도)은 더 차게'라는 원칙은 너무 간략하다. 이 원칙은 화이트는 너무 차게, 레드는 너무 따끈하게 서빙하게 만든다. 사실 여러 스타일의 화이트와인은 각기 다른 온도로 서빙 되어야 하고, 레드는 실온보다 몇 도 살짝 낮은 온도로 서빙 되어야 한다. 너무 차지도, 너무 따듯하지도 않게. 와인은 냉기보다는 와인의 잠재적인 결점을 드러나게 하는 열기에 의해 더 확실하게 손상된다. 최고급 레드와인이 만약 22도로 서빙 되면 와인의 균형이 깨지게 된다. 열은 알코올의 존재감을 두드러지게 만들기 때문에, 화이트와인은 일반적으로 알코올이 덜 느껴지게 하기 위해 매우 차게 서빙 한다.

와인이 차가우면 산도는 와인의 과일 풍미와 결합하여 청량감을 주어 기분 좋게 만들고, 이것이 우리가 모든 화이트와인에 기대하는 것이다. 하지만 최고급 화이트와인을 너무 차게 서빙하는 것은 실수인데, 덜 차가울 때 코와 입에서 느낄 수 있는 화이트와인의 장점들이 더 잘 나타나기 때문이다. 더운 날씨에서는, 평소에 비해 조금 더 차갑게 서빙 하여 와인이 병 안에서 너무 빨리 온도가 상승하는 것을 막을 수 있다. 반면에 비록 방 안의 난방이 잘 되더라도 추운 날씨에서는 차게 마시는 화이트나 어린 레드와인이라도 너무 차갑게 하지 않는 것이 좋다.

2. 와인 시음 요령

■ 와인 마시는 순서

① 와인 레이블을 확인한다.
② 코르크를 제거한다.
③ 색깔을 본다. (잔을 눕혀서 위에서 아래로 보고 있다)
④ 와인을 빙빙 돌린다. (잘못 돌리면 쏟아진다. 오른손잡이는 시계 반대 방향으로 왼손잡이의 경우시계 방향으로 돌려준다)
⑤ 냄새를 맡는다. (코를 깊숙이 들이댄다)
⑥ 한 모금을 마신다. (조금보다 약간 많은 한 모금이다)
⑦ 입안에서 맛을 느낀다. (빙글빙글 또 돌린다)
⑧ 한 모금을 삼킨다.
⑨ 느낌을 정리한다.

3. 소믈리에(Sommelier)의 역할

소믈리에란 호텔이나 레스토랑에서 와인을 전문적으로 서비스하는 사람을 말한다.

① 손님의 취향과 주문한 음식과의 조화도, 예산 등에 따라서 와인을 추천한다.
② 주문한 와인을 먼저 주빈에게 와인 병의 라벨을 보여주며 주문한 와인 임을 확인시켜 준다. 주로 빈티지(원료인 포도 수확년도)가 맞는지 등을 확인시킨다.
③ 코르크 마개를 열고 주빈에게 코르크마개를 보여주면서 시큼하고 이상한 냄새가 나지 않는지, 코르크가 잘 젖어있는지를 확인시킨다.
④ 확인이 끝나면 소믈리에는 와인 맛을 볼 수 있도록 잔에 와인을 조금 따라 주빈에게 준다.
⑤ 주빈이 Ok하면 소믈리에는 여성부터 차례로 와인을 따르고 마지막에 그 날의 호스트에게 와인을 따라 준다.
⑥ 식사가 끝날 때까지 손님이 포도주가 부족하지 않는 지를 살핀다.

4. 와인테스트

주문한 와인이 온 뒤 호스트의 와인 테스트라는 의식이 시작된다. 먼저 호스트는 그 모임을 주선한 사람이나 그 자리에서 최고 연장자가 맡는 게 보통이지만, 해당되는 사람이 사양할 경우 즉석에서 지명되는 사람이 호스트를 맡는 것도 자리를 부드럽게 하는 요령이다. 호스트 테스트는 웨이터가 주문한 와인이 맞는지를 확인시키기 위해 라벨을 보여주는 것으로 시작한다. 확인이 끝나면 웨이터가 마개를 뽑은 뒤 호스트에게 건네주기도 하는데 이때 코르크의 냄새를 맡아보면 된다. 코르크의 냄새를 통해 와인이 변질 되었는지, 젖어 있는지 여부를 확인한다. 코르크가 말라있다면 와인을 세워 보관했다는 뜻이다.

5. 와인을 최상으로 고르는 방법

① 오래 되었다고 해서 반드시 좋은 와인은 아니다. 와인의 Vintage나 Quality를 따져 보아야 한다.

② 특히 레드 와인의 경우에는 복합적이고 풍부한 맛을 가진 와인일수록 좋은 와인이다.

③ 가벼운 맛을 가진 와인이라고 해서 질이 나쁜 와인이라고 할 수는 없다. 왜냐하면 와인을 즐기는 사람의 취향, 그리고 같이 즐기는 음식에 따라 다르기 때문이다.

④ 좋은 와인은 맛의 조화가 잘 이루어져 있으며, 부케(Bouquet-숙성향)를 많이 가지고 있고, 마시고 난 후에도 뒷맛이 길게 느껴진다.

⑤ 와인 레이블(wine label)에 포도 재배 지역이 작게 표시된 것이 좋은 와인인 경우가 많다.

6. 와인 에티켓

① 따라 줄 때 잔을 들어 올리지 않는다.

② 마시기 전에 냅킨으로 입을 닦는다.

③ 시음은 남성이 한다.

④ 와인 잔은 다리부분을 든다.

⑤ 앙금이 일어나지 않게 따른다.

⑥ 대개 레드 와인은 실온에서 화이트와인은 차게 해서 마시는 것이 상식 . 와인 잔에 얼음을 넣어서는 안 된다.

7. 와인에 대한 기본상식

① 스위트 와인(포트 와인 류)을 메인 요리에 곁들이지 말 것

② 생선 요리에 붉은 포도주를 곁들이지 말 것

③ 백포도주와 식전에 마시는 술은 차게 할 것

④ 붉은 포도주는 실내 온도와 맞게 할 것
⑤ 가능하면 적어도 1시간 전에 병마개를 딸 것(포도주도 숨을 쉬어야 맛 이 나아진다)
⑥ 튤립형 굽이 달린 깨끗한 글라스를 쓸 것
⑦ 조용히 알맞게 따르고 마시기 전에 향기부터 맡을 것
⑧ 와인이 잘된 해를 기억해 둘 것
⑨ 와인 잔을 앞에 놓고 담배를 피우지 말 것

8. 와인과 비즈니스

우리나라 문화에 술과 음식을 곁들인 자리에 주도(酒道)가 있듯이 서구 문화의 한 가닥인 와인에도 그에 맞는 에티켓(etiquette)이 있다.

■ 비즈니스 자리에서 와인을 즐길 때 알아야 할 기본적인 사항

① 좌 빵 우수! 양식 테이블 세팅이라면 왼쪽 빵과 오른쪽 물 잔과 와인 잔이 내 것이다.
일자형 직사각형 테이블에선 한 분의 실수로 죽죽 밀리다 보면 결국 끝에 착석하신 분이 눈물을 머금고 피해를 보지만 원탁 테이블에선 필히 위에서 이야기한 시추에이션이 벌어질 수 있으니 주의해야 한다.

② 냅킨은 반으로 접어 접은 부분이 몸 쪽으로 오게 하고, 입술의 기름기 등을 제거 할 때 사용하며 식사를 마치면 대충 접어 왼편에 두면 된다.
간혹 냅킨을 목욕탕에서 타올 털듯이 "텅~텅" 터는 분들이 있는데 아주 결례이다. 또한 냅킨이나 물수건만 보면 손 닦다 마시고 이내 세수를 하시는 분들도 있는데 이 또한『아주 없어 보인다』할 수 있겠다.

③ 풀코스에는 나이프와 포크가 각각 세 개 정도 놓여 있는 것이 일반적이다. 이때 바깥쪽부터 차례로 쓰면 된다. 포크나 나이프가 만약 떨어졌을 경우 직접 줍지 말고 종업원에게 사인을 보내어 바꾸어 달라고 요청하면 된다.
나이프와 포크를 사용하다 잠시 식사를 중단할 때는 팔(八)자 형태로 두며, 식사가 완료되었다면 가로로 가지런히 두면 된다.

④ 와인 테이스팅(Tasting)은 손님들 잔에 와인을 채우기에 앞서 갖는다. (간혹 tasting과 testing을 혼동하는 경우가 있다. 시험 보는 것이 아닌 맛보는 것이다.) 테이스팅의 경우 소믈리에나 서버가 진행하겠지만 보통 잔의 5분의 1 이내로 채워 진행하는 것이 좋다.

⑤ 테이스팅은 자리를 마련한 호스트(host)가 먼저 하는 것이 일반적인 룰이다. 때로는 손님 가운데 와인을 잘 아는 사람이 있으면 호스트가 자기를 대신해 시음해주기를 권할 수도 있다.

※ 단 여성에게 테이스팅을 권하는 것은 실례가 될 수 있다는 것을 기억해야한다.
Host Tasting은 중세 유럽에서 Host가 독배가 아니라는 것을 공개적으로 먼저 마셔 보이는 것에서 유래된 것이다. 이 절차를 배려한다며 혹은 괜히 레이디 퍼스트라고 여친이나 아내에게 Host Tasting을 폼 나게 양보하시는 것은 “너 먼저 독이 있나 확인해봐” 라는 것과 똑같은 도발적 행위로 오해할 수 있다.
호스트 테이스팅으로 와인을 확인해본 결과 와인이 산화되었거나 코르크 냄새가 심하게 난다거나 와인이 상했을 경우 교환이 가능하지만 할인점에서 각종 음식을 시식하듯 맛보며 ‘이거 내가 원하는 맛의 와인이 아닌데…’라며 와인을 선택하는 과정이 아니라는 것도 기억해 두어야한다.

⑥ 와인을 따를 때는 사람의 오른편에 서서 따르는 것이 원칙이며, 시계 반대 방향으로 여성을 먼저 따른 후 다시 시계 방향으로 남성에게 따르는 것이 기본이다. 그리고 가장 마지막에 호스트의 잔을 채운다.
잔을 받을 때는 우리네 소주 먹듯이 두 손으로 공손히 들어 받는 것보다 그냥 가만히 있거나 그것도 좀 뭐하다 싶으면 잔 받침에 살짝 손을 얹어주면 된다.

⑦ 와인을 들 때 곧장 마시지 말고 조금은 여유를 갖는 것이 좋다. 우선 와인의 색상을 살펴본 다음, 향을 맡으며 이어서 가볍게 한 모금 마시고, 이후 제대로 테이스팅 한다. 눈으로 와인의 빛깔을, 코로 와인의 향을, 혀로 와인의 맛을 즐긴다.
아주 여유롭게 토킹 어바웃~ 하면서 먹는 술이 와인이다.

⑧ 마시던 와인 잔을 다른 사람에게 돌리지 않는다.

⑨ 잔은 누가 채워도 무방하다.
동석자가 채워주거나 자신이 직접 마시고 싶은 양으로 채워도 무방하다. 테이블의 분위기를 밝게 하고 친밀감을 돋우기 위해 옆 사람의 잔을 채워주면

서 가볍게 cheering 하는 것도 좋다.

⑩ 건배를 할 때는 와인 잔의 몸통을 살짝 부딪치면 된다.
윗부분은 아주 약하므로 자칫 깨질 수 있다. 건배는 상대방에 대한 진실함과 믿음을 보여주는 제스처로 보여 진다. 그래서 가벼운 유머가 어우러진 건배 제의는 짧은 시간이더라도 영원히 기억되는 행사로 만들 수 있는 위력이 있다. 너무 긴 건배사는 분위기를 망치는 행동이므로 가급적 짧고 경쾌한 목소리로 하는 것이 좋다. 와인은 천천히 음미하는 술이므로 원 샷을 외치며 마시기보다는 상대방의 눈을 쳐다보고 가볍게 미소 지으며 마시는 것이 좋다.

⑪ 와인이 글라스 벽면에 가득 묻으면서 공기와 골고루 접촉하여 풍부한 향기를 뿜어내게 하기 위해 잔을 돌리는 스월링(Swirling)이라는 동작이 있는데 이는 가볍게 서너 번만 하면 된다. 습관적으로 와인 잔을 돌리는 것은 상대방의 주의를 산만하게 하는 불필요한 행동이다.
가끔 와인 바나 레스토랑을 가보면 많은 분들이 수전증에 걸린 것처럼, 와인 잔 돌리기 대회를 하듯이 현란하게 반복적으로 돌리는 경우들을 많이 본다. 정말 와인을 사랑하는 애호가 분들은 특별한 잔기술들이 없다. 조금 오버스러운 헐리우드 액션에 감화되어 괜히 따라 하는 것 보다 즐거운 대화에 더 집중하는 것이 좋다.

⑫ 무엇 보다고 중요한 것은 술의 종류에 따른 자신의 주량을 잘 알아야 하며 그 모임에 성격 등을 잘 파악하고 마시는 속도를 조절하는 등 자신에게 맞는 Knowhow를 만들어 낸다면 와인과 함께하는 그 어느 비즈니스 자리에서든 성공할 수 있을 것이다.

※ 앞의 내용들이 공적인 비즈니스 매너이지 이것이 어디에나 적용되는 정답은 아니다.

제3절 디캔딩

1. 디캔팅의 정의

와인병을 세워서 보관하여 침전물을 가라앉힌 다음, 와인병 윗부분의 깨끗한 와인만을 좁고 긴 모양의 유리병인 디캔터에 옮기는 작업을 디캔팅 이라고 한다. 숙성 기간이 오래된 레드와인은 색소성분이 중합(重合) 반응을 일으켜 분자가 커지면서 가라앉는다. 이렇게 생긴 침전물과 와인 제조 과정 중에 생기는 찌꺼기를 병속에 두고 맑은 와인만을 얻기 위해 디캔팅을 한다. 디캔팅 과정 중에 와인이 공기와 접촉하게 되는데, 이때 와인의 맛이 순화되어 부드러운 맛이 된다. 좁고 긴 모양의 디캔터를 사용하는 것은 숙성된 와인이 공기와 조금만 접촉해도 급속하게 산화되어 와인의 맛을 해칠 수 있기 때문이다. 디캔터를 갖추지 못했다면 와인 잔에 담긴 와인을 빙빙 돌리는 스월링(Swirling)을 통해 디캔팅 효과를 얻을 수 있다.

과거에는 와인을 만들고 정제하는 기술이 발달하지 못해 와인찌꺼기가 많아 매끄러운 시음을 위하여 이를 걸러내기 위하여 와인을 옮겨 담는 작업이 성행하였고, 이것을 와인의 본고장 프랑스에서 불어로 데캉타쥬(Dacantage)라고 불렀으며 디캔팅이 어원이 되었다. 현재는 와인을 만드는 기술이 발전하여 여과 과정과 필터링을 거치기 때문에 와인 불순물은 거의 생기지 않게 되었는데도 디켄팅은 계속적으로 행해지고 있는데 그 이유는 무엇일까?

유리병과 코르크의 보급으로 와인은 공기와의 접촉을 차단한채 매우 오랫동안 보관할 수 있게 되었다. 이렇게 와인이 오랫동안 보관이 가능해지면서 품종 및 방식에 따라 장기간 숙성을 통해 와인의 맛이 결정되는 제품들이 있다.

대표적으로 보르도 와인 특히 카베르네쇼비뇽 품종을 사용한 와인의 경우 풍부한 탄닌과 산도로 장기 숙성을 할수록 맛과 향이 살아나는 제품들이 있다. 이러한 제품들은 5년 이상 병 속에서 오래 보관될수록 맛과 향이 달라지는 특성을 가지고 있기 때문에 숙성기간이 없이 빠르게 마셔야 하는 상황이 생긴다면 디캔터에 와인을 담아서 공기와 접촉을 늘리고 흔들어 줌으로써 더욱 맛과 향을 발산시키는 숙성을 촉진하는 과정을 거치게 된다. 이렇듯 장기 숙성 와인의 맛과 풍미를 단기간에 살리고자 할 때 디캔팅 방법을 사용하게 되고 이때 매우 섬세하고 전문적인 기술이 필요하다.

2. 디캔팅과 브리딩의 차이

와인을 디캔팅(Decanting)한 이후 디캔터에서 공기와 맞닿게 하는 일을 바로 브리딩(Breating)이라고 한다. 엄밀히 말하자면, 브리딩에는 보틀 브리딩과 디캔터 브리딩이 있다.

와인에 산소를 만나게 해주어 와인이 숨을 쉬게끔 해준다는 의미의 브리딩은 일반적인 디캔팅과는 차이가 있다. 와인의 디캔팅이나 브리딩 모두 병 속의 와인을 더 좋게 만드는 과정이라는 점에서는 같다고 볼 수 있지만, 디캔팅보다 다소 거칠게 진행되는 브리딩의 경우 와인의 상태에 따라 고려해야 하는 경우의 수가 디캔팅보다는 조금 더 많다. 실제로 더 좋은 맛을 끌어내기 위해 브리딩을 시도했지만 와인을 완전히 망가트려 버리는 경우도 상당히 많다.

와인은 숙성 과정을 거치며 산, 타닌, 색소 등의 여러 요소가 결합하여 결정체가 되기도 하고, 와인이 가지고 있는 힘이 점점 약해지며 더 복잡하고 섬세한 맛과 향을 가지게 된다. 작은 충격에도 쉽게 변질이 될 가능성이 있는 와인을 디캔터로 옮겨 담는 과정은 와인에 엄청난 충격과 스트레스를 준다. 그래서 특히 브리딩은 와인에 대한 많은 경험과 이해가 필요하다.

최근 외국의 여러 매체의 이야기를 살펴보면, 와인의 브리딩을 시행해야 하는 이유로 영(young)한 빈티지, 즉, 최근 만들어진 어린 와인의 경우를 예로 많이 들고 있다. 생산된 지 얼마 안 된 와인의 경우 숙성이 충분히 진행되지 않아 타닌과 와인의 여러 요소의 힘이 너무 강해 와인의 진정한 맛과 향을 충분히 느끼지 못할 수 있다. 이러한 경우 브리딩을 진행하면 떫은맛을 내는 타닌을 부드럽게 만들어 와인의 밸런스가 좋아지고 과실의 향을 최대한 끌어내는 데 도움이 된다.

반대로 숙성이 오래 진행된 올드(old) 빈티지 와인의 경우는 브리딩을 최대한 지양한다. 와인 전문가 중에는 오래된 와인은 오픈하여 공기와 접촉이 되는 것만으로도 와인의 향이 상당히 소실될 수도 있다고 경고하는 이도 있다.

그 때문에 이러한 와인의 경우 침전물을 거르는 것마저 하지 않고 적절한 잔에 따라서 조심스럽게 마시는 것을 추천한다. 또는 와인을 오픈하여 한 잔 정도를 따라 낸 뒤 병 안에서 브리딩하는 것을 추천한다. 병 안에서 하는 보틀(bottle) 브리딩의 경우, 공기의 접촉량이 매우 적어 효과가 거의 없다는 것이 최근 연구 결과이긴 하지만 올드 빈티지 와인의 경우는 예외로 생각한다.

디캔팅은 와인에 좋은 영향을 줄 수도 있지만, 반대로 매우 심각하게 와인에 손상을 줄 수도 있다. 그렇기 때문에 정확한 방법을 알고 하는 것이 중요하다.

① 준비물

디캔팅을 위한 준비물은 우선 와인, 디캔터, 오프너, 리넨, 양초 정도이다.

② 와인 오픈

정확한 디캔팅을 위해서 와인 병목 부분에 있는 포일을 모두 제거한다. 이 포일들을 제거해야 침전물이 디캔터로 넘어가는지 확인할 수 있다. 코르크를 오픈하고 병목 부분과 병의 입구 부분을 리넨으로 깨끗이 닦아준다. 이는 코르크 가루나 오래된 빈티지 와인의 경우 있을 수 있는 병 입구의 곰팡이와 먼지 등을 제거하기 위함이다.

③ 테이스팅

와인을 오픈한 후에는 먼저 테이스팅을 한다. 마셔보고 와인의 상태를 가늠하여 디캔팅의 강도를 조절한다.

④ 디캔팅 준비

디캔팅은 평평한 테이블에서 진행하는 것이 좋다. 양초에 불을 붙여 테이블 위에 놓고 불빛과 눈이 일직선이 되게 한다. 디캔팅이 아닌 브리딩의 경우 불빛을 비추지 않아도 괜찮다. 양초가 없다면 핸드폰 라이트로 대체해도 된다. 양초의 냄새나 혹시 모를 위험 때문에 핸드폰 라이트를 추천한다. 왼손에는 디캔터, 오른손에는 와인병을 잡는다. 익숙하지 않기 때문에 와인을 따르는 양을 잘 조절할 수 있도록 와인병을 최대한 편하게 잡는다.

⑤ 디캔팅

불빛과 눈 사이에 와인병의 병목과 와인병의 어깨 사이가 오게 자리를 잡고 천천히 디캔터의 안쪽 벽면을 타고 와인이 흘러내리도록 조심스럽게 따른다. 이때 어느 만화책에서처럼 디캔터와 와인병의 사이를 너무 멀게 한다면 테이블과 옷에 와인이 튈 수도 있으니 주의한다. 오래된 빈티지 와인이나 피노누아와 같은 섬세한 와인의 경우는 최대한 조심히 따른다. 반대로 강한 품종이나 최근 빈티지의 와인의 경우 디캔터와 와인병의 거리를 약간 떨어트리고 콸콸 소리가 나듯 브리딩을 한다는 생각으로 공기와의 접촉을 극대화하면서 따른다. 와인을 따르다 보면 병목

부분으로 침전물들이 다가오는 것이 보인다. 침전물이 디캔터로 넘어가기 전에 디캔팅을 멈추고 병을 세워 두었다가 침전물이 가라앉고 안정이 되면 다시 디캔팅을 시작하도록 한다.

병에 남은 와인을 다시 디캔팅 하지 않고 시간이 지난 후 바로 잔에 따라 마시는 것도 좋다.

⑥ 마무리

디캔터에 옮겨진 와인을 조심스럽게 돌려가며 스월링(swirling)해 준 후 잔에 따라 즐기면 된다.

와인의 침전물을 걸러내기 위한 디캔팅이 아닌 브리딩을 해야 하는 경우 디캔터를 사용하지 않아도 된다. 와인을 오픈하고 시간이 지나 가장 좋은 상태가 되기까지 시시각각 보여주는 와인의 변화는 생각보다 큰 즐거움을 안겨준다. 그렇기 때문에 와인의 첫 잔부터 마지막까지 와인이 변해가는 과정을 느끼며 와인을 마시는 것이 좋다.

3. 디캔팅을 해야 하는 와인들

디캔팅은 아무 와인이나 하는 것이 아니다. 최근에 출시하는 일반적인 데일리 와인들은 필터로 철저히 걸러내는 경우가 많아서 찌꺼기가 거의 없고, 장기 숙성용 와인이 아니기 때문에 디캔팅을 할 필요가 없다. 오히려 디캔팅을 할 경우 와인의 맛과 향이 일찌감치 날아가 버리는 불상사가 발생할 수 있으므로 디캔팅 해야 하는 경우는 아래와 같은 와인들을 마실 때 이다.

(1) 병 바닥에 앙금이 생길 가능성이 있거나, 디캔팅 하면 좋아 질 수 있는 레드 와인들

① 5년 이상 된 보르도 그랑 크뤼 클라쎄와 크루 부르주아 레드 와인들
② 10년 이상 된 부르고뉴 그랑 크뤼와 프리미에 크루 레드 와인들
③ 5년 이상 된 샤또네프 뒤 빠쁘, 에르미따쥬 그리고 기타 북부 론 지역의 레드 와인들
④ 5년 이상 된 이탈리아의 바롤로, 슈퍼 투스칸 와인들
⑤ 7년 이상 된 스페인 페네데스 지역 와인과 보데가 베가 시실리아 와인
⑥ 포르투갈의 강화 와인 중 빈티지 포트, 전통 레이트 바틀드 빈티지 포트, 크리스티드 포트
⑦ 신세계 프리미엄급 와인들 중 카베르네 소비뇽과 시라로 만든 5년 이상 된 와인

※ 20년 이상 된 보르도, 부르고뉴 그랑 크뤼 와인은 찌꺼기 중에 앙금이 너무 많을 수 있기 때문에 시음하기 24~48시간 전에 세워 두어서 앙금이 완전히 가라앉은 후에 디캔팅 하는 것이 좋다.

(2) 찌꺼기는 없지만 시음 직전에 디캔팅 하면 풍미가 좋아질 수 있는 화이트 와인들

① 독일의 라인과 모젤 지역의 10년 이상 된 최고급 화이트 와인
② 스페인 리하오 지역에서 오크 숙성된 최상급 화이트 와인
③ 프랑스 알자스에서 늦게 수확한 포도로 만드는 디저트 와인인 방당쥬 따흐디브, 루아르 지방의 10년 이상 된 고급 화이트 와인 그리고 오랫동안 잘 숙성

된 프랑스 그라브 지역의 화이트 와인

※ 샴페인을 비롯한 스파클링 와인들은 디캔팅 하는 순간 탄산가스가 빠르게 날아가 버릴 수 있기 때문에 디캔팅을 하지 않은 것이 좋다.

(3) 디캔팅 추천 시 적절한 표현법

이 와인의 상태는 매우 훌륭합니다. 하지만 와인에 약간의 침전물들이 있어 보입니다.(하지만 와인에 약간의 침전물이 있을 수도 있을 것 같습니다) 원하신다면(괜찮으시다면) 서브하기 전에 디캔팅을 해드리겠습니다.

제11장

와인과 음식

CONTENTS

제1절 기본 원칙

1. 와인과 음식 매칭 시 접근법

와인과 음식의 이상적인 조화는 서로의 맛을 더욱 강화시켜주는 보완적 역할을 하지만 와인의 맛은 같은 지역, 같은 빈티지라고 할지라도 와이너리에 따라서 또는 여러 가지 숙성 단계에 따라서 아주 다양하다. 정통요리법으로 요리한 음식이라도 주방장의 손맛에 따라 민감한 차이가 발생하므로 와인과 음식을 추천할 때는 신중을 기해서 훌륭한 만남이 이루어질 수 있도록 해야 한다. 특히, 소믈리에나 식당에서 와인을 판매하는 직원들은 실험정신이 필요한데, 그 이유는 "전통적인 와인과 음식의 조화" 이외에도 신흥국가의 와인이나 새로운 빈티지 와인과 지역적 특성을 가진 음식과 풍습들을 한데 묶어서 훌륭한 만남을 주선할 수 있어야 하기 때문이다. 그러나 무엇보다도 흰살 생선에는 화이트와인, 붉은색 육류요리에는 레드와인이라는 규정에는 변함이 없다.

와인과 음식은 다음과 같은 일반적인 규칙에 의거 선택된다.

첫째, 그 지역의 음식과 와인을 조화시켜야 제 맛을 느낄 수 있다. 같은 지역에서 생산된 음식과 와인은 토양이 같아 부작용이 거의 없어 아주 잘 어울리는 식사시간이 될 수 있다.

둘째, 음식 본연의 색과의 조화를 이루어야 한다. 붉은 색을 띄는 음식은 레드와인에 잘 어울리고, 흰색을 띄는 음식은 화이트와인에 적합하다.

셋째, 음식에 뿌려진 주요 소스와 조화를 이루어야 한다. 음식 소스별 향과 맛의 정도에 따라 와인을 선택하는 것으로 음식의 소스 맛을 살리고 와인 고유의 맛을 느낄 수 있도록 선택되어야 한다.

2. 한국 음식과 와인의 궁합

- 풀 바디의 레드와인 : 등심, 안심, 갈비, 철판구이 등 쇠고기 요리, 생등심 불고기
- 미디엄 바디의 레드와인 : 양념 불고기, 주물럭 등 쇠고기 요리
- 라이트 바디의 레드와인 : 닭, 오리, 삼겹살
- 드라이한 화이트와인 : 생선회, 생선구이, 조개구이, 갑각류, 야채버섯 등 나물류
- 로제와인 : 생선이나 낙지볶음, 닭고기, 해물탕, 해물파전
- 스위트한 화이트와인 : 떡이나 과자 등 단맛이 많은 음식
- 양념불고기 : 부르고뉴의 레드와인, 보르도 생테밀리옹 포므롤의 레드와인
- 향신료가 많이 들어간 불고기 : 코트 뒤 론의 레드와인
- 갈비찜 : 부드러운 포므롤, 생테밀리옹 레드와인
- 안심 : 보르도의 샤토급 레드와인, 부르고뉴의 고급 레드와인
- 삼겹살 : 코트 뒤 론의 레드와인, 보졸레 레드와인
- 등심로스와 삼겹살 : 오랫동안 숙성시킨 드라이한 고 알코올 계통의 레드와인
- 불고기와 갈비찜 : 부드러운 고 알코올 계열의 레드와인과 중 감미 화이트와인
- 생선회 : 약간 신맛이 나는 중 감미 화이트와인
- 생선구이 : 신맛과 떫은맛이 적당히 있는 무 감미 화이트와인
- 해산물과 튀김 요리 : 잘 숙성된 무 감미 화이트와인과 중 감미 화이트와인
- 생선 모듬탕 : 중 감미 로제와인과 발포성 와인
- 해물파전과 부침개 : 재료에 따라서 드라이 화이트와인이나 중 감미 화이트와인, 또는 가벼운 레드와인
- 마른 견과류 : 신선한 햇 포도주와 감미 화이트와인
- 민물장어 구이 : 고 알코올 계통의 잘 숙성된 레드 와인

3. 전통적인 서양 음식과 와인의 조화

- 굴 : 샤블리 와인
- 새끼 양고기 : 보르도 레드 와인
- 호두 및 스틸턴(Stilton) 치즈 : 토프 와인
- 고르곤졸라 치즈 : 아마로네 와인

- 거위 간 요리 : 소테른 와인 또는 늦게 수확한 포도로 만든 게뷔르츠트라미너 와인
- 수프 : 씁쌀한 맛의 아몬티야도 셰리 와인
- 연어 : 피노 누아르
- 구운 아몬드 및 그린 올리브 : 피노 셰리 또는 만자니야 셰리 와인
- 구운 생선 : 비뇨 베데이 와인
- 살짝 튀긴 쇠고기 : 바롤로
- 구운 닭 요리 : 보졸레 와인
- 염소 치즈 : 상세르 또는 푸이에 퓌메 와인
- 쇠고기 찜 : 버건디 레드 와인
- 초콜릿 : 캘리포니아산 카베르네 소비뇽
- 버터 바른 팝콘 : 소테른 와인
- 겨자와 소금에 절인 양배추를 넣은 핫도그 : 진펀델 화이트와인
- 양념을 친 나초 요리 : 진펀델 레드와인
- 피자 : 이탈리아산 바르베라

음식의 맛과 와인의 맛이 입안에서 만나면 단맛, 신맛, 쓴맛, 짠맛, 떫은맛의 정도가 다르게 나타난다. 가장 바람직한 것은 음식의 맛과 와인의 맛이 균형 있게 느껴지는 것이지만, 때로는 한쪽의 맛이 강하게 느껴지기도 하므로 적절한 와인의 선택이 얼마나 중요한가를 알게 한다. 같은 음식이라도 어떤 스타일의 와인을 선택 하느냐에 따라 음식의 맛을 더 한층 맛있게 할 수 있다.

음식에 맞는 와인 추천은 식사시간을 즐겁게 하고 음식의 맛을 더 한층 맛있게 하는 역할을 하게 된다.

쉽게 설명하자면 음식의 색깔과 와인의 색깔 또 음식의 맛과 와인의 맛은 비례한다고 보아도 좋다. 즉 맛, 색, 질감이 서로 비슷한 것끼리 좋은 매치를 이룬다는 말이다. 음식의 색깔이 연하면 색이 연한 와인과 어울리고, 음식의 색이 진할수록 진한 색깔의 와인과 어울린다. 그와 비슷한 원리로 맛(양념)이 순한 음식은 연한 맛의 와인, 맛(양념)이 강한 음식은 진한 맛의 와인과 잘 맞는다.

그런데 주의할 것은 똑같은 음식이라도 어떻게 조리했는가에 따라 무게감 즉 바디(body)가 달라지므로 와인의 선택에서도 바디를 고려하는 것이 좋다.

예를 들어 담백하게 구운 닭 가슴살이나 생선구이라면 포도주 중에서도 바디가 가볍고 드라이한 리슬링, 피노 그리, 소비뇽 블랑 같은 것이 잘 어울릴 것이다.

하지만 닭고기를 크림이나 와인, 버터 소스에 조리했다거나 기름을 많이 두르고 지져낸 생선이라면 바디가 무거운 샤도네와 샤블리 비오니에 같은 화이트 와인이 잘 어울리는 것이다. 같은 원리로 신맛이 많은 음식(샐러드, 나물, 야채요리)은 새콤한 화이트와인, 단맛이 많은 음식(초컬릿, 케익)은 달짝지근한 디저트 와인이 잘 어울린다. 때로는 짠 음식도 달콤한 와인을 곁들일 때 더욱 맛있다.

4. 치즈와 와인

(1) 치즈와 와인의 상호작용

• "치즈는 음식 중의 최고이며, 와인은 음료 중의 최고다."

페이션스 그레이(Patience Gray, 1957)

예로부터 치즈와 와인은 떼어 놓을 수 없는 관계였는데 이는 기원전 2950년경 고대 이집트의 왕이었던 메네스의 무덤에서 말라 버린 치즈 덩어리와 흙으로 빚은 주전자(와인을 담았을 것으로 추정됨)를 발견한 것에서도 알 수가 있다. 치즈와 와인의 공통점은 둘 다 발효 과정을 거쳐 만들어진 음식이라는 것으로 시간이 지남에 따라 계속해서 변화한다.

(2) 치즈의 기본적인 맛과 치즈와 와인의 상호작용

① 치즈의 단맛 : 와인의 신맛과 쓴맛, 강렬한 맛을 더 잘 느낄 수 있게 한다.

② 치즈의 신맛 : 와인의 맛을 더 풍부하게 해 주고, 와인에 내재해 있던 과일 향을 북돋아준다.

③ 치즈의 짠맛 : 와인의 쓴맛 또는 신맛과 대응되는 맛으로, 신맛과 마찬가지로 와인의 과일 향을 더욱 극대화해 준다.

④ 치즈의 감칠맛 : 와인의 쓴맛을 극대화시켜 주는 맛으로, 일반적으로 숙성 기간이 긴 치즈의 경우 감칠맛이 강하다.

(3) 치즈 종류에 따른 추천 와인

① 신선 치즈 : 라이트~미디엄 보디의 화이트 와인[오르비에토(Orvieto), 소아베(Soave), 피노 그리(Pinot Gris), 리슬링(Riesling)], 라이트 보디의 레드 와인[바르돌리노(Bardolino), 람브르스코(Lambrusco), 보졸레(Beuajolais)], 로제 와인

② 흰 곰팡이 연질 치즈 : 라이트~미디엄 보디의 레드 와인[가메(Gamay), 피노 누아(Pinot Noir)], 스파클링 와인

③ 껍질을 닦은 연질 치즈 : 미디엄 보디의 화이트 와인[리슬링(Riesling), 뮈스카(Muscat), 비오니에(Viognier), 토카이(Tokay)]

④ 비가열 압착 치즈 : 미디엄~풀 보디의 화이트 와인[샤르도네(Chardonnay), 리슬링(Riesling), 토카이(Tokay)] 또는 라이트~미디엄 보디의 레드 와인[가메(Gamay), 피노 누아(Pinot Noir), 시라(Syrah)]

⑤ 가열 압착 치즈 : 스파클링 와인, 풀 보디의 레드 와인[브루넬로 디 몬탈치노(Brunello di Montalcino), 바바레스코(Barbaresco), 바롤로(Barolo), 카베르네 소비뇽(Cabernet Sauvignon), 메를로(Merlot), 진판델(Zinfandel)]

⑥ 블루 치즈 : 과일 향이 풍부한 화이트 와인[슈낭 블랑(Chenin Blanc), 게뷔르츠트라미너(Gewurztraminer), 리슬링(Riesling)]

⑦ 염소 치즈 : 라이트 보디의 화이트 와인[소비뇽 블랑(Sauvignon Blac), 슈낭 블랑(Chenin Blanc), 샤르도네(Chardonnay)]

제2절 와인과 음식의 조화

1. 와인과 음식의 상호작용

와인과 음식을 조화시키는 이유는 서로 상승 작용을 만들어 내기 위함이다. 와인 안에 포함되어 있는 당분, 산미, 알코올 등이 음식과의 조화를 통해 더욱 풍미를 발전시킬 수도 혹은 저해할 수도 있다. 기본적으로 이해해야 할 것은 사람들 마다 이 풍미에 대한 민감도와 선호도가 다르다는 것이다. 기본적으로 와인과 음식의 상호작용뿐만 아니라 개인의 민감도 및 선호도를 고려하여 와인과 음식을 조화해야 한다.

(1) 탄닌 성분이 많은 떫은 와인

① 음식의 달콤한 맛을 줄인다.

② 스테이크나 치즈 같은 단백질과 지방이 풍부한 음식과 마시면 떫은맛이 줄어든다.

③ 짠 음식과 마시면 떫은맛이 강해진다.

(2) 달콤한 와인

① 짠 음식에 곁들이면 단맛이 줄어들지만 포도맛은 강해진다.

② 짠 음식을 맛있게 한다.

③ 단 음식과 잘 어울린다.

(3) 신맛 나는 와인

① 짠 음식과 함께 곁들이면 신맛이 줄어든다.

② 약간 단 음식에 곁들이면 신맛이 줄어든다.

③ 음식을 약간 짜게 한다.

④ 음식의 기름기를 없애준다.

⑤ 신 맛나는 음식과 잘 어울린다.

(4) 알코올 도수가 높은 와인

① 은은한 맛이 나는 음식이나 예민한 음식을 압도한다.

② 약간 단 음식과 잘 어울린다.

제3절 음식에 따른 와인 선택의 조건

1. 음식의 장점을 부각시키는 조화로운 와인 선택

(1) 와인은 음식의 특성에 따라 단점을 부각시키지 않고 장점을 잘 드러내도록 조화

예를 들어 생선을 비롯한 해산물 요리에 하이트 와인이 어울리는 이유는 화이트 와인이 해산물에 있는 특유의 비린 맛을 부각시키지 않고 대신에 담백한 맛을 살려 내기 때문이다. 반대로 레드 와인의 경우 생선의 비린 맛을 부각시켜 오히려 좋지 않는 맛을 끌어내기 때문에 생선과는 어울리지 않는다.

(2) 와인과 음식의 강도 균형

음식의 풍미가 강하지 않는 요리에서 너무 강한 맛을 가진 와인은 음식의 맛을 즐기는 것을 방해하며, 반대로 풍미가 강한 음식에서 옅은 종류의 와인은 입안의 잡맛을 충분히 씻어내지 못한다. 예를 들어 같은 육류라고 하더라도 닭과 같은 가금류 요리에는 우아한 스타일의 부르고뉴 와인이 좋다. 쇠고기나 양고기 스테이크와 같은 요리에는 보르도 와인이 선호되는 이유는 바로 와인과 음식이 적절한 균형을 이루어 어느 한쪽이 지나치게 부각돼 다른 쪽의 효과를 억제하지 않도록 하기 위함이다.

(3) 와인은 보통 그 지방의 음식들과 잘 어울리는 형태로 발전

같은 지방에서 발달해온 음식과 와인은 대체로 좋은 조화를 이룬다.

(4) 와인과 치즈의 조화

치즈는 단백질, 지방, 칼슘 등이 풍부한 고열량 식품이면서 소화가 잘된다는 특징이 있다. 치즈의 짠맛이 강하면 포도나 사과, 귤 등의 과일을 곁들이면 짠맛을 중화시키는 효과가 있다. 감자나 빵을 함께 먹을 때는 탄수화물과 단백질이 어우러져 영양 만점이다. 또 치즈 단백질 속의 아미노산 메티노닌 성분은 간의 알코올 분해 활동을 돕기 때문에 술과 궁합이 잘 맞는다. 치즈는 와인 특유의 떫은맛을 줄일 수 있고, 와인은 입안에 남은 치즈 향을 없애준다.

2. 음식의 종류에 따른 와인 선택

마리아주(mariage)는 프랑스어로 '결혼'을 의미한다. 와인과 음식의 조화를 표현할 때 마리아주라 한다. 와인과 요리가 제대로 어울리기만 한다면 행복한 결혼처럼 최고의 즐거움을 선사한다. 식문화에서 술은 식탁의 반주이나 와인은 단순한 반주의 역할을 넘어선다. 레스토랑에서는 보통 메뉴를 정하고 메뉴에 알맞은 와인을 정한다. 전문가들은 '마실 와인을 먼저 정하면 좀 더 정확하게 음식을 선정할 수 있다.'라고 한다.

육류는 레드 와인, 어류는 화이트 와인과 잘 어울린다. 반드시 따라야 하는 것은 아니지만 이 방식으로 선택하는 것이 무난하다. 레드 와인에 함유되어 있는 타닌 성분이 고기류의 기름기와 질은 맛을 잘 조절해 주고, 화이트 와인의 새콤한 맛이 생선의 맛과 조화를 이룬다. 요리의 주재료 이외에 조리 방법이나 소스에 따라서 음식의 특성이 달라질 수 있으므로 이런 것을 모두 고려해 와인을 선택한다. 캘리포니아를 비롯한 신세계 샤르도네는 가벼운 레드 와인보다 무겁고 맛이 풍부하고 진하다. 와인과 음식의 조화에 있어 가장 중요한 것은 와인의 색깔이 아니라 와인의 농도와 무게다. 물론 가장 중요한 것은 자신의 기호와 취향이다. 스테이크를 먹을 때 화이트 와인을 마시는 것이 더 좋은 사람은 그렇게 마셔도 된다. 취향은 변하는 것이라는 것만 이해하자.

서양식 정찬인 코스요리를 먹을 때, 와인과 음식의 조화는 중요하다. 와인과 요리의 매치는 다양한 경험을 통해서 얻이지는 것이기 때문에, 전통적인 방식을 따르는 것이 안전하다. 서양식 정찬은 일반적으로 식전주-전채요리-주요리-디저트로 구성된다. 각 코스별로 어떤 와인이 어울리는지 알아보자. 우리 음식 문화에서는 식사 전에 술을 마시는 경우가 거의 없다. 서양식 정찬의 경우 바로 식사를 시작하는 것이 아니라 가볍게 스파클링 와인이나 와인 칵테일을 마시며 대화를 나누며 정찬의 분위기를 만들어 간다. 이때 마시는 술을 '아페리티프'라고 한다. 아페리티프는 한 잔 정도가 적당하며, 모두 식탁에 앉으면 전채요리와 함께 화이트 와인을 마신다. 전채요리는 주로 입맛을 돋우기 위한 것으로 해산물 또는 담백한 맛의 요리를 준비한다. 주로 산도가 풍부한 드라이 화이트 와인을 곁들인다. 전채요리 후 수프가 준비되는 경우, 수프에는 와인을 곁들이지 않는 것이 일반적이다.

메인 코스에는 주로 맛이 진하고 풍부한 육류 요리가 나오며, 와인 역시 풍부한 맛의 레드 와인을 준비한다. 메인 코스 후에는 식사를 마무리하는 코스로 소량의 달콤한 디저트가 준비된다. 달콤한 디저트에는 단맛이 풍부한 스위트 와인을 곁들이며, 디저트 코스가 끝난 후 소화를 돕기 위해 코냑이나 브랜디, 그라파와 같은 알코올 도수가 높은 증류주가 나온다. 이 과정 역시 우리 음식문화에는 없는 것으로, 이때 마시는 술을 '디제스티프'라고 하며 시가를 함께 피운다.

제12장

와인 테이스팅의 이해

CONTENTS

제1절 감각 기관에 대하여

1. 시각(sight)

와인의 외관은 와인이 전체적으로 조화를 이루는 데 핵심적인 요소이며 와인을 마시고 만족감을 주는데 상당히 중요한 부분을 차지한다. 빛깔과 광택의 아름다움은 순식간에 입 안에 침이 고이게 만드는 중요한 요소이다. 그런데 항상 유념해야 하는 것은 와인 타입과 숙성도를 판별할 수 있도록 감각을 개발 하는 것이며, 자신의 판단이 어느 한쪽으로 치우치는 것을 경계하는 것이다.

① 외관으로 알 수 있는 것

위에서 내려다볼 때(와인 잔을 흰색 바탕 위에 세워 놓고 손을 와인 잔 받침에서 떼고, 와인을 똑바로 위에서 내려 보라.)

- 맑기 : 위에서 수직 아래로 와인을 들여다보면 와인의 맑기가 어느 정도인지 알 수 있다.
- 광택 : 광택은 와인의 표면에 초점을 맞추었을 때 쉽게 인식할 수 있는 전반적인 인상을 말한다.
- 깊이 : 색상의 정도나 강도는 와인의 색조와 대비되는 개념으로, 위에서 내려다보면 쉽게 알 수 있다.
- 이산화탄소(CO_2) 기포 : 스파클링 와인에서는 물론 기포가 풍부하지만 일반 와인들도 약간의 잔여 탄사가스를 발효 과정에서부터 함유하게 된다.
- 침전물 ; 침진물이 있다면 이미도 와인 잔에 담긴 와인의 외관은 흐릿하게 보일 것이며 풍미 역시 그러할 것이다. 만약 침전물 때문에 와인 잔이 지저분해졌다면, 그 와인 병에 담겨 있던 찌꺼기를 받았기 때문이다.

② 외관으로 알 수 있는 것 – 옆에서 볼 때

- 탄산가스 기포 : 눈 높이에서 바라보면, 와인의 수면 아래에 형성된 탄산가스 기포가 가끔 보인다.
- 점도 : 와인 잔 벽면을 흐르는 눈물은 알코올이 증발하면서 형성되는데, 알코올의 강도와 당분 함량과 관련이 있으며 이 두 가지 모두가 점도를 증가시킨다.

③ 와인 잔을 기울여 살펴보자

와인 잔을 3분의 1 이상 채우지 않은 상태로 와인 잔의 다리 아래쪽을 잡고 와인의 거의 안쪽 끝 가장자리까지 오도록 기울인다.

④ 레드와인의 색상은 어디에서

와인을 만드는 포도의 과육은 대개 무색이다. 레드 와인의 색상은 포도 껍질에 있는 폴리페놀이라고 하는 색소 화합물의 작용으로 나타나는 것이다. 폴리페놀 중 가장 중요한 두 성분인 안토시아닌과 타닌은 모두 와인 양조 과정에서 추출 된다.

⑤ 색상의 깊이

대개 짙은 색을 띤 레드 와인을 선호하는 경향이 많은데, 그 이유는 이런 와인이 풍부한 미감을 보장하기 때문이다. 눈에 띄게 색상이 엷은 와인은 실제로 무언가 결핍되었음을 표시하는 것이다. 예를 들면 과도한 생산량, 완숙하지 않은 포도, 비올 때 수확, 불충분한 침용 추출 등이다.

2. 후각(smell)

품질이 좋은 와인은 매우 풍부한 향을 가지고 있으나, 단순한 와인은 향이 평이한데 그 차이를 분간하는 것이 바로 후각이다. 와인을 입에 담아 맛보기도 전에 코에 향을 맡기만 해도 와인의 특성과 원산지, 품질을 알 수 있다.

(1) 어떻게 냄새를 맡게 될까?

냄새는 향 분자들로 이루어져 있으며 이 분자들은 콧구멍 꼭대기의 후각 기관을 덮고 있는 수많은 작은 털들과 반응한다. 후각 세포가 향 입자를 인지하려면 휘발성을 띠어야 하며, 이 상태에서 후각 돌기는 향에 대한 정보를 뇌로 전달한다.

(2) 후각의 영향

냄새를 맡기 위해서는 다음 4가지의 중요한 요소가 영향을 미친다. 이 요소들을 잘 고려할 때 냄새를 최대한 인식하고, 맡은 냄새가 무엇인지 해석하기도 수월해진다.

① 적응

후각이 적응하는 데 익숙해지면 결과적으로 민감도가 점점 떨어지고 따라서 냄새를 감지하기 어려워진다. 대개 첫인상이 가장 또렷하다고 말하는 이유가 바로 여기에 있다. 만약 더 이상 냄새를 잡아내지 못한다는 생각이 들면, 굳이 애쓰지 말고 잠시 쉬었다 다시 시도해 보라. 우리의 후각은 이처럼 빨리 피로해지지만 후각의 민감도는 신속히 회복된다.

② 온도

온도는 냄새 분자들이 어떻게 증발하는지에 영향을 미친다. 따뜻한 와인일수록 증발이 쉽게 일어나고, 차가운 와인일수록 향기를 발산하기 어렵다.

③ 바로 전에 맡은 냄새

어떤 냄새든 최소한 처음에는 명백하게 인지된다. 이것은 이전에 맡은 향기와의 '대조' 효과와 새로운 향기에 대한 '민감성' 효과라는 두 가지 효과의 결과이다.

④ 와인 잔

특히 볼의 크기와 모양이 와인의 부케 형성에 미치는 영향은 중요하지만, 최소한의 조건만 갖추어진다면 표준 글라스로도 그런 효과는 가능하리라 본다. 기본적인 요구 사항으로 와인잔은 단순해야 하고 너무 두껍지 않으며, 엎지르지 않고 격렬히 흔들 수 있도록 충분히 넓어야 하고, 와인의 향들을 모으고 집중시키기 위해 볼이 위로 갈수록 점점 좁아져야 한다. 와인을 비교할 때는 동일한 잔을 사용하도록 신경 쓴다.

3. 미감과 테이스팅

생리적 측면에서의 맛(테이스트)이란 단맛, 신맛, 짠맛, 쓴맛 등 우리가 맛이라고 부르는 감각들을 의미한다.

4. 와인의 언어와 품질

기쁨과 감동을 자아내는 매순간마다 감정을 표현하기 위해 언어를 사용하는 행동은 와인의 경우에도 적용된다.

5. 가치

책을 읽고 의견을 듣는 것도 방법이지만, 그러나 무엇보다도 직접 맛을 보는 것이 가장 중요하다. 맛을 보고 비교하고, 좋아하는 것과 좋아하지 않은 것을 가려내고, 그리고 가능하다면 왜 그런지 말하려고 해보라. 만일 동의하지 않는다면 유행은 무시하라. 내면으로부터 오는 확신이 필요하다. 그렇지 않으면 결코 이해할 수 없을 것이다.

제2절 와인 테이스팅 실습

1. 와인 테이스팅이란?

(1) 테이스팅이란?

와인을 마시는 데는 두 가지 방법이 있는데, 그저 단순하게 술을 마신다는 차원에서 즐기기 위함과 어떤 와인인지 알기 위해 생각하면서 마시는 것이 그것이다. 테이스팅은 목적이 눈 앞의 와인에 대한 품평에 있다. 테이스팅은 시각, 후각, 미각을 통해 와인을 감상하고 분석, 평가를 내리며, 와인을 마시면서 얻은 느낌을 명확하게 표현하는 것이다.

2) 와인 테이스팅의 목적

와인을 마시기는 쉽다. 그냥 잔에 따라 마시면 되니까. 그러나 와인 테이스팅은 또 다른 의미를 지니고 있다. 적절한 테이스팅을 위한 도구들과 환경, 와인에 대한 지식과 기억력 그리고 우리가 가지고 있는 모든 감각들을 최대한 열어야만 와인이 주는 묘미를 한껏 즐길 수 있다. 테이스팅 기술은 와인을 명확하게 인식하고 분석하는 능력을 높인다. 이러한 기술들은 간단하지는 않다.

그렇다고 너무 어렵게 생각할 필요도 없다. 필자가 제시하는 몇 가지 스텝들을 잘 따라 한다면 와인 속에 녹아있는 메시지를 읽어낼 수 있을 것이다.

우리는 가볍게 테이스팅을 통해 자신이 좋아하는 와인을 찾아 낼 수 있다.

꼭 기억해야 할 것은 “본인 입맛에 맞는 와인이 좋은 와인” 이 최고라는 것을 염두 하자. 주변 와인 애호가이든 와인 전문가이든 이들이 좋아하는 와인에 완전히 얽매일 필요는 없다. 남들이 좋다고 하지만 내 입맛에 맞지 않다면, 그 와인은 나에게 맞는 와인이 아니다. 음식을 예로 든다면, 남들이 이 집의 음식이 맛있다고 하여 본인 입맛에 맞으란 법은 없다는 것과 비슷한 이치이다.

즉, 테이스팅 결과에 대한 정답은 본인에게 있다는 것을 명심하자.

와인을 통한 테이스팅의 묘미는 여러 사람들과 함께 나누었을 때 가능해 진다. 몇몇이 모여 각각 가지고 온 와인을 나누고 와인에 대한 이야기를 하면서 와인이라는 술이 주는 즐거움을 더해 더욱 큰 의미의 즐거움을 가지게 되는 것이다.

2. 테이스팅 예절

- 첫 번째, 테이스팅 부스에 가셔서 무조건 비싼 와인만 테이스팅 하고 나오지 않는다. 어떤 와인부터 테이스팅 해야 하는지 모를 경우에는 부스 마스터에게 추천 받는 것을 권한다. 아래부터 위로 올라가는 테이스팅을 해야 왜 비싼지 알 수 있다.
- 두 번째, 와인을 받았으면 혹시 주변에 다른 분들이 기다리고 있지 않은지 한 번 확인한다. 혼자 부스를 독점하고 있으면 예의에 어긋난다.
- 세 번째, 테이스팅을 하고나면 짧게라도 의견을 제시한다. 부스에서 자신들의 와인을 선보이는 분들은 그 의견이 중요하다.
- 네 번째, 조심 또 조심 잔을 마시고 뒤로 물기를 털어 다른 분에게 피해가 가지 않도록 주의해야 한다.
- 다섯 번째, 레드와인을 테이스팅 하다가 화이트 와인을 테이스팅 할 때는 잔을 꼭 행궈 주어야 한다. 정확한 테이스팅을 하기 위해서이다.

3. 테이스팅 방법

- 주문한 것이 맞는지 라벨을 확인한다.
- 소량의 와인을 따라주므로 빛에 비춰 보고 색을 체크한다.
- 2~3회 잔을 돌려서 향을 맡아본다.
- 소량을 입에 머금고 맛을 체크한다.
- 문제가 없으면 '좋습니다. 모두에게 주세요.' 등의 말로 OK 사인을 보낸다.

■ 글라스 잡는 방법

- 와인글라스는 손가락을 가지런히 해서 스템(다리) 부분을 잡는다. 새끼손가락으로 글라스의 바닥을 누르면서 잡아도 안정되게 잡을 수 있다.

브랜디 잔처럼 잡거나 컵 부분을 잡으면 와인이 따뜻해져 맛이 변하므로 올바른 방법이 아니다.

■ 와인을 마실 때의 매너

- 와인은 요리와 함께 마시기 시작해서 요리와 함께 끝내는 식중주로, 디저트가 나오기 전까지만 마시도록 한다.
- 보통 육류 요리에는 red wine, 생선 요리에는 white wine을 선택한다.
- 입 안에 음식물이 들어 있는데 와인을 마신다든지, 요리를 계속 먹다가 와인 역시 몇 잔씩 연속해서 마셔도 와인의 참맛을 느낄 수 없다.

- 와인을 마실 때는 스템(다리) 부분을 쥐고, 건배할 때도 잔과 잔을 부딪치지 않는다. 잔을 얼굴 높이로 들고, 주위 사람과 눈으로 건배를 한다.
- 와인을 마실 때는 한 번에 많이 들이키지 말고 조금씩 음미하는데, 이때 스테이크 두 번에 와인 한 번 정도가 적당하다.
- 여러 종류의 와인을 함께 마실 때는 반드시 가벼운 와인부터 시작해 맛이 강한 와인 순으로 마신다.

■ 거절법

와인글라스 위에 가볍게 손을 얹으면 술을 따르지 않는다. 글라스 위를 손으로 뚜껑 덮듯이 하는 행동은 아름답지 않으므로 삼가하며 추가를 사양할 때도 마찬가지이다.

4. 와인 테이스팅 과정

(1) Serving Temperature (와인별 적정 온도)

① Red wine : heavy(Bordeaux, Bourgogne) 16~18 degree mid-heavy (Dole, Cote de Rhone, Chianti) 13~15 drgree light (Beaujolais, rose) 10~13 degree

② White wine : 9~10 degree

③ Sparkling wine : 6~8 degree

(2) Tempering(Chamber)

레드와인은 마시기 전 Cellar에서 꺼내어 실온에 몇 시간 정도 놓아두어 적정 온도를 맞춘다.

(3) Chilling

White wine, Rose, Sparkling wine은 적정 온도를 유지하기 위해 Ice bucket에 물과 얼음을 담고 넣어둔다.

(4) Tasting

① Color

투율립 모양의 와인 잔에 약 50ml의 와인을 따르고, 얼굴로부터 잔을 약간 떼어서 45도로 기울이고(하얀 바탕에 대고 보는 것이 정확함), 옆, 정면, 위에서 내려다 보면서 선명도를 확인한다.

② Aroma

먼저 와인 잔을 천천히 조심스럽게 코로 가져가 코를 와인 잔에 깊이 묻고 향을 맡아본다. 와인 잔을 크게 소용돌이치게 하여 잠자고 있던 향기가 공기와 접촉해 풍부하게 올라오게 하여 향을 맡아본다. 마지막으로 와인을 다 마시고 잔을 비운 다음, 빈 잔에 남은 여운을 느껴본다. 잔 안쪽 면에 얇게 형성된 필름 막에서 분출되는 향을 맡을 수 있다. 이것이 가장 향기를 제대로 맡을 수 있는 방법이다.

③ Taste

너무 많지 않은 적당량의 와인을 입안에 넣고, 약간의 공기와 함께 혀의 각 부분에 모두 닿을 수 있게 혀를 굴려본다. 그런 다음, 와인을 앞니 가까이로 밀어 넣고 앞니 사이로 약간의 공기를 마시면서 향을 느껴본다. (혀끝으로 단맛, 혀 안쪽으로 쓴맛, 혀 가운데로는 짠 맛, 혀 안쪽의 가장자리로는 신맛을 느낄 수 있다.) 5종류 이상의 와인을 계속해서 삼키면 미각이 둔해지므로, 그 이후부터는 와인을 삼키지 말고 뱉어내면서 시음을 하는 것이 좋다. 시음을 할 때는 와인과 다음 와인 사이에 입안을 생수로 깨끗이 헹궈 주고 무가당 염 비스킷이나 빵을 먹는 것도 좋다.

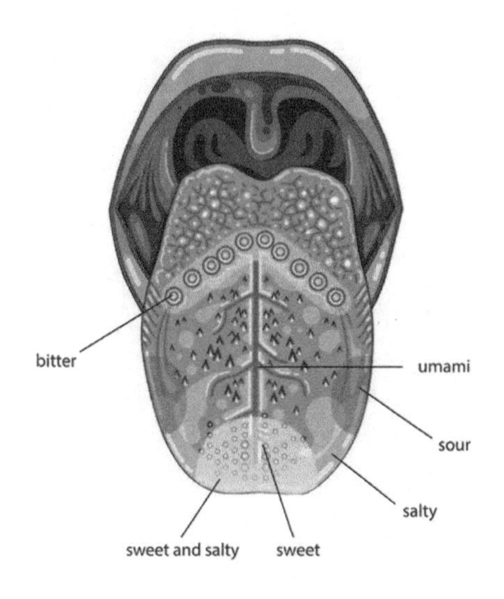

5. 테이스팅의 단계

① 시각적 관찰

테이스팅의 가장 첫 번째 단계입니다. 테이스팅을 위해 와인 잔에 와인을 따라 관찰합니다.

와인의 농도와 밀도, 색조 및 빛깔, 와인의 생동감을 체크합니다.

와인의 농도와 밀도로는 와인의 구조가 어떠한지를 파악합니다.

색조와 빛깔로는 와인의 나이와 숙성정도, 변화 정도를 판단합니다.

생동감은 와인이 얼마나 맑고 투명한지, 윤기가 나는지, 침전물은 없는지를 체크하여 와인의 생생함 정도를 판단합니다.

② 후각적 관찰

와인 잔에 따른 와인을 부드럽게 돌리며 와인의 향을 맡습니다. 와인이 흘러넘치지 않게 하기 위해 테이스팅 시에는 와인을 많이 따르지 않습니다. 와인 잔을 부드럽게 돌리면 와인과 공기가 접촉하면서 와인의 향이 나기 시작합니다. 와인의 향은 매우 민감하기 때문에 어떤 품종으로, 어느 지역에서 어떻게 만들었느냐, 어디서, 어떻게, 얼마나 보관 했느냐 등의 조건에 따라 똑같은 와인이라도 크게 달라질 수 있습니다.

와인의 향을 표현할 때는 '아로마'와 '부케'라는 단어를 사용합니다.

아로마는 와인에서 느껴지는 각각의 다양한 향을 말하는 단어이고, 이 아로마들이 다양하게 조화를 이루어 복합적인 향을 내는 것을 부케라고 합니다.

그렇기 때문에 일반적으로는 젊은 와인은 아로마가 풍부하다, 오래된 와인은 부케가 풍부하다는 표현을 사용합니다.

와인의 향을 맡을 때는 먼저 포도품종 고유의 향을 맡습니다. 2차로 발효 과정 중에 발생하는 향을 맡습니다. 마지막으로는 오크통이나 병에서 숙성되는 과정에서 생기는 향을 맡습니다. 오래 숙성될수록 3차향이 풍부해집니다.

③ 미각적 관찰

와인을 한 모금 입에 머금고 입안에서 굴려 와인이 혀의 모든 부분과 골고루 접촉하도록 합니다. 와인을 마시는 순간 침샘에서는 침이 분비되는데, 이 침과 와인이 혼합되어 맛으로 나타납니다. 맛을 느끼는 것은 지극히 주관적이기 때문에 개인에 따라 같은 와인이라도 다른 맛을 느낄 수 있습니다. 처음 마셨을 때는 와인의 단맛을 가장 먼저 감지하며, 뒤이어 신맛, 쓴맛, 짠 맛 등을 차례로 감지하게 됩니다.

④ 테이스팅 시 주의점 3가지

테이스팅을 하기 전에 와인을 올바르게 준비하는 것도 중요하다.

첫째, 와인을 제대로 테이스팅 하려면 일정한 온도로 서빙 되어야 한다.
화이트 와인은 시원하게, 레드 와인은 상온에 맞추어져 있어야 한다.

둘째, 개성이 다른 와인들이므로 시음할 차례를 올바로 정해야 한다. 화이트(white), 영(young), 드라이(dry) 와인을 먼저 시음하고, 다음으로 레드(red), 올드(old), 스위트(sweet) 와인을 시음한다.

셋째, 디캔팅(decanting)은 시음 전에 이루어져야 한다. 디캔팅을 하는 이유는 와인 병 안의 침전물을 분리하고 공기와의 접촉을 원활하게 하기 위해서다. 그리고 시음할 와인의 상표나 병 모양을 보고 시음하는 사람들이 미리 선입견을 가질 수 있는 것을 예방할 수 있다.

더 알아보기

- 화이트 와인은 7~10도의 온도가 좋다. 와인에 함유되어 있는 사과산 때문에 온도가 차가울 때 더 신선하고 천연 과일의 풍미를 느낄 수 있다.
- 레드 와인은 18~20도가 적당하다. 와인에 함유된 유산 때문에 상온에서 약간 단맛이 나고 좋은 느낌을 주며, 복합적인 향을 감별하기 좋다. 온도가 낮으면 떫은맛(타닌 성분)이 강해지며, 온도가 높으면 쓴맛이 나기도 한다.

제3절 와인 잔과 테이스팅

1. 와인 잔의 구조 및 명칭

(1) 와인 잔의 3대 기본 요소

① 튤립 형태 : 잔의 입구는 닫힌 형태로(잔의 입구가 몸통보다 좁은) 와인의 향을 모아서 코로 유도하여 풍미를 더욱 느낄 수 있어야 한다.

② 크기(용량) : 와인 잔은 와인의 향이 피어날 수 있을 정도의 충분한 공간이 필요하다. 와인의 종류에 따라 다르지만 일반적으로 서빙되는 와인의 양은 100ml 정도이다. 이 정도 용량의 와인의 풍미를 느끼기 위해서는 최소 280ml 이상의 와인을 따를 수 있는 크기이어야 한다.

※ 스월링 : 와인 잔에서 2~3회 가볍게 회전시킴으로써 병 속에서 숨겨져 있던 와인의 풍미를 산소와 접촉시켜서 고유의 맛과 향을 살려내는 동작

③ 투명성과 유려한 곡선 : 와인이 가진 고유의 색상을 즐길 수 있도록, 와인 잔은 각이 없어야 하며 얇고 투명도가 높아야 한다.

(2) 와인에 맞는 와인 글라스

와인을 마실 때는 와인의 종류에 따라 그 특징을 보다 더 자세히 맛보기 위하여 그에 맞는 적당한 글라스를 선택하는 것이 좋다. 와인글라스는 튤립이나 달걀 또는 풍선 모양의 몸통(bowl)에 가늘고 긴 다리(줄기)가 있는 것이 특징이다. 몸통의 경우 와인의 생명인 향을 날려 보내지 않게 하기 위해 가운데 부분이 부풀어 있고 입구는 오므라져 있다.

와인글라스의 몸통의 볼록한 정도는 포도 품종이나 산지, 와인의 종류에 따라서 조금씩 다르다. 다리가 가늘고 긴 것은 잡은 손의 열이 와인에 전달되어 잔의 몸통 크기와 높이, 입구의 지름이나 경사각에 와인의 온도가 상승되는 것을 방지하기 위한 배려다. 같은 와인이라도 감지되는 향과 맛이 다르므로 잔의 선택은 매우 중요하다.

■ 와인잔의 구조 및 명칭

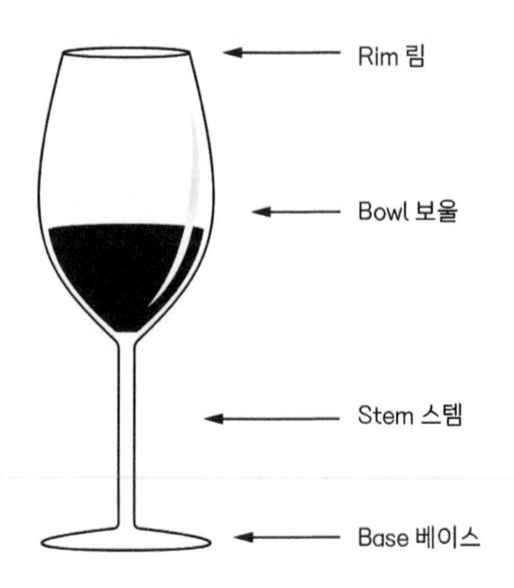

1. 림(Rim) : 입술이 닿는 자리
2. 보울, 볼(Bowl) : 건배를 하는자리
3. 스템(Stem) : 직접 손으로 잡는 자리
4. 베이스(Base) : 바닥면과 바로 닿는 자리

같은 와인이라도 잔의 종류에 따라 다른 맛을 느낄 수 있다. 와인을 마실 때 향을 음미하는 것은 빼놓을 수 없는 요소다. 와인 잔에 와인의 향이 담겨 있느냐 아니냐에 따라 와인의 맛이 달라지기 때문이다. 예를 들어 잔 입구가 큰 와인 잔으로 와인을 마시면 자연스레 머리가 숙여지면서 와인이 혀에 닿는 부위가 넓어지며, 반대로 입구가 좁은 잔은 고개가 뒤로 젖혀져 혀에 닿는 부위가 좁아지고 와인이 혀의 앞부분에 먼저 닿기 때문에 같은 와인이라도 다른 맛을 느끼게 되는 것이다.

와인이 입 안으로 들어오는 순간 혀의 어떤 부분에 얼마나 넓게 접촉하는지에 따라 느끼는 맛이 달라진다. 혀끝은 단맛을, 혀의 양옆은 산미를 감지하는데, 와인 잔 입구가 좁으면 와인이 혀끝에 먼저 닿기 때문에 단맛을 먼저 느끼게 된다. 반면 와인 잔 입구가 넓을수록 와인은 혀끝보다는 혀의 양옆으로 퍼지므로 산미를 주로 느끼게 된다.

와인 잔 입구가 나팔처럼 바깥쪽으로 벌어져 있다면 와인이 향을 많이 잃게 되어 와인의 맛이 덜하며, 반대로 입구가 안쪽으로 둥글게 휜 와인 잔은 와인의 향을 보존하고 있기 때문에 그 와인의 맛이 더욱 복합적으로 느껴진다.

그리고 향기가 약하고 가벼운 와인을 큰 용량의 볼륨 있는 와인 잔에 따르면, 원래부터 와인에 향기가 그다지 없던 탓에 향기가 더욱 약하게 느껴진다.

따라서 향기의 강약에 맞춰 와인 잔을 선택하면 좋다.

2. 와인 잔의 종류

와인이 가진 매력을 극대화하기 위해서는 어떤 와인잔을 선택하느냐가 매우 중요하다. 와인을 즐길 때는 단순히 맛이라는 한 가지 요소를 느끼기 위함이 아니라, 수십 년간 발효되어 보관된 와인이 가진 다양한 매력을 시각과 후각 기르고 미각이라는 복합적인 요소를 통해 느껴야 하기 때문이다.

보르도잔 버건디잔 화이트잔 샴페인잔

(1) 보르도 레드 와인 잔

대개 레드 와인은 화이트 와인 잔보다 좀 더 크며, 와인의 향기를 더욱 풍성하게 느낄 수 있도록 해준다. 보르도 레드 와인 잔은 전형적인 튤립 모양으로, 프랑스 보르도 스타일의 와인처럼 타닌이 강한 와인을 위해 고안되었는데, 타닌의 텁텁함을 줄이고 과일 향과 조화를 이룰 수 있도록 글라스의 경사각이 완만하다. 와인이 혀끝부터 안쪽으로 넓게 퍼질 수 있도록 입구 경사각이 작으며 볼은 넓다. 또한 와인이 숨 쉴 수 있는 공간을 확보해 줌으로써 다양한 부케와 풍부한 아로마를 느낄 수 있게 해준다.

(2) 부르고뉴 레드 와인 잔

부르고뉴 레드 와인 잔은 보르도 와인 잔보다 약간 짧고 뚱뚱하다. 특히 보울 부분이 더 볼록하고 잔 입구로 갈수록 점점 좁아진다. 보울이 넓으면 공기와 접촉하는 와인의 면적이 넓어지므로 와인의 향을 더욱 풍부하게 맡을 수 있다. 프랑스 부르고뉴의 정상급 와인이나 이탈리아의 바롤로, 바르바레스코 등을 이 잔에 담았을 때 와인의 풍미가 최대한 발산된다. 특히 부르고뉴의 주요 포도 품종인 피노누아는 카베르네 소비뇽에 비해 타닌이 적으나 신 맛이 강하므로 와인 잔의 볼이 커야 하고, 좀 더 오랜 시간 향을 담기 위하여 글라스의 경사각이 크다. 값이 싼 와인은 향의 수준이 낮으므로 이런 잔에 따라 마시면 향이 부족하게 느껴져 더 싸구려 와인처럼 느껴지기 십상이다.

(3) 화이트 와인 잔

화이트 와인은 기본적으로 타닌 성분이 없기 때문에 볼의 크기가 작아도 된다. 화이트 와인 잔은 레드 와인 잔보다 작으며, 차게 마시는 화이트 와인의 특성 때문에 온도가 올라가지 않도록 용량을 작게 만든다. 또한 레드 와인 잔보다 덜 오목하며, 화이트 와인의 상큼한 맛을 더 잘 느낄 수 있도록 와인이 혀 앞부분에 닿도록 디자인되어 있다.

(4) 스파클링 와인 잔

스파클링 와인 잔은 길쭉한 튤립(또는 플루트, flute) 모양으로, 와인의 탄산가스가 오래 보존될 수 있고 거품이 올라오는 것을 잘 관찰할 수 있다. 좋은 스파클링 와인일수록 조그만 기포들이 길쭉한 와인 잔 속에서 끊임없이 솟아오르는 것을 볼 수 있다. 고급 샴페인의 경우 끊임없이 발생하는 작은 기포와 병 속에서 일어나는 2차 발효에서 생긴 독특한 향이 특징인데, 이러한 기포와 향을 잘 간직하기 위해 샴페인 글라스는 튤립 모양이나 계란형의 긴 잔이어야 하며, 입구는 좁고 잔의 높이가 높아 샴페인의 고운 기포를 감상하며 즐길 수 있게 디자인되어 있다.

(5) 와인 잔의 올바른 사용

와인 잔을 어떻게 잡고 마실 것인지에 대해 정해진 규칙이 있는 것은 아니지만, 볼 부분을 잡을 경우 손의 열기가 와인에 전해져 와인의 온도가 올라가기 때문에 보통 스템을 잡는다. 와인을 제대로 마시기 위해서는 와인 잔의 청결 또한 중요한데, 와인 잔을 씻을 때 세제를 사용하지 않고 가급적 뜨거운 물로 씻는 것이 좋다. 잔에 세제 성분이 남아 있게 되면 와인의 맛에 좋지 않은 영향을 주기 때문이다. 씻은 와인 잔은 깨끗한 리넨을 사용해 부드럽게 닦는데, 한 손으로 와인 잔의 볼 부분을 잡고 다른 한 손으로 조심스럽게 와인 잔 안쪽을 닦은 후 거꾸로 세워 자연 건조 시키는 것이 좋다.

(6) 와인 고르는 법

① 와인은 식사 메뉴를 주문한 후에 선택한다.
② 취향과 금액 등을 소믈리에나 웨이터에게 전하고 추천을 받으면 좋다.
③ 와인의 가격은 요리 1인분의 가격이 기준이다.
④ 와인은 모두가 마시기 전에 먼저 호스트가 테이스팅을 한다.
⑤ 테이스팅은 와인이 상하지 않았는지 확인을 하기 위한 것이다.
⑥ 분명하게 품질이 변질된 경우를 제외하고 맛이 본인의 취향에 맞지 않는다고 해서 바꿀 수는 없다.

3. 테이스팅 용어

(1) 테이스팅 기본 용어

와인이 어렵게 느껴지는 가장 큰 원인은 복잡한 테이스팅 용어 때문일 수도 있다. 도저히 술을 평가한 것이라고는 믿기 어려울 정도로 시적인 언어와 많은 표현들이 존재한다. 역으로 생각하면 그만큼 와인이 섬세한 음료라는 이야기도 된다. 현재 와인에 관한 용어는 이미 200여 개에 달한다. 이 모든 용어를 일반인이 익힌다는 것은 불가능하다. 단지 정해진 몇 가지 기본적인 용어를 익히고 이에 맞춰 자신만의 테이스팅 노트를 작성하면 된다. 와인과 친해지면 친해질수록 노력하지 않아도 멋진 표현들을 저절로 생겨날 것이다.

① 색

- Brilliant : 밝음
- Clear : 맑음
- Cloudy : 맑지 못함
- Dull : 어두움
- Faded : 잘못된 보관이나 너무 오래 되어 색이 변질됨
- Jolie robe : 매우 매력적인
- Legs : 글리세린이나 알코올의 점성에 의해 와인 잔에 물방울이 생김

② 향

- Clean : 깨끗함
- Deep : 깊고 풍부함
- Dumb : 밋밋함, 별 특색이 없음
- Fruity : 사과, 딸기, blackcurrant 같은 과일 향
- Flowery : 장미, 제비꽃(violet) 같은 꽃향기
- Green : 아직 어리고 성숙이 덜됨
- Piquant : 매운 향
- Woody : 오크 향
- Volatile : 별 특색 없음, 그 다지 칭찬할만한 향이 아니지만 그렇게 나쁜 것도 아님
- 그 외의 향 : 사과(apple), 카라멜(caramel), 타는향(burning), 달콤함(mellow), 금속성(matallic), 나무열매(nutty), 곰팡이(mouldy), 짠맛(salty), 매끄러움(silky), 향신료(spicy), 싱거움(watery), 씁쓸함(bitter), 흙(earthy), 연약함(flabby)

③ 맛

- Acide : 산도가 높음
- Unbalanced : 발란스가 좋지 못함
- Delicate : 섬세하고 깔끔함
- Corps(palate) : 입 안 가득 찬 느낌과 부럽게 입안을 감싸는 맛
- Long : 오랫동안 입안에 남음
- Rich : 입 안 가득 풍부하고 화려한 맛
- Robust(mouthfull) : 순수하고 감칠맛이 남

④ 당도의 용어

매우드라이(bone dry) → 드라이(dry) → 미디엄 드라이(medium dry) → 미디엄 스위트(medium sweet) → 매우 스위트(very sweet)

⑤ 산도의 용어

떫은(astringent) → 상쾌한(refreshing) → 꽤 나는(marked) → 시큼한(tart) → 가볍고 엷음(light&thin) → 산도 없음(flat)

⑥ 밀도

가벼운(light) → 미디엄(medium) → 진한(full bodied) → 아주 진한(heavy)

⑦ 뒷맛

짧은(short) → 괜찮음(acceptable) → 오래남음(extended) → 아주 오래남음(lingering)

⑧ 균형

불균형(unbalanced) → 좋음(good) → 균형이 잘 잡힘(well balanced) → 완벽하게 잘 잡힘(perfect)

⑨ 전체적인 평가

조악함(coarse) → 열등함(poor) → 괜찮은(acceptable) → 좋음(fine) → 뛰어남(outstanding) → 정교함(finesse) → 우아한(elegance) → 조화로움(harmonious) → 풍요한(rich) → 섬세함(delicate)

※ 좋은 와인이란?

와인 소믈리에 자격시험 예상문제

CONTENTS

제1절 소믈리에 자격

1. 와인 소믈리에 자격 필기 예상 문제 풀이 I

01 이태리어로 와인을 표현한 것 중 올바른 것은?

① 비넘(Vinum) ② 바인(Wein)
③ 비노(Vino) ④ 벵(Vin)

02 와인의 주요 효능이 아닌 것은?

① 암 예방 ② 혈관 확장제 역할
③ 동맥경화 예방 ④ 콜레스테롤의 억제작용

03 와인의 맛에 영향을 미치는 자연적 요인 이외의 요인인 것은?

① 포도생산자 ② 토양
③ 일조량 ④ 강수량

04 화이트 와인의 서비스 온도에 가장 적합한 것은?

① 2도~4도 ② 4도~6도
③ 6도~8도 ④ 10도~12도

05 다음 중 생선과 가장 잘 어울리는 와인의 종류는?

① 레드와인 ② 화이트 와인
③ 로제와인 ④ 스파클링 와인

06 프랑스 AOC 제도를 관장하는 기구는?

① ONIVINS ② ISO
③ BATF ④ INAO

>>> 정답 01 ③ 02 ① 03 ① 04 ④ 05 ② 06 ④

07 레드와인 품종이 아닌이 아닌 것은?

① 까베르네 소비뇽 ② 삐노누아
③ 진판델 ④ 샤르도네

08 일반적으로 알코올 함량이 가장 높은 용도는?

① 샴페인 ② 식후와인
③ 식사 중 와인 ④ 식전 주

09 다음 중 화이트 와인 품종이 아닌 것은?

① 진판델(Zinfandel) ② 리슬링(Riesling)
③ 뮈스까(Muscat) ④ 세미용(Semillion)

10 다음은 어떤 포도품종에 대한 설명인가?

> 부르고뉴(Bourgogne)산 적포도주와 샹파뉴(champagne) 지역의 고급 샴페인에 사용되는 포도로서 부르고뉴 와인의 주품종을 이루고 있으며 블랑 드 누아(Blanc de Noirs)라고 하는 것은 이 품종으로 만들어 진다. 아무 토양이나 지역에서 잘 자라는 나무가 아니기에 재배조건이 까다롭기 때문에 항상 좋은 와인이 만들어지지는 않는다.

① 까베르네 쇼비뇽 ② 삐노누아
③ 가메 ④ 샤르도네

11 다음은 어떤 포도품종에 대한 설명인가?

> 프랑스의 보르도, 소테른(Sauternnes), 그라브(Graves)지역과 미국의 캘리포니아와 워싱턴 주 그리고 기타 호주, 뉴질랜드 등지에서 재배되고 있는데, 세계 최고의 스위트 와인을 만드는 데 사용된다. 이 포도 품종은 과피가 얇아 귀부병(botrytis)을 만드는 품종이며, 감미가 풍부하며 신맛이 거의 없다.

① 세미용 ② 샤르도네
③ 쇼비뇽 블랑 ④ 진판델

>>> 정답 07 ④ 08 ② 09 ① 10 ② 11 ①

12 양조주에 해당되지 않는 것은?

① 탁주 ② 소주
③ 와인 ④ 청주

13 다음 중 '가향 와인(Flavored wine)' 에 해당되는 것은?

① 베르뭇(Vermouth) ② 스푸만떼(Spumante)
③ 마데이라(Madeira) ④ 모스카토 다스티(Moscato d'Asti)

14 원료에서 나오는 향을 무엇이라고 하는가?

① 원향 ② 기본 향
③ 아로마 ④ 후레버드

15 프랑스 와인의 풍미를 풍부하게 해주는 레드와인의 신기술이 아닌 것은?

① 오크통의 발효시도 ② 쉬르리(Sur lies) 숙성법
③ 이산화황의 엄격한 규제 ④ 오크통 숙성기간의 자율화

16 우수한 포도 경작지라는 의미는?

① 프리미에 ② 그랜드
③ 슈페리어 ④ 크뤼

17 보르도 지역산지 중 스위트 화이트 와인의 유명산지는?

① 메독(Médoc) ② 소떼른느(Sauternes)
③ 셍떼밀리옹(Saint-Emilion) ④ 그라브(Graves)

>>> 정답 12 ② 13 ① 14 ③ 15 ② 16 ④ 17 ②

18 다음 설명은 보르도 지역의 샤토와인 중 어떤 와인을 뜻하는가?

> 라벨에 탑 그림이 있는데 이는 지롱드 강을 거슬러 올라오는 해적들을 막기 위해 조성된 성채의 일부로 백년전쟁에 황폐해진 성으로 탑부분만 유일하게 남아있다. 몇 번이나 주인이 바뀐 샤또는 1963년 영국인에 의해 매수되어 스테인리스통으로 발효 후에는 새오크통만 사용하고 10년 이상의 수령을 가진 포도나무에서 수확된 포도만을 사용하는 등 엄격한 규율을 만들어 적용하였다.

① 샤또 라피뜨 로쉴드(Ch. Lafite-Rothschild)
② 샤또 무똥 로쉴드(Ch. Mouton-Rothschild)
③ 샤또 마고(Ch. Margaux)
④ 샤또 라뚜르(Ch. Latour)

19 샴페인 용어 중 마지막으로 코르크를 하기 전에 설탕이나 리큐르를 첨가하는 것을 무엇이라고 하는가?

① Dosage(도자쥬)
② De`gorgement(데고르주멍)
③ Remuage(르뮈아쥬)
④ Marc(마르)

20 샴페인에 사용되는 문구 중 영어로는 White of Whites 즉, 청포도로 만든 화이트 와인이란 뜻으로 샹빠뉴 지방에서는 샤르도네로 만든 샴페인이라는 표현은?

① Blanc de Blanc(블랑 드 블랑)
② Cuve`e Spe`ciale(꾸베 스뻬시알)
③ N.M(Ne`gocian-Manipulant: 네고시앙 마니쁠랑)
④ R.M(Re`coltant-Manipulant:레꼴땅 마니뿔랑)

21 게뷔르츠트라미너 품종에 대한 설명이다. 틀린 것은?

① 단맛이 강하고 신맛도 많은 편이다.
② 알코올 도수가 높으며 부드럽다.
③ 프랑스 알자스 지역에서 유명하다.
④ 트라민산의 향기 나는 포도라는 뜻이 있다.

⋙ 정답 18 ④ 19 ① 20 ① 21 ①

22 이탈리아의 끼안티 와인에 사용되는 품종이 아닌 것은?

① 산지오베제 ② 카나이올로
③ 말바지아 ④ 쇼비뇽 블랑

23 와인 당도에 사용되는 표현이다. 틀린 것은?

① Bone Dry ② Dry
③ Medium ④ Astringent

24 다음 중 '폴리페놀(poly phenol)' 성분이 아닌 것은?

① 글리세롤 ② 레스페라트롤
③ 안토시아닌 ④ 타닌

25 성경에 나오는 인물 중에서 와인을 최초로 만든 사람은?

① 노아 ② 모세
③ 예수 ④ 솔로몬

26 와인 디캔팅이 끝나고 양초를 끌 때 무엇으로 끄는 것이 가장 바람직한가?

① 입 바람 ② 손
③ 물 ④ 자체적으로 꺼지도록 기다림

27 클라렛(Claret)이란?

① 독일산의 유명한 백포도주(White Wine)
② 불란서산 적포도주(Red Wine)
③ 스페인산 포트 와인(Port Wine)
④ 이태리산 스위트 버머스(Sweet Vermouth)

28 다음 중 실내온도에 맞추어 제공하는 술은?

① 백포도주 ② 샴페인
③ 적포도주 ④ 맥주

>>> 정답 22 ④ 23 ④ 24 ① 25 ① 26 ② 27 ② 28 ③

29 다음 중 Wine 병마개를 뽑을 때 사용하는 기구는?

① ice pick ② Bar Spoon
③ Opner ④ Corkscrew

30 이탈리아 와인 최상위 등급은?

① V.D.T ② V.T
③ D.O.C ④ D.O.C.G

31 나라별 와인 생산량 순위가 맞는 것은?

① 프랑스/이탈리아 - 칠레 - 스페인 - 미국
② 프랑스/이탈리아 - 스페인 - 미국 - 아르헨티나
③ 프랑스/이탈리아 - 칠레 - 미국 - 아르헨티나
④ 프랑스/ 이탈리아 - 미국 - 스페인 - 칠레

32 마시는 술에 들어있는 알코올은 주로 어떤 종류의 알코올인가?

① 에틸알코올(Ethyl alcohol) ② 메틸알코올(Methyl alcohol)
③ 프로필알코올(Propyl alcohol) ④ 부틸알코올(Butyl alcohol)

33 와인 양조 중 일어나는 '말로락트 발효(Malolactic fermentation)'란?

① 사과산이 젖산으로 변하는 반응
② 알코올이 물과 탄산가스로 변하는 반응
③ 당분이 알코올과 탄산가스로 변하는 반응
④ 알코올이 아세트알데히드로 변하는 반응

34 와인을 주병한 후 코르크 위에 씌우는 '캡슐(Capsule)'의 역할은?

① 코르크를 숨 쉬게 만든다. ② 미생물 오염을 방지한다.
③ 병구를 완벽하게 밀봉 시킨다. ④ 코르크를 보호한다.

35 '필록세라(Phylloxera)' 해결에 결정적인 공로를 세운 사건은?

① 농약 개발 ② 접붙이기
③ 돌연변이 ④ 유전자 조합

»» 정답 29 ④ 30 ④ 31 ② 32 ① 33 ① 34 ④ 35 ②

36 포도의 당도가 와인 양조에 중요한 이유는?

① 당도가 높을수록 알코올 농도가 높아지기 때문
② 당도가 높을수록 발효가 잘 되기 때문
③ 당도가 높을수록 와인이 맛있기 때문
④ 당도가 높을수록 발효가 빨라지기 때문
⑤ 당도가 높을수록 발효가 완벽하기 때문

37 다음 제조과정 중 샴페인의 당도를 조절하는 시점으로 알맞은 것은?

① 두시엠 페르망타시옹(Deuxième Fermentation)
② 아상블라주(Assemblage)
③ 티라주(Tirage)
④ 도자주(Dosage)

38 다음 중 '모스카토 다스티(Moscato d'Asti)'에 대한 설명으로 바르지 못한 것은?

① 알코올 농도가 낮고 스위트하다.
② 압력이 낮기 때문에 보통 와인 병에 넣어서 판매하며, 오래 두지 않고 바로 마신다.
③ 사용하는 품종은 '모스카토 비안코(Moscato Bianco)'라는 청포도로 프랑스에서 '뮈스카 블랑 아 프티 그랭(Muscat Blanc à Petits Grains)'이라고 부르는 품종이다.
④ IGT/IGP 급 와인이다.

39 소테른(Sauternes)에서 보트리티스(Botrytis) 곰팡이가 낀 포도로 스위트 화이트와인을 만들 수 있는 자연 조건에 가장 관련이 있는 강을 다음에서 고른다면?

① 도르도뉴(Dordogne) 강 ② 시롱(Ciron) 강
③ 마른(Maene) 강 ④ 가르동(Gardon) 강

40 다음 부르고뉴 와인 생산지역 중 화이트와인 만 인정되는 것은?

① 샤블리(Chablis) ② 코트 도르(Côte d'Or)
③ 코트 샬로네즈(Côte Châlonnaise) ④ 보졸레(Beaujolais)

>>> 정답 36 ① 37 ④ 38 ④ 39 ② 40 ①

41 다음 중 토스카나(Toscana) 지방의 레드와인을 대표하는 품종으로 유전적으로 변종이 많기로 유명한 품종은?

① 산조베제(Sangiovese) ② 카나욜로(Canaiolo)
③ 네비올로(Nebbiolo) ④ 돌체토(Dolcetto)

42 다음 보기 중 정찬 코스에서 와인을 서비스 순서로 가장 알맞은 것은?

A. 드라이 피노(Dry Fino)
B. 샤토 라 콩세이양트(Ch. La Conseillante)
C. 푸이 퓌이세(Pouilly-Fuissé)
D. 샤토 라 투르 블랑슈(Ch. La Tour Blanche)

① A → C → B → D ② B → C → D → A
③ C → D → A → B ④ D → B → C → A

43 다음 중 와인의 '보디(Body)'를 가장 잘 설명한 것은?

① 숙성이 오래 되어 품위가 있으면서 타닌이 부드러워진 느낌
② 효모의 자가분해로 토스트 향과 같은 구수한 향이 나는 느낌
③ 입에서 스쳐 지나가는 와인의 느낌으로 경험으로서 인식하는 무게감
④ 과일 자체가 주는 인상으로 입과 코에서 동시에 느끼는 향미

44 다음에서 타닌에 대한 설명 중 잘못된 것은?

① 포도의 껍질, 씨, 나무통 등에서 나오는 성분이다.
② 단백질과 결합하므로 와인을 맑게 만드는 데 사용되기도 한다.
③ 와인의 산화를 방지하여 와인을 오래가게 만든다.
④ 와인이 오래되면 수용성 타닌으로 변하여 맛이 부드러워진다.

>>> 정답 41 ① 42 ① 43 ③ 44 ④

45 '그린 치즈(Green cheese)' 란 무엇을 말하는가?

① 배합사료를 먹이지 않고 풀만 먹인 소의 젖으로 만든 치즈
② 푸른곰팡이로 숙성시킨 치즈
③ 유기농 방식으로 기른 소의 젖으로 만든 치즈
④ 바로 성형한 상태의 치즈로서 숙성이 안 된 치즈

46 다음 중 분류상 브랜디에 속하는 주류에 해당되지 않는 것은?

① 압상트(Absinthe) ② 그라파(Grappa)
③ 칼바도스(Calvados) ④ 아르마냑(Haut-Armagnac)

47 다음 중 우리나라에서 통신판매가 가능한 주류로 알맞은 것은?

① 탁주 ② 맥주
③ 과실주 ④ 민속주

48 다음 중 프랑스 남부지방에서 양젖으로 만든 치즈로서 콩발로(Combalou) 산에 있는 천연 동굴에서 숙성시키면서 푸른곰팡이를 내부에 번식시킨 블루치즈의 이름으로 알맞은 것은?

① 로크포르(Roquefort) ② 콩테(Comté)
③ 카망베르(Camembert) ④ 고르곤졸라(Gorgonzola)

49 다음 중 손님이'스틸톤(Stilton)'치즈를 주문하는 경우 추천할 와인으로 가장 알맞은 것은?

① 포트(Port) ② 샤토 클리네(Ch. Clinet)
③ 마디랑(Madiran) ④ 포마르(Pommard)

50 독일어로 '스파이시'라는 뜻이 있는 포도 품종으로 그레이프프루트, 리치 등 과일 향과 아카시아, 장미 등 꽃 향기가 강하여, 초보자도 그 향을 인식할 수 있는 개성이 강한 품종은?

① 슈페트부르군더(Sptburgunder) ② 뮐러 투르가우(Mller Thurgau)
③ 바이스부르군더(Weissburgunder) ④ 게뷔르츠트라미너(Gewrztraminer)

>>> 정답 45 ④ 46 ① 47 ④ 48 ① 49 ① 50 ④

2. 와인 소믈리에 자격 필기 예상 문제 풀이 II

01 다음 중 와인의 역사적 사실에 관한 설명 이다. 옳지 않은 것은?

① BC450년 의학의 아버지 히포크라테스는 병을 치료하기 위해 포도주를 사용했다
② 1679년 프랑스 샹파뉴 지방에서 샴페인 과 코르크가 개발하였다.
③ 1860년대 파스퇴르의 미생물에 대한 연 구 발표로 와인양조가 큰 발전을 이루었다.
④ 1789년 프랑스대혁명 이후에 네고시앙이 처음으로 등장해 와인유통이 활발해졌다.
⑤ 1863년 필록세라는 영국에서 처음으로 발생하여 전유럽의 포도밭을 초토화시켰다.

02 다음 중 와인의 역사적 사실에 관한 내용 중 옳지 않은 것은?

① 와인 생산과 소비에 대한 최초의 기록은 고대 로마시대 때부터이다.
② 와인은 유럽역사를 통해 중요한 순간을 힘께 함으로서 역사의 동인 역할을 했다.
③ BC7000년 무렵 코카서스 남부지방에 최 초로 포도를 재배한 흔적이 발견되었다.
④ 메소포타미아에서 이집트로, 이집트에서 로마로 와인이 전파되었다.
⑤ 고대 로마의 포도농사는 사회적, 정치적, 군사적으로 매우 중요한 사업부문이었다.

03 다음 중 그리스의 와인 무역에서 와인을 수출할 때 사용되었던 저장 용기인 암포라에 대한 설명 중 옳지 않은 것은?

① 암포라는 와인뿐만 아니라 오일, 올리브, 곡물 운반 저장용으로 사용된 용기이다.
② 암포라는 그리스어로 손잡이가 두개라는 뜻이며 크기, 모양이 다양했다.
③ 외형은 바닥이 뾰족하고 몸통은 위로 갈 수록 넓어지며 두개의 손잡이가 있다.
④ 암포라의 용량은 대부분 3~4리터로 한사 람이 운반하기에 적당한 크기이다.
⑤ 포도주용은 약 39L가 고대 아테네의 표 준 크기였다.

해설

대개 2개의 손잡이로 25~36리터

>>> 정답 01 ④ 02 ① 03 ④

04 다음 중 고대 그리스의 와인에 관한 역사 적 사실 중 옳지 않은 것은?

① 당시 최고의 와인이 생산된 곳은 고대의 보르도라 불리운 곳은 키오스 섬이다.
② 당시 점토를 구워서 만든 와인 저장 용기 를 '암포라'라고 한다.
③ 페니키아인들에 의해 전해 받은 최초의 포도주 생산은 폼페이 지역이다.
④ 와인에 허브나 꿀, 향신료들을 첨가하여 사용하기도 하였다.
⑤ 고대 그리스에서는 와인은 종교적 역할을 수행하기도 했다.

해설

품페이는 이탈리아

05 다음 중 그리스 로마시대의 와인의 용도 로 바르지 않은 것은?

① 식수 대용 ② 세금 대용
③ 교회 미사용 ④ 장기 저장용
⑤ 식품 의약용

06 다음 중 필록세라가 와인산업에 미친 영 향으로 바르지 않은 것은?

① 19세기 주류시장을 한 번에 바꿔놓았다.
② 고급맥주와 위스키업계의 전성시대를 열 어 주는 계기가 되었다.
③ 보르도 포도품종이 국제포도품종이 되는 계기가 되었다.
④ 1900년도에 프랑스에서는 원산지통제명 칭 AOC제도를 도입하게 되었다.
⑤ 보로도식 와인양조 방식이 전 세계에 전 파되는 계기가 되었다.

07 다음 중 필록세라(Phylloxera)에 관한 것 으로 옳지 않은 것은?

① 미국 동부가 원생지
② 1864년 프랑스 남부 지방에 출현
③ 녹황색의 1mm 정도의 크기
④ 프랑스 품종을 대목으로 사용
⑤ 포도나무 뿌리의 즙을 흡착, 고사시키는 치명적인 해충

>>> 정답 04 ③ 05 ④ 06 ④ 07 ④

08 다음 중 한국의 와인에 관한 역사적 사실 에 관한 설명이다. 바르지 않은 것은?

① 포도가 처음 들어온 것은 삼국시대이며 포도주는 1285년 고려 충렬왕 때이다.
② 1974년 동양맥주에서 '마주앙'을 1975년 해태주조에서 노블와인 시리즈를 출시했다.
③ 1866년 고종3년 독일인 오페르트에 의해 샴페인,양주와 함께 와인이 반입되었다.
④ 한국와인 '마주앙'을 지미 카터 미 전 대 통령은 '신비의 와인'이라고 소개했다.
⑤ 1974년 정부에서 양곡부족문제 대안으로 양조용 포도를 적극 권장하였다.

09 다음 중 still wine의 올바른 설명은?

① 식사 후 와인(Desert Wine)
② 비발포성 와인(None Sparkling Wine)
③ 식사 전 와인(Apertif Wine)
④ 발포성 와인(Sparkling Wine)
⑤ 식사 중 와인(Table Wine)

10 다음 still wine에서 나라별 드라이한 와 인의 용어로 잘 못 짝지어진 것은?

① USA – Medium
② France - Sec
③ Germany – Trocken
④ Italy - Secco
⑤ Spain - Seco

11 다음 Sparkling wine에서 드라이한 와 인의 표현으로 올바른 것은?

① Extra-sec
② Sec
③ Demi-sec
④ Doux
⑤ Brut

12 다음 중 포도나무 재배에 관한 조건으로 적합하지 않은 것은?

① 북방 30~50° ,남위 20~40°
② 평균 기온 10~20℃(10~16℃ 최적)
③ 연간 강우량 1,250mm 이상
④ 물이 잘 빠지는 토양
⑤ 일조시간 : 2,000~2,500시간

>>> 정답 08 ② 09 ② 10 ① 11 ⑤ 12 ③

13 다음 중 양조용 포도에 대한 설명으로 바르지 않은 것은?

① 양조용 포도는 포도알 크기가 크고 껍질 이 얇으며 수분이 많다.
② 식용 포도에 비해 당도와 산도가 높아 포 도자체로 숙성하여 와인을 만들 수 있다.
③ 식용 포도보다 천연 효모(wild yeast)의 양이 많이 들어 있다.
④ 와인을 만들었을 때 다양한 향을 느낄 수 있다.
⑤ 껍질이 두꺼워 타닌 성분이 많이 포함되 어 있어서 장기보관이 가능하다.

해설

보편적으로 양조용포도의 껍질은 뚜껍다.

14 다음 중 포도나무의 재배 조건으로, 좋 은 지역이 아닌 것은?

① 낮과 밤의 일교차가 큰, 낮에는 덥고 밤 에는 추운 곳이 좋다.
② 석회석, 자갈, 모래, 암반 등이 섞인 토양 으로 척박한 토양이 좋다.
③ 남향이 좋고 배수가 잘 이루어지는 경사 진 곳이 좋다
④ 좋은 입지는 호수나 강변에 위치한 포도 밭 일수록 좋다.
⑤ 고온은 포도의 향과 산도의 감소를 초래 하므로 토양은 매우 비옥한 곳이 좋다.

15 다음에서 “떼루아(Terroir)”의 의미는?

① 한 포도밭을 특정 지워주는 제반 자연환 경과 그 총체적 조화를 의미한다.
② 최고의 포도 품종을 일컫는 말이다.
③ 최고의 와인양조를 말하는 것이다.
④ 최고의 포도나무 재배방법을 의미한다.
⑤ 최고의 배양 방법을 의미한다.

16 다음 중 “떼루아(Terroir)”의 요소에 속 하지 않는 것은?

① 기후(Climate)
② 품종(Variety)
③ 토양(Soil)
④ 마케팅(Marketing)
⑤ 인적요소(Human element)

정답 13 ① 14 ⑤ 15 ① 16 ④

17 다음 중 프루닝(Pruning)에 관한 설명이 다. 바르지 않은 것은?

① 잎과 열매를 바람과 태양에 최대한 노출시켜 곰팡이 등의 피해로부터 보호한다.
② 나무의 재배와 관리를 쉽게 하기위해서이고, 식물주기의 휴식시기인 겨울에 한다.
③ 잎과 열매를 바람과 태양에 적절히 노출시켜 곰팡이 등의 피해로부터 보호한다.
④ 포도나무의 모든 영양분을 포도열매로 이동시켜 포도 알의 당도를 높인다.
⑤ 새로운 가지는 잎이 많이 발생하여 광합성을 촉진시킴으로써 좋은 열매를 얻는다.

해설

포도를 햇빛 및 통풍에 최대한 노출

18 다음 중 포도 수확에 관한 설명으로 바르지 않은 것은?

① 포도의 완숙은 타 성분 대비 당분함량이 가장 최적인 상태를 의미한다.
② 수확 방법에는 손 수확의 수작업과 기계로 수확하는 기계화 작업이 있다.
③ 손 수확은 포도 선별 가능하고, 수확의 질이 보장되고, 나무에도 좋다.
④ 기계 수확은 대규모 수확이 가능하지만 나무에 상처를 줄 수 있다.
⑤ 포도는 수확 직전에 산도는 급격히 증가, 당도는 급격히 감소한다.

19 다음 중 와인양조에서 알코올 발효에 관한 설명으로 바르지 않은 것은?

① 발효 통은 스테인레스 탱크 또는 나무로 된 양조 통을 사용한다.
② 파쇄 또는 파열 된 포도즙을 발효를 시키려면 반드시 효모와 SO2을 첨가 한다.
③ 효모가 알코올 1도를 만드는데 필요한 당분의 양은 17.5g이 필요하다.
④ 포도의 당분이 알코올로 변하는 것은 효모의 작용에 의해서이다.
⑤ 포도 껍질에 있던 효모는 당분을 지닌 포도 주스와 만남으로써 활동을 개시한다.

20 다음 중 화이트와인 양조 시 1차 발효의 적정온도는?

① 10~15℃ ② 15~20℃
③ 25~30℃ ④ 30~35℃
⑤ 35~40℃

21 다음 중 레드와인 양조 시 1차 발효의 적정온도는?

① 10~15℃ ② 25~30℃
③ 15~25℃ ④ 20~25℃
⑤ 35~40℃

정답 17 ③ 18 ⑤ 19 ② 20 ② 21 ②

22 다음 양조과정 중 Maceration에서 떠오 르는 껍질을 가라앉히는 작업의 용어는?

① 르미아쥬(Remuage) ② 뀌베(Cuvee)
③ 도자쥬(Dosage) ④ 르몽따쥬(Remontage)
⑤ 쀠삐트르(Pupitres)

23 다음은 와인의 양조과정에서 일어나는 일로 바르지 않은 것은?

① 고급와인을 양조할 때에는 프레스 와인만 을 사용한다.
② 프레스 와인은 남아있는 고형물을 압착시 켜 나오는 포도액즙을 말한다.
③ 프리런 와인은 고형물 분리에서 힘을 가 하지 않고 얻어지는 포도즙이다.
④ 와인 양조에서 화이트, 로제와인은 신선 한 맛을 위해 2차 발효를 생략하기도 한다.
⑤ 와인 양조에서 2차 발효는 유산 또는 젖 산 발효를 말한다.

24 다음은 와인의 숙성 조건과 숙성을 통해 얻을 수 있는 설명 중 옳지 않은 것은?

① 와인은 숙성을 통해 색의 변화를 얻는다.
② 다양하고 복잡한 아로마를 생성한다.
③ 냄새가 없고 조금 밝은 곳이 좋다
④ 와인의 밸런스와 함께 부드러워진다.
⑤ 진동이 없고 어두운 곳에서 숙성시킨다.

25 다음 중 와인의 양조과정에서 SO2를 첨가하는 이유로 옳지 않은 것은?

① 와인의 과 발효를 막기 위해서이다.
② 발효 중간물질이 부패하는 것을 막는다.
③ 와인의 발효에 촉진제 역할을 한다.
④ 와인 병을 오픈하자마자 코를 들이대는 일은 절대 삼가야 한다.
⑤ 각 나라 와인생산국들의 정부는 상당히 엄격한 규제를 가하고 있다.

26 다음 중 샴페인을 생산하는데 허용된 포 도품종으로 바르게 짝지어진 것은?

① 피노 블랑, 피노 부아르, 샤르도네 ② 피노 누아, 피노 뫼니에, 샤르도네
③ 피노 블랑, 피노 뫼니에, 메를로 ④ 피노 누아, 피노 뫼니에, 피노 블랑
⑤ 피노 그리, 피노 뫼니에, 샤르도네

⋙ 정답 22 ④ 23 ① 24 ③ 25 ③ 26 ②

27 다음 중 샴페인 양조과정 중 코르크 밀 봉 전에 와인에 감미 조정액을 채우는 것은?

① 르뮈아쥬 (Remuage)
② 뀌베 (Cuvee)
③ 도자쥬 (Dosage)
④ 리 쿼 드 트리아쥬 (Liqueur de Triage)
⑤ 쀠삐트르 (Pupitres)

28 다음 중 병에서 2차 발효를 하지만 침전 물을 제거하기 위한 degorgement은 하지 않는 스파클링 와인 생산 방식은?

① 전통방식 (Traditional Method)
② 탱크방식 (Tank Method)
③ 트랜스퍼방식 (Transfer Method)
④ 탄산주입방법 (Carbonation)
⑤ 주사방식 (injection)

29 다음 중 샴페인을 투명하게 만드는 기법 인 르뮈아쥬를 만든 사람은?

① 루이자도
② 엔리코 베르나르도
③ 로버트 몬다비
④ 뵈브클리코 여사
⑤ 동페리뇽

30 다음 중 샴페인 제조 시 2차 발효가 끝 난 뒤 병을 거꾸로 세워서 걸어놓을 수 있게 만든 선반을 무엇이라 하는가?

① 꾸베 클로스(Cuvee close)
② 아그라프(Agrafe)
③ 비닝(Binning)
④ 뿌삐트르(Pupitre)
⑤ 르뮈아쥬(Remuage)

31 다음 중 샴페인 양조법에서 침전물을 병 목으로 모으는 작업을 무엇이라고 하는가?

① 데고르주망 (Degorgement)
② 도자쥬 (Dosage)
③ 트리아쥬 (Triage)
④ 르뮈아쥬 (Remuage)
⑤ 뀌베 (Cuvee)

>>> 정답 27 ③ 28 ③ 29 ③ 30 ④ 31 ④

32 다음 중 샴페인양조에서 2차 발효 후 생 긴 효모 찌꺼기를 제거하는 작업은?

① 데고르주망 (Degorgement) ② 도자쥬 (Dosage)
③ 트리아쥬 (Triage) ④ 르뮈아쥬 (Remuage)
⑤ 뀌베 (Cuvee)

33 다음 중 각 나라의 스파클링 와인의 총 칭을 이르는 말로 맞지 않는 것은?

① 프랑스 - 뱅 무세(Vin Mousseux)
② 스페인- 카바(Cava)
③ 독일 – 섹트(Seck)
④ 이탈리아 - 페를바인(Perlwein)
⑤ 이탈리아 - 스푸만테(Spumante)

34 샴페인 양조에서 4,000kg의 포도에서 최초의 압착으로 얻어지는 주스의 양은?

① 1,560L ② 1,850L
③ 1,950L ④ 2,050L
⑤ 2,150L

35 다음은 스파클링 와인 양조과정에서 상 파뉴식과 샤르마식의 차이는?

① 수확(Harvest)
② 블랜딩(Assemblage)
③ 알코올 발효(Alcoholic Fermentation)
④ 2차 발효(Secondary Fermentation)
⑤ 압착(Pressing)

36 다음 샴페인 종류 중 화이트와인 품종으 로만 만들어진 것은?

① Non-Vinatge Champagne
② Blanc de Noirs
③ Rose Champagne
④ Blanc de Blanc
⑤ Vinatge Champagne

⋙ 정답 32 ① 33 ④ 34 ④ 35 ④ 36 ④

37 다음 샴페인 종류 중 레드와인 품종으로 만 만들어진 것은?

① Non-Vinatge Champagne ② Blanc de Blanc
③ Rose Champagne ④ Blanc de Noirs
⑤ Vinatge Champagne

38 다음 중 샴페인 종류 중 최고가의 와인 이며 장기 숙성시킨 후 출시되는 샴페인은?

① Cuvee de Prestige ② Blanc de Blanc
③ Rose Champagne ④ Blanc de Noirs
⑤ Vinatge Champagne

39 다음 스위트 와인 중에서 수확시기를 최 대한 늦추어 당분의 함량을 높인 와인은?

① Straw Wine ② Late Harvest Wine
③ Noble rot Wine ④ Eiswein
⑤ Vin Santo

40 다음 중 노블 롯(Noble Rot)이 이루어지 기 위한 가장 이상적인 가을 날씨는?

① 하루 종일 안개가 끼는 날씨
② 아침-햇빛, 저녁-비오는 날씨
③ 아침-안개가 끼고, 낮-햇빛이 나는 날씨
④ 하루 종일 맑고 건조한 날씨
⑤ 하루 종일 비가 내리는 날씨

41 다음 중 보트리티스 시네레아(botrytis cinerea)에 대한 설명으로 틀린 것은?

① 귀부균 혹은 영어로 노블 롯(noble rot) 라는 별명으로 부르기도 한다.
② 이것에 의해 포도는 수축하며 산도는 유 지한 채 당과 향미의 성분이 농축된다.
③ 귀부병에 쉽게 걸리기 쉬운 품종으로 까 베르네소비뇽, 피노누와, 메를롯 등이 있다.
④ 유명한 와인으로서 프랑스 보르도의 쏘테 른와인, 독일의 TBA 와인 등이 있다.
⑤ 꿀 같은 향이 나는 스위트한 와인을 만들 어 낸다.

해설

귀부포도 품종으로는 세미용, 리슬링, 게브르츠트라미너 등이 있다.

≫ 정답 37 ④ 38 ① 39 ② 40 ③ 41 ③

42 다음 중 꼬냑(Cognac)의 숙성연도를 표 시하는 X.O.는 몇 년 정도를 나타내는가?

① 5~6년 ② 10~20년
③ 40~45년 ④ 60년
⑤ 75년이상

43 다음 꼬냑에 대한 설명 중 틀린 것은?

① 모든 꼬냑(Cognac)은 브랜디에 속한다.
② 모든 브랜디는 꼬냑에 속한다.
③ 꼬냑 지방에서만 생산된 것이어야 한다.
④ 블랜딩 꼬냑은 그 중 가장 어린 원액의 숙성년도를 기준으로 한다.
⑤ 꼬냑의 특이한 증류법은 복식증류 이다.

44 다음은 프랑스 와인산업에 대한 설명이다. 옳지 않은 것은?

① 포도주의 상징 국가로 볼 수 있다.
② 전 세계 와인의 품질의 등급에 기준이다.
③ 포도주 생산에 대한 오랜 전통과 노하우 가 있다.
④ 농민들에 의한 엄격한 품질 관리법의 제 정으로 AOC제도가 있다.
⑤ 포도를 재배하기에 적합한 기후와 지형, 토질 등 천혜의 환경을 갖고 있다.

45 다음은 AOC(원산지 명칭의 통제 제도) 의 문제점이라고 볼 수 없는 것은?

① 까다로운 법적 규제에 묶여 새로운 것을 실행하기 어렵다.
② 편리하고 단순함을 좋아하는 현대인들에 게 AOC 제도는 너무나 복잡하고 어렵다.
③ AOC제도는 오늘날에 막강한 경쟁력을 발휘할 수 있는 장점을 가지고 있다.
④ AOC 와인이 프랑스 와인의 절반을 차 지함으로서 품질의 편차가 고르지 못하다.
⑤ 품질보증서와 같던 AOC 와인이 이제는 원산지를 확인하는 정도에 그친다.

46 다음 중 프랑스 보르도의 기후와 입지에 대한 설명으로 바르지 않은 것은?

① 온화한 서안 해양성 기후
② 여름과 겨울의 신한 기온격차로 인한 냉 해의 우려가 있음
③ 바다의 습한 서풍은 Lande 숲이 걸러줌
④ 포도 성숙에 적합한 고온 건조한 기후
⑤ Garonne와 Dordogne, Gironde 등의 세 개의 큰 강이 주는 혜택

>>> 정답 42 ③ 43 ② 44 ④ 45 ③ 46 ②

47 다음 중 프랑스 보르도의 지형과 지질에 대한 설명으로 바르지 않은 것은?

① Graves – 굵은 자갈밭
② Médoc – 잔 자갈과 모래질 토양
③ St.Emilion – 석회암 언덕, 점토 및 모래
④ Côtes-de-Castillon - 둥근 자갈 밭
⑤ Pomerol – 점토질, 일부자갈과 철분

48 다음 중 프랑스 보르도의 와인산지가 아 닌 것은?

① 까오르(Chahors)
② 메독(Médoc)
③ 생테밀리옹(St.Emilion)
④ 그라브(Graves)
⑤ 포므롤(Pomerol)

49 다음 중 프랑스 보르도의 메독 지역의 적포도의 주품종이라고 할 수 있는 것은?

① Cabernet-Sauvignon
② Cabernet franc
③ Sauvignon-blanc
④ Merlot
⑤ Sémillon

50 다음 중 프랑스 보르도의 지역의 청포도 의 품종끼리 바르게 짝지어진 것은?

① Cabernet franc - Malbec
② Cabernet franc - Sauvignon_blanc
③ Sauvignon_blanc - Sémillon
④ Merlot - Sauvignon_blanc
⑤ Sémillon - Cabernet franc

51 다음 중 프랑스 보르도 메독 지역의 AOC 등급이 아닌 것은?

① Pauillac AOC
② Haut-Médoc AOC
③ Saint-Estephe AOC
④ Pessac-LéognanAOC
⑤ Saint-Julien AOC

≫ 정답 47 ④ 48 ① 49 ① 50 ③ 51 ④

52 다음 중 프랑스 메독지역의 AOC 와 와인이 잘못 짝지어진 것은?

① Pauillac - Ch. Lafite-Rothschild
② Saint-Julien - CH. Leoville-Las-Case
③ Moulis - CH. Chasse-Spleen
④ Saint-Estephe - CH. Cos d'Estournel
⑤ Margaux – CH.Latour

53 다음 1855년 파리 만국박람회 당시에 그랑크뤼 클라세 1등급 와인이 아닌것은?

① Chateau Latour
② Chateau Mouton-Rothschild
③ Chateau Lafite-Rothschild
④ Chateau Haut_Brion
⑤ Chateau Margaux

54 다음 1855년 등급 그랑크뤼 클라세 와 인으로 메독지역의 와인이 아닌 것은?

① Chateau Latour
② Chateau Mouton-Rothschild
③ Chateau Lafite-Rothschild
④ Chateau Haut_Brion
⑤ Chateau Margaux

55 다음 1855년 그랑크뤼 클라세 1등급 와 인에 대한 설명으로 옳지 않은 것은?

① Chateau Latour - 일명 제왕의 와인이 라 불리며 포도원입구에 돌사자 상이 있다.
② Chateau Mouton-Rothschild - 현대회 화의 거장들이 라벨을 디자인 했다.
③ Chateau Lafite-Rothschild - 중국에서 가장 인기 있는 와인이다.
④ Chateau Haut_Brion - 일명 권력자의 여인으로 불리며 그라브 지역의 와인이다.
⑤ Chateau Margaux - 헤밍웨이가 사랑한 와인으로 유명하다.

56 다음은 Pessac-Léognan에서 생산되는 Premier cru classé 와인은?

① Chateau Latour
② Chateau Mouton-Rothschild
③ Chateau Lafite-Rothschild
④ Chateau Margaux
⑤ Chateau Haut_Brion

>>> 정답 52 ⑤ 53 ② 54 ④ 55 ① 56 ⑤

57 다음에서 Sauternais지역의 AOC 마을 이 아닌 것은 ?

① Sauternes
② Barsac
③ Listrac
④ Cerons
⑤ Loupiac

58 다음 중에서 Premier cru supérieur CH. d'Yquem와인의 생산지역은?

① 바르삭(Barsac)
② 소테른느(Sauternes)
③ 그라브(Graves)
④ 세롱스(Cerons)
⑤ 루피악(Loupiac)

59 다음은 Saint-Emilion지역의 위성 AOC 마을이 아닌 것은?

① Montagne-St-Emilion
② Lussac-St-Emilion
③ Puisseguin-St-Emilion
④ Saint-Georges-St-Emilion
⑤ Fronsac-St-Emilion

60 다음 생테밀리옹 지역의 와인 등급에서 Premiers grands crus classés (A급)으로 잘 짝지어진 것은?

① CH. Cheval Blanc - CH. Figeac
② CH. De Valandraud - CH. Figeac
③ CH. Figeac - Ch. Ausone
④ Ch. Ausone, - Ch. Cheval blanc
⑤ CH. De Valandraud - Cheval blanc

61 다음은 생테밀리옹 지역의 Ch. Ausone 의 품종 배합 율이 맞는 것은?

① Cabernet-Sauvignon70% + Merlot30%
② Cabernet-Sauvignon75% + Merlot25%
③ Cabernet franc50% + Merlot50%
④ Merlot70% + Cabernet franc30%
⑤ Merlot75% + Malbec25%

>>> 정답 57 ③ 58 ② 59 ⑤ 60 ④ 61 ③

62 보르도에서 등급제도가 없고 관습적 인 등급으로 운용되고 있는 지역은?

① 뽀므롤(Pomerol) ② 메독(Médoc)
③ 쌩떼밀리옹(St-Emilion) ④ 그라브(Graves)
⑤ 뽀이약(Pauillac)

63 다음 중 보르도의 Pomerol 지역에서 매 우 뛰어난 포도원끼리 잘 짝지어진 것은?

① Pétrus - Le Pin. ② Le Pin - Lagrave
③ Nénin – Taillefer ④ Le Pin - Bonalgue
⑤ Pétrus - Garr명

64 다음은 부르고뉴지역의 포도품종이 아닌 것은?

① 멜롯(Merlot) ② 피노누아(Pinot noir)
③ 샤도네이(Chardonnay) ④ 갸메이(Gamay)
⑤ 알리고테(Aligoté)

65 다음은 부르고뉴지역의 와인 산지가 아닌 것은?

① Chablisien ② Cote d'Or
③ Le Maconnais ④ Cote Chalonnaise
⑤ Côtes-de-Castillon

66 다음은 Chablisien 지역의 AOC 가 아 닌 것은?

① Petit Chablis AOC ② Cote Chablis AOC
③ Chablis AOC ④ Chablis Premier cru AOC
⑤ Chablis Grand cru AOC

67 다음 중 Chablisien 와인의 주 포도품 종은?

① 그르나슈(Grenache) ② 쉬라(Syrah)
③ 비우라(Viura) ④ 샤도 네이(Chardonnay)
⑤ 우니 블랑(Uni Blanc)

>>> 정답 62 ① 63 ① 64 ① 65 ⑤ 66 ② 67 ④

68 다음은 샤블리지역에 토양은?

① 두터운 이회암성 석회질 토양 ② 석회암 모래질 토양
③ 잔자갈과 모래질 토양 ④ 깊고 긴 둥근 잔 자갈밭
⑤ 점토질, 일부자갈과 철분

69 다음 중 꼬뜨 드 뉘(Côte de Nuits) 지 역 안의 7개 AOC 마을이 아닌 것은?

① 픽생(Fixin)
② 쥬브레 샹베르탱(Gevery-Chambertin)
③ 샹볼 뮈지니(Chamboll-Musigny)
④ 볼네(Volnay)
⑤ 뉘 생 조르쥬(Nuits-Saint-Georges)

70 다음 중 Vosne-Romanée 지역 내의 AOC 가 아닌 것은?

① La Romanée-Conti AOC
② La Tache AOC
③ Gevrey-Chambertin AOC
④ Richebourg AOC
⑤ Romanee-Saint-Vivant AOC

71 다음은 꼬뜨 드 본(Côte de Beaune)에 서 Red 와인 주생산지만 짝지어진 것은?

① Meursault - Puligny-Montrachet
② Meursault - Corton-Charlemagne
③ Pommard - Volnay
④ Volnay - Meursault
⑤ Volnay - Corton-Charlemagne

72 다음은 꼬뜨 드 본(Côte de Beaune) 지역에서 White 와인 주생산지만 짝지어진 것은?

① Meursault – Puligny-Montrachet ② Meursault - Aloxe-Corton
③ Pommard – Volnay ④ Volnay - Meursault
⑤ Volnay – Montrachet

>>> 정답 68 ① 69 ④ 70 ③ 71 ③ 72 ①

73 프랑스 부르고뉴 지방에서 소유자가 한 명인 포도밭은?

① Monopole
② Moelleux
③ Mousseux
④ Mistela
⑤ Gattinara

74 다음 중 Cote Chalonnaise(꼬뜨 샬로네 이즈)의 대표적이라고 할 수 있는 마을은?

① 부즈롱(Bouzeron)
② 뤼이(Rully)
③ 지브리(Givry)
④ 메르퀘레(Mercurey)
⑤ 몽타니(Montagny)

75 다음 중 Cote Chalonnaise에서 포도품 종 Aligoté로 만든 유일한 마을 AOC는?

① 뤼이(Rully) AOC
② 부즈롱(Bouzeron) AOC
③ 지브리(Givry) AOC
④ 메르퀘레(Mercurey) AOC
⑤ 몽타니(Montagny) AOC

76 다음은 Cote Chalonnaise(꼬뜨 샬로네 이즈)에서 Cremant de Bourgogne의 생산 지는?

① 뤼이(Rully) AOC
② 부즈롱(Bouzeron) AOC
③ 지브리(Givry) AOC
④ 메르퀘레(Mercurey) AOC
⑤ 몽따니(Montagny) AOC

77 다음은 마꼬네(Le Maconnais)지역에서 가장 유명한 고급 White 와인의 생산지는?

① 마꽁빌라쥬(Macon-Village)
② 뿌이 퓌세(Pouilly-Fuissé)
③ 생 베렁(Saint-Véran)
④ 뿌이 뱅젤(Pouilly-Vinzelles)
⑤ 뿌이 로쉐(Pouilly-Loche)

78 다음은 보졸레누보에 대한 설명이다. 잘 못 설명한 것은?

① 11월 세 번째 목요일 새벽 0시를 기해 전 세계적으로 일제히 판매된다.
② 보졸레 누보라는 명칭은 엄격한 심사를 거친 일정 기준을 충족시킨 보졸레 지역의 햇포도주에만 붙일 수 있다.
③ 일주일 정도 발효시킨 후 8주간의 숙성과 정을 거쳐 여과, 병입된다.
④ 포도품종은 가메(Gamay)이다.
⑤ 알코올 함유량 13%를 넘지 않고 5g미 만의 산과 2g미만의 설탕이 함유되어 있다.

>>> 정답 73 ① 74 ④ 75 ② 76 ① 77 ② 78 ③

79 다음은 보졸레 와인에 대한 설명이다. 잘못 설명한 것은?

① 주 포도품종은 갸메이(Gamay)이다.
② 전 부르고뉴 생산량의 60%를 담당한다.
③ Beaujolais nouveau(보졸레누보)는 AOC 가 아니다.
④ Macération Carbonique(탄산가스 침용 법)으로 제조한다.
⑤ Beaujolais village(보졸레 빌라쥬)는 주 로 남부지역이다.

80 다음은 발레 뒤 론(Vallée du Rhône) 지방 와인에 대한 설명으로 틀린 것은?

① 포도 산지는 크게 북부와 남부로 나뉜다.
② 면적은 프랑스에서 가징 크다.
③ 북부지방은 Syra가 절대 우위를 보인다.
④ 남부지방은 Grenache의 영향이 강하다.
⑤ 남부 론 지역에서 론 지역 전체 와인의 95%생산 한다.

81 다음은 프랑스 북부 론 지방 와인에 대 한 설명으로 잘못 된 것은?

① 준대륙성 기후이며 경사 지형이다.
② 주품종이 명확하다.
③ 소량생산의 고급와인을 생산 한다.
④ 대량생산에 저렴한 와인을 생산 한다.
⑤ 전통품종인 Syra의 아성이다.

82 다음은 프랑스 남부 론 지방 와인에 대 한 설명으로 잘못 된 것은?

① 지중해성 기후이며 기후의 변동이 잦다
② 소량생산의 고급와인을 생산 한다.
③ 대량생산에 저렴한 와인을 생산 한다.
④ 포도품종 Grenache를 중심으로 한 블랜 딩의 천국이다.
⑤ 오래된 오크통을 사용한다.

»» 정답 79 ⑤ 80 ② 81 ④ 82 ②

83 다음 중 Chateauneuf-Du-Pape(샤또네 프 뒤 파프) 와인에 대한 내용이 아닌 것은?

① '교황의 새로운 성'이라는 뜻이다.
② 프랑스 남부 론 지역의 유명한 와인이다.
③ 13개 종을 혼합하며 주 품종은 쉬라이다.
④ 100% 그르나슈로 만든 와인이 있다.
⑤ Galets roulés 라고 불리는 주먹크기의 돌들이 상당한 깊이로 쌓여 있다.

84 다음은 프랑스 북부 론 지방 지역의 AOC에 대한 설명으로 잘못 된 것은?

① Cornas AOC : Viognier 100%로 만든 짙고 검은색의 강한 와인이다.
② Côte-Rôtie AOC : 테라스 지형으로 가 파르다. Syrah 와인의 최고봉으로 부른다.
③ Condrieu AOC : Viognier 품종으로 만 든 론 지역 최고의 화이트 와인이다.
④ Crémant de Die AOC : 샹파뉴식 제조 와 100% Clairette만 사용해야 한다.
⑤ Hermitage AOC : 균형 잡힌 바디와 탄탄한 조직으로 Syrah의 성지로 부른다.

85 다음은 프랑스 북부 론 지방 지역의 AOC가 아닌 것은?

① 꼬뜨 로티(Côte-Rôtie) AOC
② 꽁드리우(Condrieu) AOC
③ 지공다스(Gigondas) AOC
④ 생조셉(Saint-Joseph) AOC
⑤ 에르미따쥬(Hermitage) AOC

86 다음은 프랑스 남부 론 지방 지역의 AOC가 아닌 것은?

① 샤또네프뒤파프(Châteauneug-du-Pape)
② 지공다스(Gigondas)
③ 생 페레(Saint-Péray)
④ 뱅두나뚜웰(Vin Doux Naturel)
⑤ 타벨(Tavel)

>>> 정답 83 ③ 84 ① 85 ③ 86 ④

87 다음은 프랑스 남부 론 지방에서 가장 오래된 VDN을 생산하는 지역은?

① 샤또네프뒤파프(Châteauneug-du-Pape)
② 지공다스(Gigondas)
③ 쌩 페레(Saint-Péray)
④ 라스또(Rasteau)
⑤ 타벨(Tavel)

88 다음은 프로방스(Provence) 와인산지로 Ch.de Pibarnon이 생산되는 곳은?

① 꼬뜨 드 프로방스(Cotes de Provence)
② 빨렛뜨(Palette)
③ 꼬토 바로와(Coateaux Varois)
④ 카시스(Cassis)
⑤ 방돌(Bandol)

89 다음은 Languedox-Roussillon지방에서 VDN 와인 생산에 사용되는 포도 품종은?

① 모작(Mauzac)
② 뮈스캇(Muscat)
③ 무드베드로(Mourvèdre)
④ 쌩소(Cinsault)
⑤ 까리냥(Carignan)

90 다음은 Languedox-Roussillon지방에의 와인의 스타일과 산업형태는?

① 80%의 포도주는 vdp이하의 수준이다.
② 충분한 일조량과 석회질 토양의 랑그독- 루씨용 지역은 백포도주의 아성이다.
③ 대규모 영농과 소규모 생산이 공존한다.
④ 과거에는 저가와인 대량생산에 주력했다.
⑤ 최근 품종개량, 양조기술, 유통망의 혁신 으로 국제적 진출을 하고 있다.

91 다음 중 Languedox지방에의 VDN을 생 산하는 지역은?

① Faugères AOC
② Limoux AOC
③ Minervois AOC
④ Corbières AOC
⑤ Fitou AOC

≫ 정답 87 ④ 88 ⑤ 89 ② 90 ② 91 ③

92 다음은 VDN Red(Vin Doux Naturel rouge)에 대한 설명이다. 틀린 것은?

① 일종의 변종 와인, 주정강화 와인이다.
② Sherry와 같은 공정으로 제조한다.
③ 발효의 중간에 알코올을 첨가해 발효를 멈추게 한다.
④ 알코올을 첨가하기 전까지의 모든 공정은 일반 적포도주 제조 공정과 같다.
⑤ Banyuls Grand cru는 포도자루를 의무 적으로 제거하고 최소 5일 이상 추출한다.

93 다음은 보르도 남동부 지역의 와인 중 귀부현상에 의한 스위트한 와인은?

① Chahors AOC
② Pécharmant AOC
③ Cotes de Bergerac AOC
④ Monbazillac AOC
⑤ Gaillac AOC

94 다음은 보르도 남동부 까오르 지방의 포 도 품종 중 Auxerrois의 다른 이름은?

① Malbec
② Merlot
③ Tannat
④ Muscadelle
⑤ Sauvignon

95 다음 보르도 남서부 지역에서 Tannat 품종으로 Madiran의 페트뤼스라고 불린 Alain Brumont의 신화를 만든 와인은?

① Chateau Montus
② Chateau Montrose
③ Chateau Pouget
④ Chateau Batailley
⑤ Château Beauséjour

96 다음 중 루아르 밸리의 4개 산지가 아닌 것은 ?

① Centre
② Touraine
③ Anjou-Saumur
④ Nantes-Touraine
⑤ Nantes

>>> 정답 92 ② 93 ④ 94 ① 95 ① 96 ④

97 다음은 프랑스 3대 로제와인인 Rosé d'Anjou가 생산되는 지역은?

① Centre
② Touraine
③ Anjou-Saumur
④ Nantes-Touraine
⑤ Nantes

98 다음은 프랑스 루아르지역에서 쉬르 리(sur lie)기법을 사용하는 지역은?

① Centre
② Touraine
③ Anjou-Saumur
④ Nantes-Touraine
⑤ Nantes

99 다음은 프랑스 루아르 앙쥬(Anjou)지방 의 귀부와인이 생산되는 곳은?

① Savennieres AOC
② Cabernet d'Anjou AOC
③ Bonnezeaux AOC
④ Saumur-Champigny AOC
⑤ Crémant de Loire AOC

100 다음은 Chenin blanc으로 만든 끌리 드 세랑(Coulée de Sérrant)의 생산지는?

① Savennieres AOC
② Cabernet d'Anjou AOC
③ Bonnezeaux AOC
④ Coteaux du Layon AOC
⑤ Quarts-de-Chaume AOC

101 다음은 루아르에서 전역에서 생산되는 Crémant de Loire AOC의 품종은?

① 슈냉블랑, 메를롯, 까베르네 프랑
② 슈냉블랑, 뮈스캇, 소비뇽 블랑
③ 까베르네 프랑, 피노누아, 가메이
④ 슈냉블랑, 까베르네 프랑, 샤도네이
⑤ 샤도네이, 피노뫼니에, 피노누아

>>> 정답 97 ③ 98 ⑤ 99 ③ 100 ① 101 ④

102 다음은 Loire Touraine 지역의 와인산 지에 대한 설명이다. 틀린 것은?

① 고급 레드와인은 Tours 서쪽의 Chinon 과 Bourgueil 에서 생산된다.
② 오크 배양한 고급 와인은 힘과 복합미를 갖춘 레드 와인으로, 장기숙성도 가능하다.
③ Vouvray Mousseux는 포도가 충분히 익 지 않았을 대, 발포성 와인을 생산 한다.
④ Vouvray에서는 좋은 해에만 전통적인 스위트 와인을 생산 한다.
⑤ Vouvray에서는 화이트 와인과 스파클링 와인만 생산하는 곳이다.

103 다음은 Loire Centre지역의 뿌이 퓌메 (Pouilly-Fumé)에 대해 잘못 설명한 것은?

① Pouilly-sur-Loire 를 중심으로 한 7개 마을에서 생산 한다.
② Sauvignon blanc이 가장 고상한 형태로 표현된 곳이다.
③ 유명 생산자로는 Baron de L, Didier Dagueneau 등이 있다.
④ Pinot noir 가장 고상한 형태로 표현된 곳이다.
⑤ 뿌이퓌메는 보통상세르에 비해 약간 더 풍부하고 넉넉하며, 더 유연하고 매끈하다.

104 다음은 Alsace지역의 기본 4가지 포도 품종이 아닌 것은?

① 뮈스캇(Muscat)
② 리슬링(Riesling)
③ 슈냉블랑(Chenin Blanc)
④ 게부르츠트라미너(Gewurztraminer)
⑤ 토카이 피노그리(Tokay-Pinot gris)

105 다음은 Alsace지역의 와인산지에 대한 설명이다. 틀린 것은?

① 전체 90%가 프랑스 독일 품종의 화이트 와인이다.
② 전통적으로 드라이한 와인을 생산 한다.
③ 알자스 지방은 일조량이 많고 강우량이 많다.
④ 보쥬 산맥이 대서양의 습한 기운을 막아 준다.
⑤ 알자스는 프랑스 와인산지 중에서 가장 다양한 지형과 토질을 가지고 있다.

»» 정답 102 ⑤ 103 ④ 104 ③ 105 ③

106 다음은 Alsace지역에서 끌레망 달자스 (Crémant d'Alsace) 설명으로 틀린 것은?

① 19세기 말부터 Vin Mousseux d'Alsace 로 생산 되었다.
② 1976년 제정, 상파뉴식 방법으로 와인생 산을 규정하였다.
③ 주로 Pinot blanc, Pinot gris의 포도품 종이 최적의 품종이다.
④ 실바너, 뮈스캇, 게부르츠트라미너 품종 은 사용하지 않는다.
⑤ 실바너, 뮈스캇, 게부르츠트라미너 품종 을 기본으로 사용한다.

107 다음은 Alsace지역의 스위트 와인 스타 일에 대한 설명이다. 맞지 않은 것은?

① Vendange Tardive(VT)는 늦수확한 건 조된 포도를 가지고 생산 한다.
② Sélection de Grains Nobles(SGN)은 귀 부헌싱에 걸린 포도로 만든다.
③ 1983년 공식 인준 되었고, 1984년부터 사용하고 있다.
④ 특수한 AOC 등급이다.
⑤ 손수확, 알자스 기본4품종 사용, 가당 금 지, 레이블에 품종과 빈티지기재 가능하다.

108 다음은 Alsace지역의 와인 스타일에 대한 설명이다. 맞지 않은 것은?

① Gewürztraminer : 화사하며 솔직한 와 인이다.
② Riesling : 토양의 성분에 민감하며 클로 생 윈(Clos Sainte-Hune)와인이 유명하다.
③ Tokay-Pinot gris : 드라이하고, 산도가 높으며 숙성하면 꿀 향과 함께 진해진다.
④ Auxerrois : 공식 허가된 포도품종으로 Pinot Blanc으로 포장되기도 한다.
⑤ Muscat : 드라이 화이트 와인으로 꽃향 기 풍부하고, 복숭아 풍미가 난다.

109 다음은 Champagne 지역의 Terroir에 대한 설명으로 맞지 않은 것은?

① 토양이 상당한 석회질이라 강한 산도를 띤 포도를 생산하는 호조건을 가지고 있다.
② 대륙성 기후로 춥고 습하다. 또한 북대서 양의 영향으로 기후의 변동이 심한편이다.
③ 표면의 흰빛은 햇볕을 반사하여 광합성 과 포도의 숙성에 기여한다.
④ 지하는 셀러 기능을 제공한다.
⑤ 비교적 수확량이 많은 해에는 기계수확에 의존한다.

>>> 정답 106 ⑤ 107 ④ 108 ④ 109 ⑤

110 다음은 Cuvées de prestige 샴페인에 대한 설명이다. 잘못된 것은?

① 병은 획일적인 반면 독특한 디자인의 레 이블을 갖기도 하다.
② 상파뉴 각 메종의 대표와인이다.
③ 대부분 자가 소유의 Grand cru 포도로 부터 만든다.
④ 대부분 Millesime이거나 최고해만 모은 블랜딩 와인이다.
⑤ 장기숙성 가능하며 고가의 샴페인이다.

111 다음 중 포도의 구성성분 중에서 쓴맛 이 나는 부위는 무엇인가?

① 껍질
② 과육
③ 줄기
④ 씨
⑤ 잎사귀

112 다음 중 Champagne의 시음 포인트에 서 시각적인 면에서 체크부분이 아닌 곳은?

① 거품의 형성 과정과 그 없어지는 속도
② 디스크 주변에 형성되는 환 모양의 띠 모 양 관찰
③ 기포의 크기와 수
④ 아래에서 위로 솟구치는 기포기둥 혹은 줄의 모양과 양태
⑤ 샤르도네의 꽃 향, 피노누아의 과일 향, 피노 뫼니에의 스파이시한 향을 즐김.

113 다음 중 리슬링(Riesling) 품종에 대한 설명으로 틀린 것은?

① 독일의 대표적인 품종이다.
② 다른 화이트 품종에 비해 당도나 산도가 꽤 높다.
③ 장기간 숙성이 가능하며 오래 숙성하면 광물질향 등이 난다.
④ 스테인리스 스틸탱크에서 주로 숙성된다.
⑤ 섬세한 꽃향기, 부드럽고 신선한 산미가 특징이다.

해설

주로 오크통에서 숙성. 최근 일부 스테인 리스통을 사용. 그러나 스테인리스통 사용은 호주나 뉴질랜드의 소비뇽블랑이다.

>>> 정답 110 ① 111 ④ 112 ⑤ 113 ④

114 다음 중 리슬링에 대한 설명 중 틀린 것은?

① 서늘한 지역에서 생산되는 리슬링은 사과 맛이 나며 자연적으로 형성된 높은 산도가 단맛과 균형을 이룬다.

② 리슬링 자체가 지닌 독특한 과일향으로 샤르도네에 비해 오크통 숙성의 장점이 별 로 없다.

③ 오스트리아, 헝가리, 에서는 웰쉬 리슬링 (Welsch Riesling)이라고 부르기도 한다.

④ 대표적 산지로는 독일의 모젤, 오스트리 아의 와차우, 프랑스의 알자스, 호주의 클 래어 밸리 등이 있다.

⑤ 꽃과 과일향이 어울러진 매혹적인 향과 부드러운 맛이 특징이다.

115 다음 중 카베르네 소비뇽에 대한 설명 으로 틀린 것은?

① 어느 기후에서도 적응력이 뛰어난 품종.

② 오랜 숙성보다 빨리 마실수록 좋은 품종.

③ 국제적 품종이다.

④ 카베르네 혹은 애칭 캡(Cab)으로 불림

⑤ 각 지역의 최상급 와인을 만들어낸다.

116 다음 중 슈냉 블랑(Chenin Blanc)에 대한 설명으로 틀린 것은?

① 산도가 다소 높다.

② 캘리포니아와 남아공에서 널리 재배.

③ 약간의 벌꿀과 꽃향기가 난다.

④ 캘리포니아 슈냉블랑은 당도가 매우높다.

⑤ 르와르 지역에서 주로 재배된다.

해설

매우 드라이 한 것이 특징

>>> 정답 114 ③ 115 ② 116 ④

117 다음 중 로제 당주(Rosé d'Anjou)에 사용되는 루아르 지역의 품종은 무엇인가?

① 그롤로 (Grolleau)
② 카베르네 소비뇽 (Cabernet Sauvignon)
③ 피노 누아 (Pinot Noir)
④ 진판델 (Zinfandel)
⑤ 피노 그리 (Pinot Gris)

해설

일반적으로 가메 : 그롤로 = 3 : 7

118 다음 중 피노 그리에 대한 설명으로 틀 린 것은?

① 신맛이 그리 강하지 않으며 중성적인 향 을 가지고 있다.
② 다른 백포도종에 비해 조금 더 검은 빛을 띤다.
③ 샤르도네가 피노의 일종으로 피노샤르도 네라고 부르기도 한다.
④ 독일에서는 룰란더(Rulander)라는 이름 으로 알려져 있다.
⑤ 청회색의 백포도이다.

해설

샤르도네와 피노는 전혀 상관이 없다.

119 와인 양조 시 와인의 맛과 스타일을 결 정하는 것은 다음 중 무엇인가?

① 떼루와
② 포도품종
③ 발효조의 종류
④ 숙성기간
⑤ 발효온도

120 다음 설명 중 옳지 않은 것은?

① 뀌베종(Cuvasion)은 레드와인 발효 시 색과 타닌 등을 우려내기 위해 껍질과 주 스를 함께 발효시키는 조작을 말한다.
② 데부르바주(Debourbage)는 화이트와인 제조 시 입착해 나온 주스를 정치시 켜 찌꺼 기를 가라앉히는 작업이다.
③ 에그라빠주(Egrappage)는 와인의 찌꺼기 를 가라앉혀 맑은 액만 따라내는 작 업이다.
④ 엘레바주(Elevage)는 발효에서 병입까지 와인제조의 전반을 뜻한다.
⑤ 르뮈아쥬(Remuage)는 샴페인 발효 과정 중 침전물을 제거하는 과정이다.

해설

포도송이에서 열매만 따는 일

>>> 정답 117 ① 118 ③ 119 ② 120 ③

121 다음 중 레드와인의 색을 결정하는 성 분은 무엇인가?

① 타닌(tannin)
② 안토시아닌(anthocyan)
③ 글리세린(glycerin)
④ 루틴(Rutin)
⑤ 카데킨(Catechin)

122 다음 중 와인양조를 하기 전 포도를 수 확할 때 포도가 제대로 여물었는지를 가늠하는 기준은 다음 중 무엇인가?

① 포도즙의 농도
② 포도의 색깔
③ 포도 알의 굵기
④ 포도 잎의 크기
⑤ 일조량

123 다음 중 타닌은 어디에 있는 성분인가?

① 포도과육에 있으며 와인을 부드럽게 한다
② 껍질에 있으며 알코올 도수를 높여준다.
③ 껍질, 줄기에 있으며 숙성에 도움을 준다
④ 포도 과육에 있으며 와인을 달게 해준다.
⑤ 씨앗에 있으며 와인을 부드럽게 해 준다.

124 다음 중 와인을 생산하는 대부분의 포 도 품종들은 어떤 종(種)에 속하는가?

① 비티스 리파리아(Vitis Riparia)
② 비티스 베르란디에리(Vitis Berlandieri)
③ 비티스 보르고나(Vitis Borgona)
④ 비티스 라브루스카(Vitis Labrusca)
⑤ 비티스 비니페라(Vitis Vinifera)

125 다음 중 랙킹(Racking)이란?

① 와인을 침전물로부터 분리해서 깨끗한 통 속에 담는 과정
② 알코올 도수를 높이기 위해 당분을 추가 로 넣는 과정
③ 와인에서 불순물을 제거 정제하는 과정
④ 병 발효 스파클링 와인에서 효모 침전물 을 없애기 위해 병을 돌리는 과정
⑤ 발효 중에 머스트(Must)를 펌핑 오버 (Pumping Over)하는 과정

>>> 정답 121 ② 122 ① 123 ③ 124 ⑤ 125 ①

126 다음 중 맞지 않는 것은?

① 클리마(Climat)란 부르고뉴에서 특정 포 도밭의 토지 및 구역이 나누어진 포도밭을 뜻함.
② 모노폴(Monopole)은 소유주가 한 명인 포도밭을 뜻한다.
③ 뀌베(Cuvee)란 샴페인 제조 시 첫 번째 이루어진 착즙을 말한다.
④ 까브(Cave)란 와인을 양조, 저장하는 곳 으로 지하에 설치되어 있는 곳을 말한다.
⑤ 보르도에서는 오크통을 피에스(Piece)라 고 부른다.

해설

보르도에서는 바리끄(Barrique)라 한다. 부르고뉴에서는 피에스(Piece)라 한다.

127 다음 중 Maceration Carbonique 에 대한 설명으로 맞지 않은 것은?

① 포도를 발효통에 넣어 탄산 가스가 가득 찬 상태에서 주조하는 기술이다.
② 침용을 짧게 하면 가벼운 타입이 되고 침 용을 길게 하면 무거운 타입의 장기보관용 와인이 된다.
③ 랑그독-루씨용, 보졸레, 보르도 메독지방 에서 사용된다.
④ 포도송이 전체를 넣는다.
⑤ 포도송이를 직접 손으로 따서 “디옥시드”가 차 있는 탱크에 포도즙을 넣어 상하 호환 작용을 통해 발효시키는 방법

해설

마세라시옹 까르보니끄는 보졸레 누보를 만 들 때 사용.

128 다음 중 쌉딸라시옹(Chaptalisation)은 어떤 작용을 하는가?

① 양조통의 온도를 낮춰줌
② 포도즙에 산도를 줌
③ 포도즙에 미생물을 투입함
④ 와인의 불순물을 걸러줌
⑤ 포도즙에 당을 주어 알코올 발효를 도움

>>> 정답 126 ⑤ 127 ③ 128 ⑤

129 다음 중 빠스리아즈(Passerillage)에 대 한 설명으로 틀린 것을 고르시오.

① 프랑스의 쥐라 지방에서 행해지는 기술.
② 익은 포도를 수확한 후 시렁 혹은 짚으로 만든 발 위에 잘라놓아 말리는 것이다.
③ 이 과정을 통해 주스의 물 성분이 줄어들 며 당분이 농축된다.
④ 보통의 경우 4kg에서 1리터 정도의 와인 을 만드는 반면 이방법의 경우 1.3~1.5kg 의 포도로 1리터의 와인을 생산한다.
⑤ 뱅 드 빠이으(vin de paille)를 양조하기 위하여 행해진다.

해설

보통의 경우 1.3~1.5kg 포도로 1리터 정 도의 와인 생산. 빠스리아즈식의 방식은 4kg 의 포도로 1리터 정도의 와인 생산.

130 Rich는 불어 용어로 의미는 무엇인가?

① 스위트한 스파클링와인
② 타닌이 풍부한 와인
③ 빈티지가 좋은 와인
④ 산도가 풍부한 와인
⑤ 풀바디한 레드와인

131 다음 중 알코올 발효(Fermention Alcoolique)를 하는 시기는 언제인가?

① 젖산발효 전
② 젖산 발효와 동시에
③ 시기에 상관없음
④ 젖산 발효 후
⑤ 포도 수확 후 즉시

해설

1차발효: 알코올발효 / 2차발효: 젖산발효

132 다음 중 와인 종류 중에 알코올 도수를 임의로 높인 와인을 무엇이라 하는가?

① 스틸
② 스파클링
③ 테이블 와인
④ 디저트 와인
⑤ 주정강화 와인

133 다음 중 쉐리(Sherry)는 언제 주정강화 되는가?

① 발효가 끝나기 전
② 발효가 끝난 후
③ 캐스크에서 발효가 끝난 후
④ 병입될 때
⑤ 포도 압즙 시

>>> 정답 129 ④ 130 ① 131 ① 132 ⑤ 133 ②

134 다음 중 루씨용 지방에서 생산되는 유 명한 그르나슈 품종의 VDN 와인은?

① 바니울스(Banyuls)
② 셰리(Sherry)
③ 마데리아(Maderia)
④ 포트(Port)
⑤ 마르살라(Marsala)

135 다음 중 이태리에서 생산되며 높은 알 코올(14~16%) 함량을 지닌 드라이한 와인 으로 말린 포도를 발효시켜 만든 와인은?

① 아마로네 (Amarone)
② 레치오토 (Recioto)
③ 리파쏘(Ripasso)
④ 빈 산토 (Vin Santo)
⑤ 끼안티 (Chianti)

136 다음 중 프랑스 와인 용어의 설명 중 틀리게 설명한 것은?

① 아썽블라쥬(Assemblage) : 동일한 원산 지 와인을 섞어 각 포도원의 제품 생산방식
② 꼴라쥬(Collage) : 계란 흰자나 어교를 오 크통에 넣어 와인을 정제시키는 작업
③ 밀레짐(Millésime) : 포도가 수확되어 와 인을 생산한 연도
④ 네고시앙(Negociants) : 자체 포도원 없 이 다른 와인 공장에서 와인을 구입하여 병 에 담아서 파는 회사(주상)
⑤ 크뤼(Cru) : 포도원 내의 양조시설, 저장 창고 및 관리인 숙소가 있는 건물

해설

크뤼 : 와인의 특정 지역을 가리키는 용어 로 지방에 따라 의미가 달라지기도 함.

137 다음 중 프랑스의 약발포성 와인을 부 르는 명칭은 무엇인가?

① 샴페인(Champagne)
② 샤움바인(Schaumwein)
③ 뻬띠앙(Petillant)
④ 페를바인(Perlwein)
⑤ 까바(Cava)

138 다음의 보르도 와인 생산 지역 중 등급 체계를 갖추지 않은 곳은?

① 그라브
② 소테른
③ 메독
④ 쌩떼밀리옹
⑤ 엉트르두메르

≫ 정답 134 ① 135 ① 136 ⑤ 137 ③ 138 ⑤

139 다음은 꼬뜨 뒤 론 와인에 대한 설명이 다. 잘못된 것을 고르시오.

① 꼬뜨 로띠(Cote Rotie) : 와인의 색깔이 짙으며, 맛이 농후하고 수명이 길다.
② 꽁드리에(Condrieu) : 비오니에 백포도 품종의 화이트와인만 생산한다.
③ 지공다스(Gigondas) : 타닌이 강하며 사 라(Syrah) 100%로 만든다.
④ 성쁘레(St.Peray) : 샴페인과 같은 방식 으로 주조된 거품와인이다.
⑤ 따블 로제(Tavel Rose) : 세계에서 가장 훌륭한 로제 와인 중 하나이다.

해설

그르나슈(Grenache), 시라(Syrah), 무르 베드르(Mourvédre) 브랜딩 하여 만듬.

140 다음은 보르도의 그랑크뤼 와인에 대한 설명이다. 잘못된 것을 고르시오.

① 샤토 빨메르(Palmer) : 19세기 전반기에 빨메르(Palmer)장군에 의해 만들어 진 샤또.
② 샤토 무똥 로칠드(Mouton-Rothschild) : 매년 예술가들의 작품으로 라벨을 만든다.
③ 샤토 딸보(Talbot) : 포도원의 이름이 꺄 스띠용 전투 영웅 딸보사령관으로 부터비롯
④ 샤토라뚜르(Latour) : 1855년 레드와인으 로 메독지역 외의 와인으로서는 유일하게 등급을 받은 와인이다.
⑤ 샤토 마고(Margaux) : 유일하게 마을과 똑같은 이름을 가지고 있는 그랑크뤼 와인

141 다음 중에서 Botrytis cinerea 로 인해 생기는 것은?

① 파우더리밀듀(흰가루병)(powdery mildew)
② 노블롯(Noble Rot)
③ 필록세라(Phylloxera)
④ 다우니 밀듀(솜털균)(Downy Mildew)
⑤ 회색곰팡이병(Pourriture Grise)

⋙ 정답 139 ③ 140 ④ 141 ②

142 다음은 쏘떼른느(Sauternes)와 바르삭 (Barsac) 와인에 대한 설명이다. 알맞지 않은 것을 고르시오.

① 쏘떼른 A.O.C명칭으로 생산을 할 수 있 는 마을은 10곳이다.
② 단순히 지명인 쏘떼른느나 바르삭으로 표 기된 와인보다는 샤토 와인이 더 좋다.
③ 이 지방에서 생산되는 드라이 와인은 '쏘 떼른느', '바르삭'이라는 A.O.C가 되지 못 한다.
④ 쏘떼른느에서는 쎄미용(Sémillon)이 포도 나무의 70~80%를 차지한다.
⑤ 쏘떼른느 와인은 9월 마지막 주에서 11 월까지 아침 이슬에 의하여 수분이 충분히 공급되어야 한다.

해설
5개마을 : 소테른(Sauternes), 바르삭 (Barsac), 봄므(Bommes), 화그르(Faegues), 프리냑(Priegnac)

143 다음 중 이탈리아(Italia) DOC 및 DOCG가 가장 많이 생산되는 지역은?

① Rombardia
② Piemonte
③ Veneto
④ Tuscan
⑤ Liguria

144 다음 중 이탈리아 와인 중 피에몬테지 역이 아닌 것은?

① Barolo
② Barbaresco
③ Langhe
④ Gattinara
⑤ Montalcino

145 다음 중 이탈리아(Italia)에서 가장 인기 있는 화이트 와인 중 하나이며 Gar-ganega Trebbiano 품종을 30% 혼합하여 만드는 Veneto)의 DOC는?

① 소아베(Soave)
② 알벤가(Albenga
③ 콜리디루니(Colli de Luni)
④ 이손쪼(Isonzo)
⑤ 바바레스코(Barbaresco)

>>> 정답 142 ① 143 ② 144 ⑤ 145 ①

146 다음에서 Brunello di Montalcino의 동쪽에 위치해 있으며, 이탈리아에서 가장 먼저 DOCG등급을 받은 와인은?

① Rosso de Montalcino ② Carmignano
③ Vino Nobile di Montepulciano ④ Galestro
⑤ Colli di Luni

147 다음 중 이탈리아의 약발포성 와인은 어느 것인가?

① Pétillant ② Perlwein
③ Frizzante ④ Schaumwein
⑤ Cremant

148 다음 중 Chianti Classico Riserva의 숙성기간은?

① 1년 ② 2년
③ 3년 ④ 4년
⑤ 5년

149 다음 중 Super Tuscans Sassicaia는 어느 등급의 와인 인가?

① DOCG ② VDQS
③ IGT ④ Vino da Tavola
⑤ DOC

150 다음 중 수퍼 투스칸 와인 가운데 1971년 산지오베제와 까베르네소비뇽을 섞어서 제조한 와인은?

① 솔라이아(Solaia) ② 티냐넬로(Tinanello)
③ 오르넬라이아(Ornellaia) ④ 마세토(Maseto)
⑤ 브레간쩨(Breganze)

>>> 정답 146 ③ 147 ③ 148 ③ 149 ⑤ 150 ②

151 다음 중 말바지아, 트레비아노포도를 건조시켜 발효 숙성시켜 생산하는 와인으로 'holy wine' 이라는 의미를 가지고 있는 와 인은?

① 비노 로쏘(Vino Rosso)
② 빈산토(Vin Santo)
③ 비노로사토(Vino Rosato)
④ 비노 리코로소(Vino Liquoroso)
⑤ 비노 파스토(Vino Pasto)

152 다음 중 이탈리아 최고 와인 등급인 D.O.C.G급으로 승격하려면 D.O.C급으로 최소 몇 년간 품질을 유지해야 하는가?

① 3년
② 4년
③ 5년
④ 6년
⑤ 7년

153 다음 중 이탈리어 와인용어 중 뽀데레 (Podere)의 의미는 무엇인가?

① 큰 포도밭
② 작은 포도밭
③ 포도생산자
④ 포도재배지
⑤ 포도원

154 다음 중 독일 와인의 등급표시에 있어 서 최상급을 의미하는 등급은?

① AOC
② VDQS
③ Varietal wine
④ QmP
⑤ QbA

155 다음 중 독일 최대 재배 품종은?

① 리슬링(Riesling)
② 뮐러-투르가우(Müller-Thurg며)
③ 실바너(Silvaner)
④ 슈페트 부르군더(Spätbrugunder)
⑤ 피노 그리(Pinot Gris)

>>> 정답 151 ② 152 ③ 153 ② 154 ④ 155 ①

156 다음 중 독일 와인에 대한 설명으로 알 맞지 않은 것을 고르시오.

① 기후가 비교적 서늘하여 화이트 와인만 생산한다.
② 와인들은 대부분 가볍고 알코올 도수가 낮은 편이다.
③ 포도밭들은 주로 햇볕이 잘 드는 강변을 끼고 형성되어 있다.
④ 와인들은 드라이에서 스위트까지 다양하 게 생산된다.
⑤ 라인가우 와인은 모젤-자르-루버에서 생 산되는 와인보다 풀바디한 특성이 있다.

해설

기후적 열세를 극복하고 화이트중심으로 한 독일 스타일의 와인생산

157 다음 중 QmP등급에 속하는 와인이 아 닌 것을 고르시오.

① 카비네트(Kabinett) ② 슈페트레제(Sptlese)
③ 립프라우밀히(Liebfraumilch) ④ 아이스바인(Eiswein)
⑤ 아우스레제(auslese)

해설

• QmP등급 6개 베어렌아우슬레제, 트로켄베어렌아우슬레제
• 립프라우밀히 : 리슬링 중 완숙된 최상품 만을 골라 양조되는 단맛의 고급와인. 디저트와인

158 다음 독일 와인 용어 중 잘못 연결 된 것은?

① Weisswein - 화이트와인
② Rotwein - 레드와인
③ Weissherbst - 로제와인
④ Deutscher Tafelwein - 테이블 와인
⑤ 페를바인(Perlwein) - 적, 백포도를 혼합 해서 만든 로제와인

해설

쉴러바인을 설명

159 다음 중 독일의 발포성 와인에 표시되 는 칭호는?

① 섹트(Sekt) ② 작센(Sachsen)
③ 잘레-운스트루트(Saale-Unstrut) ④ 바덴(Baden)
⑤ 트록켄(Trocken)

≫ 정답 156 ① 157 ③ 158 ⑤ 159 ①

160 다음 중 독일 고급와인인 Q.b.A나 Q.m.P의 수확연도 표시에 같은 해 수확포도 의 최저 사용률은?

① 50%
② 70%
③ 85%
④ 95%
⑤ 100%

161 다음 중 독일에서 재배되고 있는 적포 도 중 프랑스의 Pinot Noir 품종은?

① 도른펠더(Domfelder)
② 슈페트부르군더(Spätburgunder)
③ 포르투기제르(Portugieser)
④ 트롤링거(Trollinger)
⑤ 룰랜더(rulander)

162 다음 중 독일의 최대 포도 재배 산지는 어느 것인가?

① 라인 팔츠(Rheinpfalz)
② 라인핫센(Rheinhessen)
③ 라인 가우(Rheingau)
④ 모젤(Mosel)
⑤ 아르(Ahr)

163 다음 중 독일에서 레드와인의 생산 점 유율이 가장 높은 지역은?

① 바덴(Baden)
② 팔츠(Pfalz)
③ 아르(Ahr)
④ 라인가우(Rheingau)
⑤ 뷔뎀베르그(Württemberg)

164 다음 중 독일 와인라벨에서 Spätlese 용어가 의미하는 것은?

① 미디엄 드라이 와인이다.
② 에스테이트(estate)에서 병입되었다.
③ '노블' 품종으로 만들어졌다.
④ 늦게 수확한 포도로 만들어졌다.
⑤ 건포도처럼 마른 상태에서 수확했다.

>>> 정답 160 ③ 161 ② 162 ② 163 ⑤ 164 ④

165 다음 중 Noble rot의 영향을 받는 포 도로 만든 와인은?

① 트로켄(Trocken)
② 할프트로켄(Halbtrocken)
③ 트로켄베어렌아우스레제 (Trockenbeerenauslese)
④ 쒸스레제르베(Sussreserve)
⑤ 아우스레제(Auslese)

166 다음 중 프랑스 등 국제적 포도품종들 을 도입하여 와인을 만든 첫 번째 지역이며, 스페인 발포성와인(CAVA)의 본고장은?

① 루에다(Rueda)
② 두에로(Duero)
③ 레반떼(Levante)
④ 가스띠야-라 만챠(Castilla la Mancha)
⑤ 페네데스(Penedes)

167 다음 중 스페인 와인산지 중 가장 강우 량이 많고 알바리뇨 품종으로 화이트와인을 생산하는 와인산지는?

① 발렌시아(Vilencia)
② 비에르조(Bierzo)
③ 리오하(Rioja)
④ 리베이로(Ribeiro)
⑤ 리아스바이샤스(Rias Baixas)

168 다음 중 스페인 와인 등급이 아닌것은?

① DOC
② Denominacion de Origen
③ Vino de Tierra
④ Vino de Cranza
⑤ Vino de Mesa

169 다음 중 쉐리와인(Sherry Wine)이 주 로 생산되는 나라는?

① 프랑스
② 미국
③ 스위스
④ 스페인
⑤ 독일

>>> 정답 165 ③ 166 ⑤ 167 ⑤ 168 ④ 169 ④

170 다음 중 쉐리와인(Sherry wine)에 사 용되는 포도의 주품종은?

① 리슬링(Riesling)
② 마까베오(Macabeo)
③ 사렐로(Xarello)
④ 우니 블랑(Uni Blanc)
⑤ 팔로미노(Palomino)

171 다음은 스페인어로 셰리의 색과 당도를 높이기 위해서 첨가하는 농축 포도주스는?

① 아로뻬(Arrope)
② 세빠주(Cepage)
③ 프럭토스(Fructose)
④ 까브(Cave)
⑤ 꼬세차(Cosecha)

172 다음 중 스페인 와인라벨에 있는 '호벤 (Joven)'은 무엇을 의미하는가?

① 숙성되었다.
② 영(young)하다.
③ 스위트
④ 세미-스위트
⑤ 드라이

173 다음 중 포르투갈 와인 생산지역이 아 닌 곳은?

① 바이라다(Bairrada)
② 꼴라레스(Colares)
③ 마데이라(Madeira)
④ 알렌떼쮸(Alentejo)
⑤ 루에다(Rueda)

174 다음 중 토카이(Tokay)와인 중 가장 스위트하고 비싼 종류의 타입은?

① 싸모로드니(Szamorodni)
② 아쑤(Aszu)
③ 에쎈시아(Eszencia)
④ 따르쌀(Tarcal)
⑤ 아쓰탈리 보(Asztail bor)

175 다음 중 체코 최대의 와인생산 지역은?

① 모드라(Modra)
② 멜니크(melik)
③ 슬로바키아(Slovakia)
④ 크로아티아(Crotia)
⑤ 보헤미아와 모라비아(Bohemia Moravia)

>>> 정답 170 ⑤ 171 ① 172 ② 173 ⑤ 174 ③ 175 ⑤

176 다음 중 발칸 반도의 국가들 중 가장 많은 와인을 생산하는 국가는?

① 루마니아(Romania) ② 불가리아(Bulgaria)
③ 알바니아(Albania) ④ 크로아티아(Croatia)
⑤ 세르비아(Serbia)

177 다음 중 스위스에서 가장 많이 재배되 고 있는 청포도 품종은?

① 샤슬라(Chasselas) ② 쇼비뇽 블랑(Sauvignon Blanc)
③ 리슬링(Riesling) ④ 실바너(Silvaner)
⑤ 삐노 블랑(Pinot Blanc)

178 다음 중 그리스 화이트 와인 숙성기간 중 Grand Reserve급의 숙성기간은?

① 2년 ② 3년
③ 4년 ④ 5년 ⑤ 6년

179 다음 중 그리스에서 가장 유명한 포도 품종으로, 작은 마을인 Monemvasia에서 기원된 것은?

① 말바지아(Malvasia) ② 뮈스까(Muscat)
③ 아리오리티코(Agiorgitiko) ④ 만디라리아(Mandilaria)
⑤ 마브로다프네(Mavrodaphne)

180 다음 중 신세계 와인에 대한 설명 중 틀린 것은?

① 대부분의 신세계 와인은 품질 등급체계에 대해 융통성이 있고 제한이 적은 편이다.
② 유럽에서 들여온 품종과 자생종을 모두 사용하여 와인을 만든다.
③ 전통적으로 와인을 생산해오던 유럽이 아 닌 지역, 즉 미국, 칠레, 호주, 남아프리카에서 생산되는 와인을 말한다.
④ 대부분의 신세계 와인은 원산지, 품종, 빈티지를 표기하기 위해서 정해진 규정을 따라야 한다.
⑤ 신세계만의 전통방식을 고수하며 와인양 조를 하고 있다.

해설

신세계 와인은 새로운 현대적 기술을 도입 하여 와인을 양조한다.

>>> 정답 176 ① 177 ① 178 ② 179 ① 180 ⑤

181 다음 중 미국 와인의 특징에 대한 설명 중 틀린 것은?

① 포도재배방법, 수확연도, 수확량, 양조방 법 등에 대한 와인의 품질등급을 엄격히 규 정하고 있지 않다.

② 그해 수확한 포도를 85% 이상 사용해야 빈티지를 표기할 수 있다.

③ 가장 생산량이 많은 곳은 캘리포니아주이 며 오리건, 뉴욕, 워싱턴에서도 와인을 생산한다.

④ 미국포도재배지역(American Viticultural Areas)을 표시하려면 해당지역에서 수확한 포도를 55%이상 사용해야 포도재배지역을 표기할 수 있다.

⑤ 미국의 와인 제조용 포도는 대부분 유럽 종이거나 미국에 자생하는 토종 포도의 개 량종이다.

해설

미국와인에서 빈티지를 사용하려면 그해 수 확한 포도의 95% 이상을 사용하여야 한다.

182 다음 중 phylloxera의 침입이 전혀 없었고, 전통적인 레드의 마브론(Mavron), 화이트의 시니스테리(Xynisteri) 두 품종을 고수하고 있는 지역은?

① 크레타(Creta)
② 키프로스(Cyprus)
③ 산토리니(Santorini)
④ 히오스(Chios)
⑤ 필로폰네서스(Peloponneses)

183 다음 중 미국의 오리건주 와인에 대한 설명 중 틀린 것은?

① 1960년대 David Lett 등 선각자들에 의해 Pinot Noir 포도밭이 조성되었다.

② 주로 재배되는 품종은 보르도스타일의 카 베르네쏘비뇽과 메를로이다.

③ 윌라미트 밸리에는 오리건 와이너리의 70%가 집중되어 있다.

④ Eyrie Vineyards의 Pinot Noir가 1979년 로버트 드루앙이 주최한 피노누 아 블라인드 테이스팅에서 상위 입상했 다.

⑤ 프랑스 브르고뉴와 같은 위도상에 위치하 면서 피노 누와의 재배가 용이하였다.

해설

미국 오리건주 와인의 포도품종은 샤르도네, 피노누아 품종이다.

미국 와인등급 및 원사지 표시제도

- AVA(American Viticultural Area)은 특정 재배지역의 포도로 만든 와인의 지리 적 특성과 품질, 명성등을 이해하기 쉽도록 나누어 놓은 '단순 지리적 개념'으로, 유럽의 AOP, DOP처럼 '생산 통제적 개념은 아니 다.

>>> 정답 181 ② 182 ② 183 ②

- 메리티지(Meritage)와인은 한 와인을 위해 사용된 포도품종의 단일 품종비율이 75%에 미치지 못하여 품종 명칭을 붙이지 못하는 '블렌딩 고품질 와인'을 일반 테이블와인과 구별하기 위하여 붙인 이름이다.
  1. 보르도 포도품종으로 브랜딩되어야 한다.
  2. 각각의 Winery에서 제일 좋은 와인으로 만들어야 한다.
  3. U.S. Aappellation의 규제를 받고, 미국 내에서 만들어져야 한다.
  4. 생산량: 1년에25.000병 한정되어 있다.
- 컬트 와인(Cult Wine)은 베르네쏘비뇽, 샤 르도네 품종 중심의 고농축, 소량생산, 초 고가 와인들이다. Mailing List에 의한 통신 판매 등 독특한 마케팅 방식을 하고 있다.

184 미국의 워싱턴주 와인에 대한 설명 중 틀린 것은?

① 1860년 Walla Walla Valley에 최초의 와이너리가 조성되었다.
② 주로 재배되는 품종은 멜롯, 까베르네 쏘 비뇽, 시라, 샤르도네, 리슬링 등이다.
③ 워싱턴은 캘리포니아보다 추운 날씨로 인 해 레드와인보다 화이트와인이 더 많이 생산 된다.
④ 샤또 생 미셸은 독일의 닥터루젠(Dr. Loosen)와 함께 리슬링 와인인 에로이카(Eroica)를 생산 하였다.
⑤ 워싱턴주에는 대략 5군데의 생산 지역이 있고 그중에 대표적인 곳은 콜롬비아 밸리 (Colombia Valley)이다.

해설

워싱턴주에서는 레드와인 60%, 화이트와인 40% 생산된다.

칠레의 주요 와인 생산지

1. 칠레 와인 산지 : 역사 & 산업
   - 16세기 정복 전쟁과 함께, 포도 전파
   - 정치 경제상의 불안정으로 오랜 침체.
   - 1980년대부터 세계 시장에 진출
   - 세계적 합작 와인들의 생산량 증가
   - 면적 : 약 120,000 ha
   - 1970년대부터 와인 양조의 근대화
   - 21세기에는 고품질 와인 생산의 기치
2. 칠레 와인 산지 : Terroir
   - 위도 : 남위도 30~40도
   - 지중해성 기후로 강수량 400mm이하.
   - 낮과 밤의 일교차가 크다.
   - 포도재배지 남북으로 1,300km
   - 안데스 산맥과 Humbolt 한류의 영향

>>> 정답 184 ③

3. 칠레 와인 : 품종 & 스타일
   - 주 품종 : 국제적 품종을 중심 재배 :Cabernet Sauvignon, Merlot, Syrah, Pinot Noir / Chardonnay, SB....
   - 아이콘 품종 Carmenére : 식물적 매 콤한 고추향, 후추, 과일, 적절한 산도와 타닌, 블렌딩 or 단품종 와인 생산.
4. 칠레 와인 산지 : Chile 와인
   ① Region del Coquimbo
   ② Aconcagua Valley: 고온 건조 레드 와인 생산(Errazuriz winery)
   ③ Casablanca Valley : 해안가 산지, 화이트 와인 생산 호 조건
   ④ San Antonio Valley : 선선한 기후, Pinot Noir, Chardonnay, SB.
   ⑤ Maipo Valley : Santiago 남부, 전통의 명산지. Pirque, Puente Alto.
   - 주요 생산자 : Concha y Toro, Almaviva, Santa Rita, Haras de Pirque, Carmen, Quebrada deMacul, Odfjell, Pérez Cruz, Tarapacà..
   ⑥ Rapel Valley : 최근에 급부상하고 있는 칠레 고급 와인의 주산지.
   - Cachapoal Valley :
   - Colchagua Valley : 보다 서늘하다.
   ⑦ Curico Valley : Chardonnay, CS, Merlot 등의 밸류 와인들이 생산.
   - Lontue Valley (Molina area, San Pedro 'Cabo de Homos')
   ⑧ Maule Valley : 대규모 생산 지역
   ⑨ Region del Sur
   - 최남단 지역, 차세대 와인 산지
   - Itata Valley, Bio-Bio Valley, Malleco Valley (Viña Aquitania).

185 칠레의 와인에 대한 설명 중 틀린 것은?

① 몬테스 알파 엠(Montes Alpha M)은 칠 레의 컬트와인이라고 불릴 만큼 극소량이 생 산되며 세계 5대 시라(Syrah)와인 중 하나이다.

② 에스쿠도 로호(Escudo Rojo) 와인은 바 롱필립드로칠드(Baron Philippe de Rothschild)의 대중적인 와인이다.

③ 칠레의 명품와인 Almaviva는 1997년 칠 레의 비나 콘차이 토로(Vina Conchay Toro)사와 프랑스 보르도의 바롱 팔립드 로 칠드(Baron Philippe de Rothschild)가 합 작하여 만든 와인이다.

④ Almaviva는 칠레의 토양과 맞는 포도품 종과 프랑스식 전통적인 양조법에 의한 섬세 하고 우아한 명품와인이다.

⑤ 1865는 산페드로사의 설립연도에서 따왔 으나 최근 골퍼들 사이에 유명해졌다.

>>> 정답 185 ①

해설

몬테스 알파 엠 : Cabernet Sauvignon, Cabernet Franc , Merlot, Petit Verdot

아르헨티나 : 세계 5위 생산국

1. 포도 재배 산지는 남위도 35도 중심 안데스 산맥의 동쪽Mendoza 와 St.Juan을 중심으로 형성. 가장 중요한 생산 지역인 Mendoza 지역은 “대륙성 준사막 기후” 높은 해발 고도 : 500~2,000m 밤낮의 기온차 큼 (낮 40℃ ~ 밤 10℃)
2. 주품종 : 특히 Malbec, Torontes 유명.
3. 주요 와인 산지
   - Salta
   - Catamarca
   - La Rioja
   - San Juan
   - Mendaza : 아르헨티나 와인 생산량의 2/3 이상을 차지하는 최고, 최대의 와인 산지.
   - Rio Negro

186 다음 중 아르헨티나의 포도 산지에 대 한 설명 중 틀린 것은?

① 대부분의 포도밭은 안데스(Andes)에 가 까운 곳에 위치해있다.
② 리오 네그로의 포도밭을 제외하고는 대부 분이 구릉지에 위치하고 있다.
③ 카파야테(Cafayate) 마을과 가까운 쌀타 시방의 포도밭은 거의 해발 2,000m 혹은 그 이상 높은 위치해있다.
④ 안데스 산맥의 비 그늘 지역은 강우량이 매우 적지만 산이나 심층수로부터 흘러나오 는 강물을 이용해 포도를 재배하고 있다.
⑤ 멘도사(Mendoza)는 아르헨티나 와인 생 산량의 70%를 차지하는 주요 산지이다.

해설

해발 500M 또는 그 이상의 높이에 위치

187 호주와인이 최초로 재배된 지역은?

① Barossa Valley
② Yarra Valley
③ Coonawarra
④ Hunter Valley
⑤ Clare Valley

정답 186 ② 187 ④

188 다음 중 브라질 와인에 대한 설명 중 틀린 것은?

① 브라질 와인은 1870년 이탈리아인들이 리오 그란데 도 술(Rio Grande do Sul)지역에 정착하면서 그 역사가 시작되었다.
② 유럽 원생종인 비티스비니페라(Vitis Vinifera)가 주로 재배되고 있다.
③ 리슬링 이탈리카(Riesling Italica)와 세미 용(Semillon)을 비롯한 백포도 품종이 더 우수하다.
④ 리오 그란데 도 술(Rio Grande do sul) 지역은 브라질와인의 50% 이상을 생산하는 주요산지이다.
⑤ 유명한 와인 공장으로는 내셔널 디스틸러 스(National Distillers), 신자노(Cinzano), 산타 콜리나(Santa Colina), 페드로 도메크 (Pedro Domecq)와 뫼트 엔드 샹돈(Moet & Chandon) 등이 있다.

해설

브라질은 미국 자생종인 비티스라브루스카 가 주로 재배되고 있음.

호주 와인

1. 호주와인 산지의 역사
   - 1788년 첫 포도 전파.
   - 면적 : 170,000ha
   - 1951년 Penfolds社 Grange-Hermitage 생산
     숙성 고급 드라이 와인 Grange
   - 1985년 전후, 영국 등 세계 시장 공략
   - 저렴하고 품질좋은 와인으로 입지.
   - 2000년 이후, SGM, Riesling, Pinot 등 새로운 전략 품종 개발, 컬트 와인
2. 호주와인 산업 특징
   ① Big 4 가 전체 생산량 80% 를 차지.
      - Southcorp
      - BRL Hardy
      - Orando
      - Beringer Blass
   ② 전통의 가족 경영 회사의 선전 : Yalumba, Tyrell...
   ③ 소규모 부띠끄 와이너리 등장 :
3. 호주와인 레이블 정보
   - Bin Number, Vat Number
   - Grape Variety : 85% 이상, 함량 순으로 명기.

4. 지역명 85% 이상 / 빈티지 95% 이상 사용
5. 호주 와인 : Shiraz 스타일
   - 호주의 간판 스타, 1832년 전파.
6. 호주 와인 산지
   ① New South Wales 산지 (sydney)
   - Hunter Valley 호주 와인 30% 생산.
   - 주력 품종 : Shiraz, Sémillon ("Hunter Semillon")
   - Lower Hunter Valley
   - Upper Hunter Valley

   ② Victoria (Melbourne)
   - 오랜 전통의 산지.
   - 서늘한 기후 :Pinot Noir, Chardonnay & Sparkling Wine
   - Yarra Valley : Pinot Noir, Chardonnay.
   - Heathcote : 화이트.
   - Rutherglen ('Rutherglen Muscat')
   - Tasmania 섬 : 대단히 서늘한 기후 Pinot Noir &Sparkling Wine.

   ③ South Australia 산지 (Adelaide)
   - 1840년대 이래의 최고의 명산지, 호주 와인의 50% 이상 생산.
   - 해발 고도 250~600m,
   - Barossa Valley
   - Eden Valley
   - Clare Valley : Riesling 명산지.
   - McLaren Vale
   - Adelaide Hills
   - Langhome Creek
   - Coonawarra : 석회석과 붉은 토양 'Terrarossa'의 특별한 Terroir. Cabernet Sauvignon 최적지.

   ④ Western Australia 산지 (Perth) :
   - Margaret River Valley.
   - 1970년대 개발, 서늘한 해류의 영향
   - 주력 품종 : Cabernet Sauvignon, Chardonnay.

189 다음 중 호주 와인에 대한 설명 중 틀 린 것은?

① 18세기 말에 와인의 역사가 시작되어 1820년대부터 와인을 본격적으로 생산하였다.
② 품종을 상표에 표시하려면 주품종을 80% 이상 사용해야 한다.
③ 사우스오스트레일리아에서 가장 많은 와 인생산량을 가지고 있으며, 그 다음으로 뉴 사우스웨일즈와 빅토리아 순으로 많은 와인 을 생산한다.
④ 현대적 시설을 갖추고 있으며, 대를 잇는 가족경영을 고수하고 있다.
⑤ 두 가지 이상의 품종이 섞여 있는 와인을 상표로 사용할 경우 함량이 많은 순으로 표 시한다.

해설

과거 가족경영에서 현대에는 대기업 합병 으로 기업경영으로 변화. 작은 와이너리16%

190 다음 중 호주의 와인생산지역이 아닌 것은?

① Queensland
② Victoria
③ Mendoza
④ New South wales
⑤ South Australia

191 다음 중 호주의 가장 좋은 와인산지인 Yarra Valley는 어느 지역에 속하는가?

① 뉴 사우스 웨일즈(New South Wales)
② 빅토리아(Victoria)
③ 웨스턴 오스트레일리아 (Western Australia)
④ 타스마니아(Tasmania)
⑤ 사우스 오스트레일리아(South Australia)

해설

뉴질랜드 와인

1. 뉴질랜드 와인의 역사 & 산업
   - 깨끗하고 푸른 이미지의 청정와인.
   - 1830년대 후반부터 와인 생산 (오클랜 드), 1973년부터 남섬에서도 포도재배.
   - 1980년대부터 본격적인 수출 시작.
   - 스크류 캡 사용의 선두 주자
   - 재배 면적 : 약 33,500 ha
   - 생산량 : 약 2,000,000 hl
   - 상위 3개 회사가 산업 전체의 90%

>>> 정답 189 ④ 190 ③ 191 ②

2. 뉴질랜드 와인 산지 : 북섬
   ① Auckland / Northland :
      • 보르도처럼 온화한 기후 Warm
   ② Gisbome : 대량 생산 지역,
      • Merlot, Chardonnay로 유명.
   ③ Hawke's Bay : 대중적 와인 산지
      • 뉴질랜드 2위 규모.
   ④ Wairarapa & Martinborough
      • Pinot Noir 최고 생산지
      • Martinborough Vineyard, Ata Rangi, Palliser Estate Wines...
3. 뉴질랜드 와인 산지 : 남섬
   ① Marlborough : 12,000ha 로서, 뉴 질랜드 최대 산지, 풍부한 일소량, 건조 한 기후, 높은 일교차, 자갈, 모래 토양 1970년대 초반에 개척된 Sauvignon Blanc의 세계적 산지
   ② Nelson : Marlborough의 명성에 가 려진 작은 진주.
   ③ Waipara Valley / Canterbury
   ④ Central Otago : 남위 45도, 고지대 산지, 서늘한 기후, 배수가 잘되는 토양, 미세 기후 등으로 뉴질랜드 최대 Pinot Noir산지. Bannockbum을 중심으로, 다 양한 소구역이 개발되고 있다.

192 다음 중 뉴질랜드의 포도 산지 특징에 관한 설명 중 틀린 것은?

① 뉴질랜드에서 가장 건조하고 내륙성 기후 를 보이는 지역으로 세계에서 가장 남쪽에 위치하고 있기도 한 포도밭은 센트랄 오타고 (Central Otago)이다.
② 뉴질랜드는 해양성 기후이지만 오클랜드 (Auckland) 주위의 북부지역은 아열대 기후 의 특징을 보인다.
③ 뉴질랜드에서 가장 햇빛이 잘 드는 포도 산지는 사우스 아일랜드 북동쪽 말보로이다.
④ 뉴질랜드에서 와인 생산하는 곳은 위도 35°와 44°선 내에 위치해있다.
⑤ 뉴질랜드의 포도 산지는 높은 고도에 위 치하고 구름이 가리고 있어 서늘한 기후다.

>>> 정답 192 ⑤

193 다음 중 뉴질랜드의 와인생산지와 유명 한 포도품종의 연결이 올바르지 않은 것은?

① 말보로(Marlborough) - 쏘비뇽 블랑
② 호크스 베이(Hawke's Bay) - 카베르네 쏘비뇽, 메를로
③ 마틴보로(MartinBorough) - 피노누아
④ 센트럴오타고(Central Otago) - 메를로
⑤ 넬슨(Nelson) - 소비뇽 블랑, 샤르도네

해설

센트럴오타고는 피노누아가 주 품종.

194 다음 중 뉴질랜드 와인에 대한 설명 중 틀린 것은?

① 19세기 초에 포도재배가 시작되어 1960 년대 후반부터 와인양조가 발전하여 1975년 에 뉴질랜드 와인 협회가 설립되었다.
② 신선한 화이트와인을 주로 생산한다.
③ 북섬은 습하며, 남섬은 건조한 기후다.
④ 기후는 호주나 캘리포니아보다 덥다.
⑤ 쏘비뇽블랑은 세계적으로 주목받고 있다.

해설

뉴질랜드 기후는 호주나 캘리포니아보다 춥고 습해서 쏘비뇽블랑, 리슬링, 게브르츠 트라미너 등 화이트와인을 생산.

캐나다 VQA (Vintners Quality Alliance)

- 1988년 VQA로 원산지통제명칭제도 도입
- 온타리오(Ontario)주의 20여개 와인회사로 이루어진 협회에서 포도의 원산지, 품종, 당도 등을 규정.
- 포도원 이름을 표시하려면 동일 포도원에 서 재배된 포도 100%를 사용
- 포도품종을 표시하려면 85% 이상 동일 포 도를 사용.
- VQA 와인은 반드시 유리병으로 포장. 코르크 또한 지정한 재질만을 사용.

라브루스카계통의 자생종포도, 하이브리드 계통의 교잡종포도, 비니페라 계통의 유럽 원종 포도를 함께 사용

>>> 정답 193 ④ 194 ④

195 다음 중 캐나다 와인에 대한 설명 중 틀린 것은?

① 1988년VQA원산지 통제명칭제도를 도입
② 라브루스카계통의 자생종포도를 사용하여 대부분의 와인을 생산한다.
③ 와인은 주로 동부의 온타리오(Ontario)와 서부의 브리티시콜롬비아에서 생산된다.
④ 추운날씨로 인해 리슬링과 비달포도 등으 로 만든 아이스바인이 유명하다.
⑤ 빈티지를 기재한 와인은 그해에 수확한 와인을 95% 이상 사용하여야 한다.

196 다음 중 아이스와인(Icewine)dp 대한 VQA규정 중 허용 알코올 함량은?

① 5.0%~12.9% ② 7.0%~14.9%
③ 8.0%~12.0% ④ 8.5%~14.9%
⑤ 4.5~12.9%

197 VQA 와인생산 규정 중 아이스와인을 제조한 뒤 와인에 함유되어 있는 최소잔류 당분은?

① 리터당 120g ② 리터당 125g
③ 리터당 130g ④ 리터당 135g
⑤ 리터당 140g

해설

남아공 와인 : South Africa Wine

1. 남아공 와인의 역사 & 산업
   ① 1679년 네덜란드 식민지,
      • Simon Van der Stel 총독 부임,
      • 포도 재배 장려
   ② Constantia 농장 건립.
      • 1688년 프랑스 위그노파 집단 이주,
      • 프랑스 기술 전수.
   ③ 1990년대 이후 생산 시설을 개선

>>> 정답 195 ② 196 ② 197 ②

④ 와인 산업
- 양조용 포도재배 면적 : 102,000 ha
- 생산량 : 10,890,000hl
- 양조장 : 560 여 개, 약 4,000농당
- 남위 33~35도, 지중해성 기후,
- 모든 해안가 Benguela 한류의 영향
- 일조량 : 일조시간 연 3,000 시간
- 강수량 : 200mm (Calitzdorp), 735mm (Stellenbosch) 1,070mm (Constantia).
- 1973년 Wine of Origin 제도
- Pinotage : (Pinot Noir X Cinsult)
- Cape Blend : Pinotage + Cabernet + Merlot

2. 남아공 와인 : 산지

① Paarl WO : 전통의 명산지 Franschhoek WO

② Stellenbosch WO :
- 남아공 가장 핵심 산지.
- 100여개의 양조장 밀집
- Jonkershoek Valley WO,

③ 기타 Central Coast 지구
- Constantia WO(Muscat de Constantia : 귀부 와인).
- Darling WO, Durbanville WO, Tulbagh WO, Swartland WO

④ Overberg WO : 서늘한 기후,
- Pinot Noir, 화이트
- Elgin WO

⑤ Walker Bay WO : 서늘한 기후
- Pinot Noir, Chardonnay, Sauvignon Blanc

198 다음 중 남아프리카 공화국 와인에 대 한 설명 중 틀린 것은?

① 1655년 케이프주의 주지사였던 안 반 리 벡(Jan Van Riebeeck)에 의해 첫 번째 와인 이 탄생했다.

② 1680~1690년대에 프랑스 위그노교도들에 의해 와인 산업이 번성하기 시작하였다.

③ 남아프리카공화국은 전통적인 남아프리카 공화국의 와인제조기법을 사용하여 와인을 만들고 있다.

④ 우스터(Worcester) → 팔(Paarl) → 스텔렌보 (Stellenbosch) 지역의 순으로 많은 와인을 생산하고 있다.

⑤ 여름에 따뜻하고 겨울에 선선한 지중해성 기후이다.

>>> 정답 198 ③

해설

1680~1690년대에 프랑스 위그노교도들이 종교박해를 피해케이프지역으로 이주해오 면서 프랑스의 와인제조기법을 남아프리카 공화국의 새로운 환경에 맞추어 와인을 생산.

199 최근 케이프타운 동쪽 해안지역에서 샤 르도네, 피노누아르품종을 재배하여 주목받고 있는 신흥 와인산지는?

① Constantia
② Paal
③ Walker Bay
④ Cape Agulhas
⑤ Tulbagh

200 남아프리카공화국의 대표적인 흑포도 품종인 삐노타지(Pinotage)는 피노 누아(Piont Noir) 와 어느 품종과 교배한 품종인가?

① 시라(Syrah)
② 생쏘(Cinsaut)
③ 메를로(Merlot)
④ 그르나슈(Grenache)
⑤ 피노 그리(Pinot Gris)

201 1980년대 생산된 국산 포도주 가운데 국내에서 포도밭을 소유하지 않고 원료로 수입하여 포도주를 생산한 업체는?

① 해태산업
② 금복주
③ 삼학
④ 청양
⑤ 두산

202 국내에서 와인 양조에 가장 적합한 포도 품종은?

① 블랙함부르그
② M.B.A
③ 타노레드
④ 거봉
⑤ 캄벨어리

203 중국의 대표적인 주요 와인 생산지역은?

① 청도
② 상해
③ 천진
④ 북경
⑤ 연태

>>> 정답 199 ③ 200 ② 201 ① 202 ② 203 ⑤

204 와인을 테이스팅하는데 필요한 순서는?

① 눈 → 코 → 입
② 코 → 입 → 눈
③ 입 → 눈 → 코
④ 눈 → 입 → 코
⑤ 입 → 코 → 눈

205 와인 테이스팅할 때 가장 먼저 사용해 야 할 감각기관은 무엇인가?

① 눈(Eye)
② 코(Nose)
③ 입(Mouth)
④ 귀(Ear)
⑤ 혀(Tonque)

206 와인의 미각 테이스팅을 할 때, 와인이 입안에서 느껴지는 무게감을 나타내는 용어를 무엇이라고 하는가?

① 아로마(Aroma)
② 균형(Balance)
③ 향(Bouquet)
④ 뒷맛(Finish)
⑤ 바디(Body)

207 소믈리에가 와인 테스팅을 하기 전에 지켜야 할 준수사항 중 틀린 것은 무엇인가?

① 커피나 강한 맛을 지닌 음식은 먹지 않도 록 한다.
② 흡연은 감각을 무디게 하므로 삼가한다.
③ 강한 향수의 사용을 금지한다.
④ 최상의 컨디션을 위해 반드시 오후시간에 테스팅 하는 것이 바람직하다.
⑤ 와인에 대한 선입견을 버려야 한다.

해설

최상의 컨디션을 위해 될 수 있는한 오전 시간에 테스팅 하는 것이 좋다.

208 와인의 미각 테스팅을 할 때, 와인을 마시면 가장 처음 느껴지는 맛은 어떤 맛인가?

① 떫은맛
② 짠맛
③ 신맛
④ 쓴맛
⑤ 단맛

>>> 정답 204 ① 205 ① 206 ⑤ 207 ④ 208 ⑤

209 다음은 와인 서비스 시의 주의사항이다. 틀린 것은 무엇인가?

① 와인은 여성에게 먼저 서비스 한다.
② 와인 서비스 시 글라스와 와인 병목이 부 딪치지 않도록 주의한다.
③ 와인을 다 따라낸 빈병은 바로 치워 테이 블이 깨끗하도록 신경 쓴다.
④ 글라스의 6부 정도를 채우는 것이 좋다.
⑤ 호스트가 테스팅한 후에 좋다는 신호가 떨어지면 호스트 오른쪽에서 서비스한다.

해설

서비스 하고 난 빈병은 주최자의 승낙 없 이는 치우지 말아야 한다.

210 와인을 오픈할 때 사용하는 기물로 적당한 것은?

① Wine Basket
② White Napkin
③ Ice Tong
④ Cork Screw
⑤ Wine Stopper

211 와인 서비스의 순서로서 올바른 것은?

가. 호스트의 테이스팅이 끝나면, 여성고객 과 연장자 순으로 서비스한다.
나. 호스트에게 테이스트용으로 와인을 1온 스정도 따르며 와인병을 약간 돌리면서 병목을 든다.
다. 와인 라벨이 호스트에게 잘 보이도록 하여 주문한 와인을 확인시킨다.
라. 호스트에게 마지막으로 다시 서비스하 고, 남은 와인병은 와인버켓(화이트와 스파클링 와인의 경우)에 넣어둔다.

① 가 → 나 → 다 → 라
② 가 → 나 → 라 → 다
③ 나 → 다 → 라 → 가
④ 다 → 나 → 가 → 라
⑤ 다 → 가 → 나 → 라

>>> 정답 209 ③ 210 ④ 211 ④

212 와인 리스트를 작성하는 요령에 있어서 옳지 않은 것은 무엇인가?

① 와인을 용도별로 구분하여 고객이 쉽게 화인할 수 있도록 한다.
② 프로모션 와인처럼 쉽게 변경되는 와인은 와인리스트에 기재하지 않는 것이 원칙이다.
③ 포도품종별과 빈티지의 순서로 작성할 수 있다.
④ 와인을 한 국가 내에서 각기 지역별로 구 분하여 작성할 수 있다.
⑤ 이해하기 쉽도록 잘 정돈되어 있고 와인 명이나 산지, 빈티지, 가격에 대한 에러가 없으며 각 와인에 대한 정보도 포함하고 있 어야 한다.

해설
프로모션 와인 와인리스트에 기재하여 새로운 와인을 고객에게 선보여 다양성을 보여줌으로서 식상함을 피하는 것이 좋다.

213 코르크 스크류를 사용하여 일반적으로 와인을 오픈하는 방법으로서, 그 순서가 올바른 것은?

가. 나이프로 캡슐을 제거하는데, 와인병 을 돌리지 않고 칼날을 돌려 자른다.
나. 코르크 스크류의 끝을 중앙에 대고 조 심스럽게 돌린다.
다. 뽑아낸 코르크는 스크류에서 빼내어서 와인과 접촉했던 부분의 향을 맡아 이상 여부를 확인한다.
라. 스크류의 지렛대 부분을 병 주둥이에 대고 미끄러지지 않도록 왼손의 검지로 막으면서 천천히 들어올려 코르크를 뽑 아낸다.

① 가 → 나 → 다 → 라
② 가 → 나 → 라 → 다
③ 가 → 다 → 나 → 라
④ 나 → 다 → 라 → 나
⑤ 다 → 라 → 가 → 나

214 식사 시 와인을 건배할 때 지켜야 할 매너가 아닌 것은 무엇인가?

① 건배는 식탁에 놓인 와인 글라스에 와인 을 따른 후부터 어느 때 해도 무방하다.
② 건배와 더불어 연설을 해야 할 경우 식사 전보다 식사의 끝 무렵이 적절하다.
③ 건배에 참여하지 않는 것은 귀빈에 대한 무례로 간주한다.
④ 비공식 만찬이나 가벼운 저녁 모임에서도 건배는 필수사항이다.
⑤ 와인으로 건배를 할 때는 눈높이 정도에 서 잔의 볼록한 부분을 살짝 부딪친다.

>>> 정답 212 ② 213 ② 214 ④

215 다른 종류의 와인을 서비스하는 순서로 서, 올바르지 않는 것이 포함된 것은?

가. 영(young)와인으로 시작해서 올드(old) 와인으로
나. 화이트와인에서 레드와인 순으로 다. 스위트와인에서 드라이와인 순으로
라. 차가운 와인에서 실온 상태의 와인 순 으로
마. 보통 와인에서 고급 와인 순으로

① 가,나,다,라
② 가,나,라,마
③ 가,라,마
④ 나,라,마
⑤ 가,나,마

216 와인 리스트를 작성할 때 일반적으로 가장 먼저 작성하는 와인목록은 무엇인가?

① 화이트와인
② 레드와인
③ 디저트와인
④ 스파클링와인
⑤ 로제와인

217 와인의 여러 가지 재고 및 출고관리 중 에서 가장 효율적인 방법은 무엇인가?

① 선입선출법(FIFO법)
② 후입선출법(LIFO법)
③ 평균가격계산방법(CMP)
④ 실제원가법(Actual cost)
⑤ 정장법(Storage)

218 다음은 와인 서비스 시의 주의사항이 다. 틀린 것은 무엇인가?

① 고객의 오른쪽에서 와인을 서비스한다.
② 여성 먼저 서비스한 후 남성에게 서비스 를 하며, 항상 와인 라벨을 고객에게 보여준 후 서비스를 한다.
③ 맨 마지막에 호스트에게 와인을 서비스한 다.
④ 와인 글라스가 비어있지 않도록 첨잔하여 서비스한다.
⑤ 와인 서비스를 할 때, 반시계방향으로 서 비스를 실시한다.

>>> 정답 215 ① 216 ④ 217 ① 218 ⑤

219 비즈니스 테이블에서 와인 서비스 매너 로 틀린 것은 무엇인가?

① 자신의 잔이 비었을 경우, 스스로 와인 병을 들어 글라스에 따른다.
② 고객이 자리를 비웠을 경우, 따르지 않고 기다렸다가 오면 그때 소믈리에에게 와인 잔 에 따르도록 한다.
③ 와인을 따를 때는 그냥 따르지 않고, 상 대방의 의사를 화인한 후에 따른다.
④ 더 이상 와인을 마시지 않을 때는, 와인 잔을 치우라고 해도 된다.
⑤ 와인을 받을 때는 잔을 식탁에 놓은 채 상대방이 와인을 따를 때까지 기다렸다가 감 사의 말과 함께 가벼운 목례를 한다.

해설

옆 사람에게 첨잔하고 본인 잔에 따른다.

220 다음 중 증류주에 해당되는 것은 무엇 입니까?

① 아쿠아비트 ② 맥주
③ 세리 와인 ④ 샴페인
⑤ 아이스와인

221 알코올성 음료의 제조 과정에 의한 분 류로 맞는 것은 무엇입니까?

① 발효주, 양조주, 혼성주 ② 양조주, 증류주, 과하주
③ 양조주, 화주, 증류주 ④ 양조주, 증류주, 발효주
⑤ 양조주, 증류주, 혼성주

222 다음 중 에프리티프(Aperitif)를 가장 잘 설명한 것은 무엇입니까?

① 식후주 ② 식전주
③ 스위트 와인 ④ 스위트 칵테일
⑤ 디저트와인

223 다음 중 포티피트 와인(Fotified Wine) 은 무엇입니까?

① 브랜디를 첨가한 와인 ② 프랑스의 지방와인
③ 가향 와인 ④ 발포성 와인
⑤ 스위트 와인

>>> 정답 219 ① 220 ① 221 ⑤ 222 ② 223 ①

224 다음 중 Bourbon Whiskey에 관한 사 항 중 맞는 것은?

① 참나무(Oak)통에 숙성을 시키지 않는다.
② 51% 이상의 옥수수를 주원료로 사용한다
③ 콜라(Coke)와 잘 혼합되지 않는다.
④ 대부분 몰트위스키이다.
⑤ 캐나다에서 많이 생산된다.

225 다음 중 꼬냑(Cognac)의 등급 중에서 최고급품은 무엇입니까?

① 브이에스오(V.S.O)
② 쓰리스타(3 Star)
③ 나폴레옹(Napoleon)
④ 브이에스오피(V.S.O.P)
⑤ 엑스오(X.O)

226 맥주의 제조과정에서 상면발효의 맥주 와 하면발효의 맥주로 유명한 나라로 잘 짝지어진 것은?

① 독일 - 덴마크
② 덴마크 - 영국
③ 영국 - 독일
④ 한국 - 중국
⑤ 미국 - 영국

227 다음 중 스카치 위스키의 주원료는 어 느 것인가?

① 보리
② 감자
③ 옥수수
④ 호밀
⑤ 수수

228 다음 중 럼(Rum)의 생산지로 유명한 지역은 어느 곳입니까?

① 아일랜드
② 프랑스
③ 자메이카
④ 영국
⑤ 브라질

>>> 정답 224 ② 225 ⑤ 226 ③ 227 ① 228 ③

229 다음 중 사과를 원료로 만들어진 브랜 디는 무엇입니까?

① 시드르(Cider)
② 그라파(Grappa)
③ 키르쉬(Kirsch)
④ 깔바도스(Calvados)
⑤ 보드카(Vodka)

230 다음 중 박하 향미의 혼성주는 무엇입 니까?

① 드람뷔(Drambuie)
② 베네딕틴(Benedictine D.O.M)
③ 큐라카오(Curacao)
④ 크림드망뜨(Creme de menthe)
⑤ 그랑마니에르(Grand Marnier)

>>> 정답 229 ③ 230 ④

제2절 소믈리에 실기시험 예시

■ 와인 소믈리에 실기시험「예시입니다」 **※ 외우고 숙지하시길 바랍니다.**

1. 오른손을 들고 시연 시작하겠습니다. 수험번호 ○번 ○○○입니다. 와인잔 2개를 심사위원에게 가져다 놓는다.

2. 와인 병을 심사위원에게 가져가서 보여주면서 설명한다.
   ① 실례하겠습니다. 와인병 상표를 심사위원에게 보여주면서
   ② (예) 주문하신 스페인 산티아고지역에서 템프라니오 품종으로 만든 빈티지2012년 산 '돈 산티아고 스위트 레드와인'입니다.
   ③ 서비스해도 되겠습니까?

3. 다시 원위치로 와서 와인 코르크를 개봉하고 코르코 냄새(부쇼네/Bouchonne 확인)를 맡아보고 코르크를 손등에다 묻혀본다.(코르크가 촉촉이 젖어있는지 확인/코르크가 말라 있다면 장시간 세워둬서 변질의 가능성이 있다) 그다음 접시에 담아서 심사위원에게 가져다준다. 실례합니다. 코르크 확인 부탁드립니다. OK 사인받고 다시 원위치로.

4. 다시 원위치에 돌아와서 ★제가 먼저 테이스팅 해봐도 되겠습니까?
   디캔트에 조금 부어서 몇 번 흔든 다음 글라스에 따르고 색을 보고 흔들어서 맛을 보며 소믈리에 테이스팅을 한다. 그리고 '제가 테이스팅 해본 결과 와인에는 큰 문제가 없으나 장기 보관된 와인이라 침전물을 거르기 위해 디캔팅을 하겠습니다.'라고 말한다.

5. 촛불을 켜고 와인을 디캔트에 천천히 옮겨 담는다. 그리고 디캐팅 한 후 심사위원에게 와인을 가져가서 호스트에게 글라스에 1/5 정도 조금 따른다. OK 사인이 오면 옆 심사위원에게 글라스에 1/3 정도 따르고, 호스트 잔에 다시 조금 더 따른다. 그리고 디캔트를 테이블 위에 올려놓는다. 그리고 '즐거운 시간 되십시오.'라고 말하고 되돌아온다.

6. 원래 위치에 돌아와서 촛불을 꺼고 시연을 마치겠습니다.

실기 시연 여기까지 -끝-

부록
테이스팅 노트

와인 테이스팅

Red ☐ White ☐ Rose ☐ Sparkling ☐

NAME(와인 명)

YEAR(빈티지)

DATE & PLACE TASTED(시음날짜 및 장소)

BOTTLED BY(병입자 또는 회사)

OBTAINABLE & PRICE(가격 대)

이 기록은 와인 테이스팅의 기초 자료가 될 것이다.

0-Defective 1-Poor 2-Average 3-Good 4-Excellent

		0	1	2	3	4
Appearance (색상)		☐	☐	☐	☐	☐
Nose (향)		☐	☐	☐	☐	☐
Taste : (맛)	Intensity	☐	☐	☐	☐	☐
	Quality	☐	☐	☐	☐	☐
Balance (균형)		☐	☐	☐	☐	☐

Total out of 20

OBSERVATIONS :

와인 테이스팅

Red ☐ White ☐ Rose ☐ Sparkling ☐

NAME(와인 명)

YEAR(빈티지)

DATE & PLACE TASTED(시음날짜 및 장소)

BOTTLED BY(병입자 또는 회사)

OBTAINABLE & PRICE(가격 대)

이 기록은 와인 테이스팅의 기초 자료가 될 것이다.

0-Defective 1-Poor 2-Average 3-Good 4-Excellent

		0	1	2	3	4
Appearance (색상)		☐	☐	☐	☐	☐
Nose (향)		☐	☐	☐	☐	☐
Taste : (맛)	Intensity	☐	☐	☐	☐	☐
	Quality	☐	☐	☐	☐	☐
Balance (균형)		☐	☐	☐	☐	☐

Total out of 20

OBSERVATIONS :

와인 테이스팅

Red ☐ White ☐ Rose ☐ Sparkling ☐

NAME(와인 명)

YEAR(빈티지)

DATE & PLACE TASTED(시음날짜 및 장소)

BOTTLED BY(병입자 또는 회사)

OBTAINABLE & PRICE(가격 대)

이 기록은 와인 테이스팅의 기초 자료가 될 것이다.

0-Defective 1-Poor 2-Average 3-Good 4-Excellent

		0	1	2	3	4
Appearance (색상)		☐	☐	☐	☐	☐
Nose (향)		☐	☐	☐	☐	☐
Taste : (맛)	Intensity	☐	☐	☐	☐	☐
	Quality	☐	☐	☐	☐	☐
Balance (균형)		☐	☐	☐	☐	☐

Total out of 20

OBSERVATIONS :

와인 테이스팅

Red ☐　　White ☐　　Rose ☐　　Sparkling ☐

NAME(와인 명)

YEAR(빈티지)

DATE & PLACE TASTED(시음날짜 및 장소)

BOTTLED BY(병입자 또는 회사)

OBTAINABLE & PRICE(가격 대)

이 기록은 와인 테이스팅의 기초 자료가 될 것이다.

0-Defective　1-Poor　2-Average　3-Good　4-Excellent

		0	1	2	3	4
Appearance (색상)		☐	☐	☐	☐	☐
Nose (향)		☐	☐	☐	☐	☐
Taste : (맛)	Intensity	☐	☐	☐	☐	☐
	Quality	☐	☐	☐	☐	☐
Balance (균형)		☐	☐	☐	☐	☐

Total out of 20

OBSERVATIONS :

와인 테이스팅

Red ☐ White ☐ Rose ☐ Sparkling ☐

NAME(와인 명)

YEAR(빈티지)

DATE & PLACE TASTED(시음날짜 및 장소)

BOTTLED BY(병입자 또는 회사)

OBTAINABLE & PRICE(가격 대)

이 기록은 와인 테이스팅의 기초 자료가 될 것이다.

0-Defective 1-Poor 2-Average 3-Good 4-Excellent

		0	1	2	3	4
Appearance (색상)		☐	☐	☐	☐	☐
Nose (향)		☐	☐	☐	☐	☐
Taste : (맛)	Intensity	☐	☐	☐	☐	☐
	Quality	☐	☐	☐	☐	☐
Balance (균형)		☐	☐	☐	☐	☐

Total out of 20

OBSERVATIONS :

와인 테이스팅

Red ☐ White ☐ Rose ☐ Sparkling ☐

NAME(와인 명)

YEAR(빈티지)

DATE & PLACE TASTED(시음날짜 및 장소)

BOTTLED BY(병입자 또는 회사)

OBTAINABLE & PRICE(가격 대)

이 기록은 와인 테이스팅의 기초 자료가 될 것이다.

0-Defective 1-Poor 2-Average 3-Good 4-Excellent

		0	1	2	3	4
Appearance (색상)		☐	☐	☐	☐	☐
Nose (향)		☐	☐	☐	☐	☐
Taste : (맛)	Intensity	☐	☐	☐	☐	☐
	Quality	☐	☐	☐	☐	☐
Balance (균형)		☐	☐	☐	☐	☐

Total out of 20

OBSERVATIONS :

와인 테이스팅

Red ☐ White ☐ Rose ☐ Sparkling ☐

NAME(와인 명)

YEAR(빈티지)

DATE & PLACE TASTED(시음날짜 및 장소)

BOTTLED BY(병입자 또는 회사)

OBTAINABLE & PRICE(가격 대)

이 기록은 와인 테이스팅의 기초 자료가 될 것이다.

0-Defective 1-Poor 2-Average 3-Good 4-Excellent

		0	1	2	3	4
Appearance (색상)		☐	☐	☐	☐	☐
Nose (향)		☐	☐	☐	☐	☐
Taste : (맛)	Intensity	☐	☐	☐	☐	☐
	Quality	☐	☐	☐	☐	☐
Balance (균형)		☐	☐	☐	☐	☐

Total out of 20

OBSERVATIONS :

와인 테이스팅

Red ☐ White ☐ Rose ☐ Sparkling ☐

NAME(와인 명)

YEAR(빈티지)

DATE & PLACE TASTED(시음날짜 및 장소)

BOTTLED BY(병입자 또는 회사)

OBTAINABLE & PRICE(가격 대)

이 기록은 와인 테이스팅의 기초 자료가 될 것이다.

0-Defective 1-Poor 2-Average 3-Good 4-Excellent

		0	1	2	3	4
Appearance (색상)		☐	☐	☐	☐	☐
Nose (향)		☐	☐	☐	☐	☐
Taste : (맛)	Intensity	☐	☐	☐	☐	☐
	Quality	☐	☐	☐	☐	☐
Balance (균형)		☐	☐	☐	☐	☐

Total out of 20

OBSERVATIONS :

와인 테이스팅

Red ☐ White ☐ Rose ☐ Sparkling ☐

NAME(와인 명)

YEAR(빈티지)

DATE & PLACE TASTED(시음날짜 및 장소)

BOTTLED BY(병입자 또는 회사)

OBTAINABLE & PRICE(가격 대)

이 기록은 와인 테이스팅의 기초 자료가 될 것이다.

0-Defective 1-Poor 2-Average 3-Good 4-Excellent

		0	1	2	3	4
Appearance (색상)		☐	☐	☐	☐	☐
Nose (향)		☐	☐	☐	☐	☐
Taste : (맛)	Intensity	☐	☐	☐	☐	☐
	Quality	☐	☐	☐	☐	☐
Balance (균형)		☐	☐	☐	☐	☐

Total out of 20

OBSERVATIONS :

와인 테이스팅

Red ☐ White ☐ Rose ☐ Sparkling ☐

NAME(와인 명)

YEAR(빈티지)

DATE & PLACE TASTED(시음날짜 및 장소)

BOTTLED BY(병입자 또는 회사)

OBTAINABLE & PRICE(가격 대)

이 기록은 와인 테이스팅의 기초 자료가 될 것이다.

0-Defective 1-Poor 2-Average 3-Good 4-Excellent

		0	1	2	3	4
Appearance (색상)		☐	☐	☐	☐	☐
Nose (향)		☐	☐	☐	☐	☐
Taste : (맛)	Intensity	☐	☐	☐	☐	☐
	Quality	☐	☐	☐	☐	☐
Balance (균형)		☐	☐	☐	☐	☐

Total out of 20

OBSERVATIONS :

와인 테이스팅

Red ☐ White ☐ Rose ☐ Sparkling ☐

NAME(와인 명)

YEAR(빈티지)

DATE & PLACE TASTED(시음날짜 및 장소)

BOTTLED BY(병입자 또는 회사)

OBTAINABLE & PRICE(가격 대)

이 기록은 와인 테이스팅의 기초 자료가 될 것이다.

0-Defective 1-Poor 2-Average 3-Good 4-Excellent

		0	1	2	3	4
Appearance (색상)		☐	☐	☐	☐	☐
Nose (향)		☐	☐	☐	☐	☐
Taste : (맛)	Intensity	☐	☐	☐	☐	☐
	Quality	☐	☐	☐	☐	☐
Balance (균형)		☐	☐	☐	☐	☐

Total out of 20

OBSERVATIONS :

와인 테이스팅

Red ☐ White ☐ Rose ☐ Sparkling ☐

NAME(와인 명)

YEAR(빈티지)

DATE & PLACE TASTED(시음날짜 및 장소)

BOTTLED BY(병입자 또는 회사)

OBTAINABLE & PRICE(가격 대)

이 기록은 와인 테이스팅의 기초 자료가 될 것이다.

0-Defective 1-Poor 2-Average 3-Good 4-Excellent

		0	1	2	3	4
Appearance (색상)		☐	☐	☐	☐	☐
Nose (향)		☐	☐	☐	☐	☐
Taste : (맛)	Intensity	☐	☐	☐	☐	☐
	Quality	☐	☐	☐	☐	☐
Balance (균형)		☐	☐	☐	☐	☐

Total out of 20

OBSERVATIONS :

와인 테이스팅

Red ☐ White ☐ Rose ☐ Sparkling ☐

NAME(와인 명)

YEAR(빈티지)

DATE & PLACE TASTED(시음날짜 및 장소)

BOTTLED BY(병입자 또는 회사)

OBTAINABLE & PRICE(가격 대)

이 기록은 와인 테이스팅의 기초 자료가 될 것이다.

0-Defective 1-Poor 2-Average 3-Good 4-Excellent

		0	1	2	3	4
Appearance (색상)		☐	☐	☐	☐	☐
Nose (향)		☐	☐	☐	☐	☐
Taste : (맛)	Intensity	☐	☐	☐	☐	☐
	Quality	☐	☐	☐	☐	☐
Balance (균형)		☐	☐	☐	☐	☐

Total out of 20

OBSERVATIONS :

참고문헌

- 김대철, 와인과 음식, 한올출판사, 2009
- 김의겸 · 최민우 · 정연국, 와인소믈리에 실무, 백산출판사, 2012
- 김준철, 와인, 백산출판사, 2019
- 김준철 · 심정미 · 유이순 · 이동승 · 이명렬 · 황광수, 와인종합문제집, 도서출판 한수, 2013
- 김진국 · 김학재 · 조영효, 최신 와인학개론, 백산출판사, 2013
- 고재윤 · 방진식 · 최성도 · 최웅 외 9인, 소믈리에 자격증 소믈리에 경기대회문집, 한올출판사, 2012
- 서한정 · 김준철 · 한관규, 웰빙 와인 상식 50, 그랑벵코리아, 2002
- 서한정, 서한정의 와인가이드, 그랑벵코리아, 2004
- 원홍석 · 전현모 · 권지영 · 정연국, 와인과 소믈리에, 백산출판사, 2012
- 이순주 · 고재윤, 와인 소믈리에 경영실무, 백산출판사, 2001
- 이희수, 바텐더 메디푸드 음료, 21세기사, 2022
- 이정훈 · 고종원, 와인의 세계, 기문사, 2017
- 손진호 · 이효정, 와인 테이스팅의 이해, Wine Books, 2007
- 조영현, The WINE, 백산출판사, 2012
- 최훈, 와인과의 만남, 자원평가연구원, 2005
- 최훈, 프랑스 와인, 자원평가연구원, 2005
- 포도 재배자: 유기농 포도 재배 가이드. 론 롬보. Chelsea Green
- Publishing ISBN-13: 978-1890132828
- https://www.uky.edu/
- Viticulture N.A. 니콜라우, ISBN 978-960-357-081-3
- https://plantvillage.psu.edu/topics/grape/infos
- nvade-Vineyards
- http://www.tiblalexisestate.com/en/
- http://ggc.gr/
- www.pawinegrape.com/

이희수

- 계명대학교 대학원 관광경영학과 졸업(경영학 박사)
- 대한칵테일조주협회 중앙회 회장
- 한국음주문화관리협회 회장
- 고용노동부 정책심의위원회 국가기술자격 조주분야 전문위원
- NCS 식음료서비스 분야(소믈리에, 바리스타, 바텐더) WG 심의위원
- NCS 국가직무능력표준 식음료접객 분야 'NCS홈닥터'
- ISC 음식서비스 · 식품가공인적자원개발위원회 운영위원
- 국제와인품평회 ASIA WINE TROPHY 심사위원
- 한국산업인력공단 국가자격 조주기능사 필기 출제(검토)위원, 실기 감독위원
- KBS 아침마당 출연 '새콤달콤칵테일의 세계'
- 대구방송국 t-broad 대구사랑방 출연 '칵테일과 관광'
- TBC 생방송 굿데이 출연 '부어라, 마셔라 송년회는 그만!'
- 매일신문 '이희수의 술과 인문학' 칼럼 연재
- 대구광역시 공무원교육원 · 경상남도 인재개발원 강사
- 중앙경찰학교 · 경상북도 교육청 연수원 강사
- (현) 대구한의대학교 메디푸드HMR산업학과 교수

주요 저서 및 논문
- 바텐더 메디푸드 음료 외 다수
- NCS 식음료서비스분야 자격증 교육과정에 관한 연구
- 와인 소비자의 개인가치가 와인선택속성과 선택행동에 미치는 영향
- 라이프스타일에 따른 메디푸드 음료 선택속성과 행동의도에 관한 연구 외 다수

와인소믈리에

1판 1쇄 인쇄 2023년 08월 16일
1판 1쇄 발행 2023년 08월 22일
저 자 이희수
발 행 인 이범만
발 행 처 **21세기사** (제406-2004-00015호)
경기도 파주시 산남로 72-16 (10882)
Tel. 031-942-7861 Fax. 031-942-7864
E-mail : 21cbook@naver.com
Home-page : www.21cbook.co.kr
ISBN 979-11-6833-079-5

정가 32,000원